Eichstätter Geographische Arbeiten

Herausgeber

Klaus Gießner
Erwin Grötzbach
Ingrid Hemmer
Hans Hopfinger

Schriftleitung

Marianne Rolshoven

Profil

Eichstätter Geographische Arbeiten

Band 13

Christoph Zielhofer

Schutzfunktion der Grundwasserüberdeckung im Karst der Mittleren Altmühlalb

Profil

Anschrift der Reihenherausgeber:
Katholische Universität Eichstätt-Ingolstadt
Fachgebiet Geographie
Ostenstraße 18
D-85072 Eichstätt

Anschrift des Autors:
Dr. Christoph Zielhofer
Technische Universität Dresden, Lehrstuhl Physische Geographie
D-01062 Dresden, christoph.zielhofer@mailbox.tu-dresden.de
Tel.: 0351 463 36041, Fax: 0351 463 37064

Inaugural-Dissertation zur Erlangung des Doktorgrades
der Mathematisch-Geographischen Fakultät der
Katholischen Universität Eichstätt-Ingolstadt

vorgelegt von
Christoph Zielhofer, Siegburg

Tag der mündlichen Prüfung:
11. Juli 2002

Referent: Prof. Dr. Klaus Gießner
Korreferent: Prof. Dr. Klaus-Peter Seiler

Die Deutsche Bibliothek - CIP Einheitsaufnahme

Zielhofer, Christoph:
Schutzfunktion der Grundwasserüberdeckung im Karst der Mittleren Altmühlalb / Christoph Zielhofer.
- München ; Wien : Profil, 2004
(Eichstätter Geographische Arbeiten ; Bd. 13)
ISBN 3-89019-564-4

Umschlaggestaltung: Michaela Brüssel, Erlangen; Alexandra Kaiser, Eichstätt

Umschlagfoto: Fritz Haubold, 2001

Druck und Herstellung: Verlagsdruckerei Schmidt GmbH, Neustadt/Aisch

Printed in Germany

Vorwort

Die vorliegende Dissertation wäre ohne eine umfassende wissenschaftliche, finanzielle und logistische Unterstützung nicht möglich gewesen. Mein aufrichtiger Dank gilt Herrn Prof. Dr. Klaus Gießner, der diese Arbeit großzügig betreute, in vielen Diskussionen wertvolle Hinweise und Anregungen gab und sich stets für die finanzielle Absicherung der Arbeit eingesetzt hat.

In sehr guter Erinnerung habe ich die vielen Fachgespräche mit Herrn Prof. Dr. Klaus-Peter Seiler, sei es im Gelände oder bei der GSF in Neuherberg. Seine umfangreichen Fachkenntnisse waren für den methodischen Aufbau der Arbeit ausgesprochen förderlich. Herrn Prof. Dr. Klaus-Peter Seiler danke ich auch für die großzügige Bereitstellung von teils unpublizierten hydrogeologischen Forschungsdaten zur Südlichen Frankenalb.

Bei den hydrologischen Probennahmen und Analysen konnte ich auf eine großzügige finanzielle und logistische Unterstützung durch das Wasserwirtschaftsamt Ingolstadt und das Bayerische Landesamt für Wasserwirtschaft zurückgreifen. Mein besonderer Dank gilt Herrn Dr. Benno Kügel (Wasserwirtschaftsamt Ingolstadt), der die gute Zusammenarbeit mit den zahlreichen Abteilungen innerhalb der bayerischen Wasserwirtschaft erst ermöglichte. Herrn Dr. Hartwig Hagenguth (Landesamt für Wasserwirtschaft) danke ich für die Durchführung der aufwendigen HPLC-Analysen zur Bestimmung der Pflanzenschutzmittel und für die zahlreichen Fachgespräche in München. Den Damen Annemarie Kassubek, Monika Anders, Andrea Durst, Krystina Zyzik und Anita Paris sowie Herrn Dipl.-Ing. Walter Beckmann (Wasserwirtschaftsamt Ingolstadt) danke ich für die Unterstützung und Geduld bei den unzähligen Aufenthalten im Labor.

Herrn Dr. Martin Trappe (Katholische Universität Eichstätt) sowie den Herren Dr. Pascal Turberg, Dr. Gerold Heinrichs, Michael Stöckl und Dr. Johannes Müller (GSF) danke ich für die gemeinsame Durchführung und Unterstützung der zahlreichen Geländekampagnen im Arbeitsgebiet.

Herrn Dr. Martin Trappe gilt mein spezieller Dank für die bodenkundlichen Laborarbeiten an der Katholischen Universität Eichstätt, für die zahlreichen

Gespräche zur Sedimentproblematik auf der Albhochfläche und für die erstmalige kritische Durchsicht der Arbeit.

Herrn Prof. Dr. Dominik Faust danke ich für die zahlreichen Hinweise zur bodenkundlichen Ansprache und für die wertvolle Zeit, die er mir für die Reinschrift der Arbeit zur Verfügung gestellt hat. Meinen beruflichen Verpflichtungen in Eichstätt und später auch in Dresden konnte ich nicht immer gänzlich nachkommen. Herr Prof. Dr. Dominik Faust hat dafür viel Verständnis gezeigt.

Bei den Herausgebern bedanke ich mich für die Aufnahme der Arbeit in die Reihe der Eichstätter Geographischen Arbeiten.

Die Drucklegung wurde von der Maximilian Bickhoff-Universitätsstiftung finanziell großzugig unterstützt.

Für meine Eltern, für Stef, für Dit und für Lena

Eichstätt, im Juli 2002

Christoph Zielhofer

Inhalt

1 Einleitung

1.1 Problemstellung

Die Mittlere Altmühlalb wird von geschichteten und massigen Karbonatgesteinen des Weißjura (Malm) aufgebaut. Ganz allgemein führt in Karstlandschaften das geringe natürliche Selbstreinigungsvermögen im Grundwasserraum zu Problemen bei der nachhaltigen Sicherung der Qualität der Grundwasservorkommen. Von den anstehenden Karbonatgesteinen in der Grundwasserüberdeckung ist ebenfalls kein ausreichender Schutz gegenüber Schadstoffeinträgen im Karsteinzugsgebiet zu erwarten, wobei durchaus über unterschiedliche Filtereigenschaften - abhängig von der anstehenden Malmfazies - nachgedacht werden darf. Wenn von der gesättigten Zone und den Festgesteinen in der Grundwasserüberdeckung keine zufriedenstellende Grundwasserschutzfunktion ausgeht, dann bilden die Deckschichten und darin eingeschaltete Böden möglicherweise eine tragende Rolle im Grundwasserschutz (vgl. Semmel 1994; Faust 1998). In diesem Sinne überrascht, dass Deckschichten in der allgemeinen Karstforschung bisher wenig Berücksichtigung finden. In zahlreichen Monographien zum Karst werden sie nicht erwähnt (u.a. Sweeting 1972; Bögli 1978; Bonacci 1987; Dreybrodt 1988) oder nur in knapper Form angesprochen (u.a. Pfeffer 1978; Jennings 1985; White 1988). Die vorliegende Analyse des Stofftransports, der Stoffbelastung und der hydrologischen Funktion der postjurassischen Auflagen im Karst der Mittleren Altmühlalb versucht diese Lücke zu schließen.

Die postjurassischen Auflagen der Mittleren Altmühlalb lassen sich nicht als homogene Einheit ansprechen, vielmehr unterliegen sie einem variablen Verbreitungsmuster, so dass Substrateigenschaften und Mächtigkeiten teilweise kleinräumig wechseln. Auf keinen Fall können die postjurassischen Auflagen losgelöst vom anstehenden Festgestein betrachtet werden. In der Regel bilden sie mit dem Ausgangsgestein einen polygenetischen Komplex (Faust 1998; Gießner et al. 1998). Das Wirkungsgefüge von postjurassischer Auflage und Festgestein führte über mehrere Reliefgenerationen zu einem charakteristischen Leitformenschatz, über den sich nicht nur standortspezifische, geochemische Stoffumsätze der aktuellen Karbonatverwitterungszone erklären lassen, sondern der auch das Landnutzungsgefüge - und damit den anthropogenen Stoffeintrag - steuert. Die

Frage nach der Grundwasserschutzfunktion postjurassischer Auflagen bezieht sich somit im weiteren Sinne auf die Grundwasserüberdeckung insgesamt.

Grundsätzlich ist die Schutzfunktion von Deckschichten gegenüber Verunreinigungen im Aquifer unbestritten (u.a. Bach 1987; Wendland 1992; Semmel 1994; Diepolder 1995; Hölting et al. 1995), stoffbezogene und quantitative Aussagen sind jedoch rar und für Karstlandschaften noch nicht beschrieben.

Die Verbreitung postjurassischer Auflagen ist zunächst angesichts diffuser Stoffeinträge von Relevanz. In der Mittleren Altmühlalb existieren auch dauerhafte punktuelle Schadstoffeinträge: Mangels geeigneter Vorfluter auf der Albhochfläche werden Siedlungsabwässer über Kläranlagen noch heute über Dolinen unmittelbar in den Grundwasserkörper geleitet. Die Auswirkungen der punktuellen Abwasserentsorgung führen zu konkurrierenden Nutzungsinteressen im Karst. Die langfristigen Folgen der stofflichen Belastung durch Dolineneinleitungen sind bis heute nicht bekannt.

Zahlreiche wissenschaftliche Abhandlungen beschäftigen sich seit etwa fünf Jahrzehnten mit den Karstaquiferen der Altmühlalb. Die besondere hydrogeologische Situation im Weißjura führte schon früh zu den Leitthemen Wasserversorgung (Fuckner 1950) und Grundwasserschutz (Boie 1961; v. Freyberg 1962). Flächenhafte hydrogeologische Untersuchungen wurden erstmals von Apel (1971) und Streit (1971) publiziert. Streit (1971) stellte die zunehmende Grundwassermächtigkeit von Norden nach Süden heraus, bedingt durch das Abtauchen der Grundwassersohlschicht nach Süden. Apel (1971) unterteilte die Karstgrundwässer in verschiedene Karstzonen und versuchte über Markierungsversuche, Ionenbilanzen und Tritiummessungen charakteristische Merkmale im Fließverhalten und Grundwasserchemismus herauszustellen. Intensiv beschäftigte er sich mit der Lokalisierung der Hauptkarstwasserscheide zwischen Altmühl und Donau. Dabei geht er noch genauso wie Andres und Claus (1964) davon aus, dass der Karstgrundwasserraum hinsichtlich seiner Durchlässigkeit ein mehr oder weniger homogenes Gebilde darstellt. Umfangreiche Markierungsarbeiten von Behrens (1973), Behrens und Seiler (1981), Behrens et al. (1983), Pfaff (1987) und Seiler et al. (1987) können die isotropen Merkmale des Grundwasserleiters nicht bestätigen. Es entsteht das Konzept von Speicher- und Drainageräumen, die dem Grundwasserraum langsam fließende und drainierende (schnell fließende)

Komponenten zusprechen. Die Verteilung von Massen- und Schichtfazies spielt hier eine wichtige Rolle. Der Schichtfazies wird in erster Linie eine drainierende Wirkung zuteil, wohingegen den Massenfaziesvorkommen bedeutsame Speicherfunktionen obliegen (Pfaff 1987; Seiler et al. 1987). Die heutige Abgrenzung der unterirdischen Karsteinzugsgebiete orientiert sich in erster Linie an den Markierungsergebnissen obiger Gruppe um Behrens und Seiler. Jüngere hydrogeologische Abhandlungen konzentrieren sich auf Langzeitaspekte zum Trinkwasserschutz. Insbesondere die Strömungsverhältnisse in der porösen Massenfazies rücken in den Mittelpunkt des Forschungsinteresses (Seiler et al. 1989, 1991; Seiler und Behrens 1992). Ergänzende, bzw. darauf aufbauende Arbeiten sind die Berechnung von Durchlässigkeiten im Karstgrundwasserraum (Hartmann 1994), die Bestimmung von Nutzporositäten und Permeabilitäten nach malmfazieller Differenzierung (Weiss 1987; Michel, in Seiler 1999) sowie Untersuchungen zu mikrobiellen Abbauprozessen in der grundwasserführenden Massenfazies. Erste Hinweise für Denitrifikation in der gesättigten Zone kompakter Karbonatgesteine sehen Seiler et al. (1996) und Glaser (1998) in den unterschiedlichen Nitrat- und Chlorid-Verhältnissen der Grundwässer aus Schicht- und Massenfazies. In der Arbeit von Glaser (1998) wird erstmals der hydraulische und hydrogeochemische Einfluss der ungesättigten Zone in Teilaspekten herausgestellt. Eine systematische Differenzierung nach gesättigter und ungesättigter Zone sowie landnutzungsspezifische Unterschiede im Stoffeintrag bleiben allerdings unberücksichtigt. Somit schließt die hier vorliegende Arbeit nicht nur aus thematischer sondern auch aus regionaler Sicht eine Lücke.

1.2 Zielsetzung, methodischer Ansatz und Arbeitstechniken

Das Untersuchungsprogramm soll Kenntnisse zum Einfluss der Grundwasserüberdeckung, bzw. der postjurassischen Auflagen auf Stofftransporte und Stoffbelastungen im Karst erweitern. Die hydrologischen Arbeiten umfassen partiell das gesamte Gebiet der Mittleren Altmühlalb (Abb. 1), ergänzende geomorphologische, bodenkundliche und hydrologische Detailstudien finden sich in ausgewählten Teilräumen. Der strukturelle Aufbau der vorliegenden Arbeit ist in Abb. 2 schematisiert, demnach gliedern sich die Untersuchungen in drei Schwerpunkte:

- Geomorphologisch-bodenkundliche Kartierungen der postjurassischen Auflagen und Abschätzung der Grundwasserschutzfunktion (Kap. 2 und 3)

- Flächendeckende Untersuchungen an Quellwässern im gesamten Gebiet der Mittleren Altmühlalb zur regionalen Differenzierung von Stoffumsätzen (Kap. 4 und 5)

- Hydrochemische Analyse von Durchflussereignissen ausgewählter Karstquellen zur räumlichen Zonierung von Stofftransport und -belastung im jeweiligen Karsteinzugsgebiet (Kap. 6)

Das Ziel von Kap. 2 liegt in der Erfassung und stratigraphischen Gliederung der postjurassischen Auflagen. Exemplarisch sind deren räumliche Verteilung und resultierende Bodengesellschaften für geschichtete und massige Malmfazies im Arbeitsgebiet Haunstetten (Abb. 1) kartiert worden. Im Verbreitungsbereich der Oberen Süßwassermolasse (OSM) sind typische Bodenabfolgen aus dem Wassertal bei Denkendorf und von Gut Wittenfeld bei Adelschlag (Abb. 1) beschrieben. Strukturmorphologische und pedologischen Befunde aus den Geländekartierungen dienen der Herausbildung naturräumlicher Einheiten, deren Abgrenzungskriterien wiederum auf die Mittlere Altmühlalb flächenhaft übertragen werden (Abb. 2, links).

Gemäß dem Verfahren nach Hölting et al. (1995) lässt sich über bodenphysikalische und ausgewählte sedimentpetrographische Parameter die Schutzfunktion der Grundwasserüberdeckung grob ableiten (Kap. 3). Die anschließende Verschneidung von flächenhafter Grundwasserschutzfunktion mit der aktuellen Landnutzung erlaubt erste Aussagen zum Stoffeintragspotential im Gebiet der Mittleren Altmühlalb. Diese dienen lediglich als Arbeitshypothesen für die hydrochemischen Befunde aus den Quelluntersuchungen selbst (Kap. 5).

Langjährige Markierungsarbeiten von Behrens und Seiler (1981), Pfaff (1987) und Seiler et al. (1991) erlauben für zahlreiche Karstquellen der Mittleren Altmühlalb eine Abgrenzung der Einzugsgebiete. Somit können Bewertungen zum Stofftransport und -haushalt im Karstaquifer auf der Basis von Quelleinzugsgebieten erfolgen (Naturlysimeter). Für jede Quelle wird ein Stammdatensatz aufgebaut (Kap. 4.3), der spezifische Informationen zum Grundwasserraum, zur ungesättigten Zone und zur Landnutzung enthält. Die Gliederung der Grundwasserüberdeckung orientiert sich an den Befunden der geomorphologischen und bodenkundlichen Geländeaufnahmen (naturräumliche Einheiten). Um den Ein-

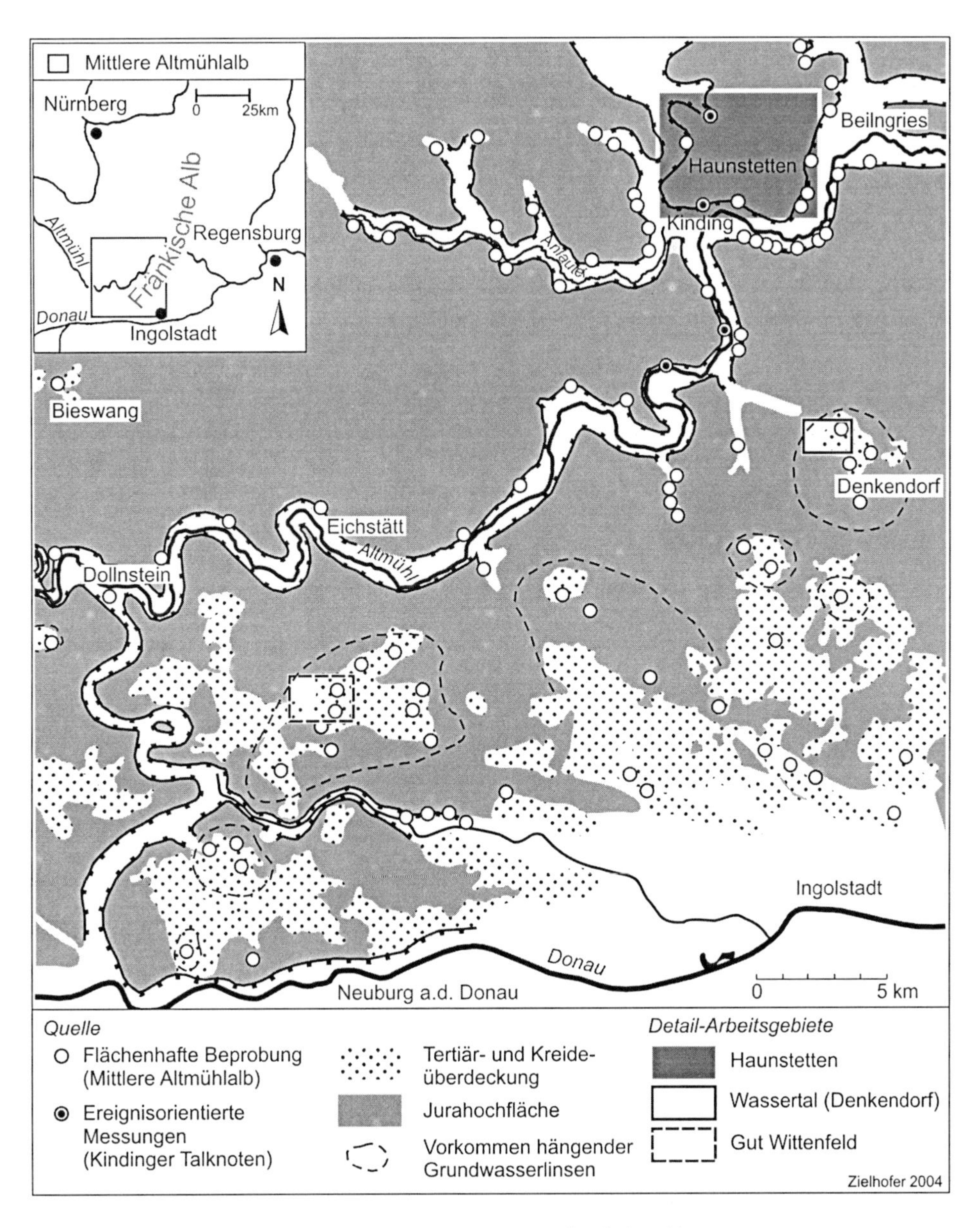

Abb. 1: Untersuchungsraum Mittlere Altmühlalb und Detail-Arbeitsgebiete

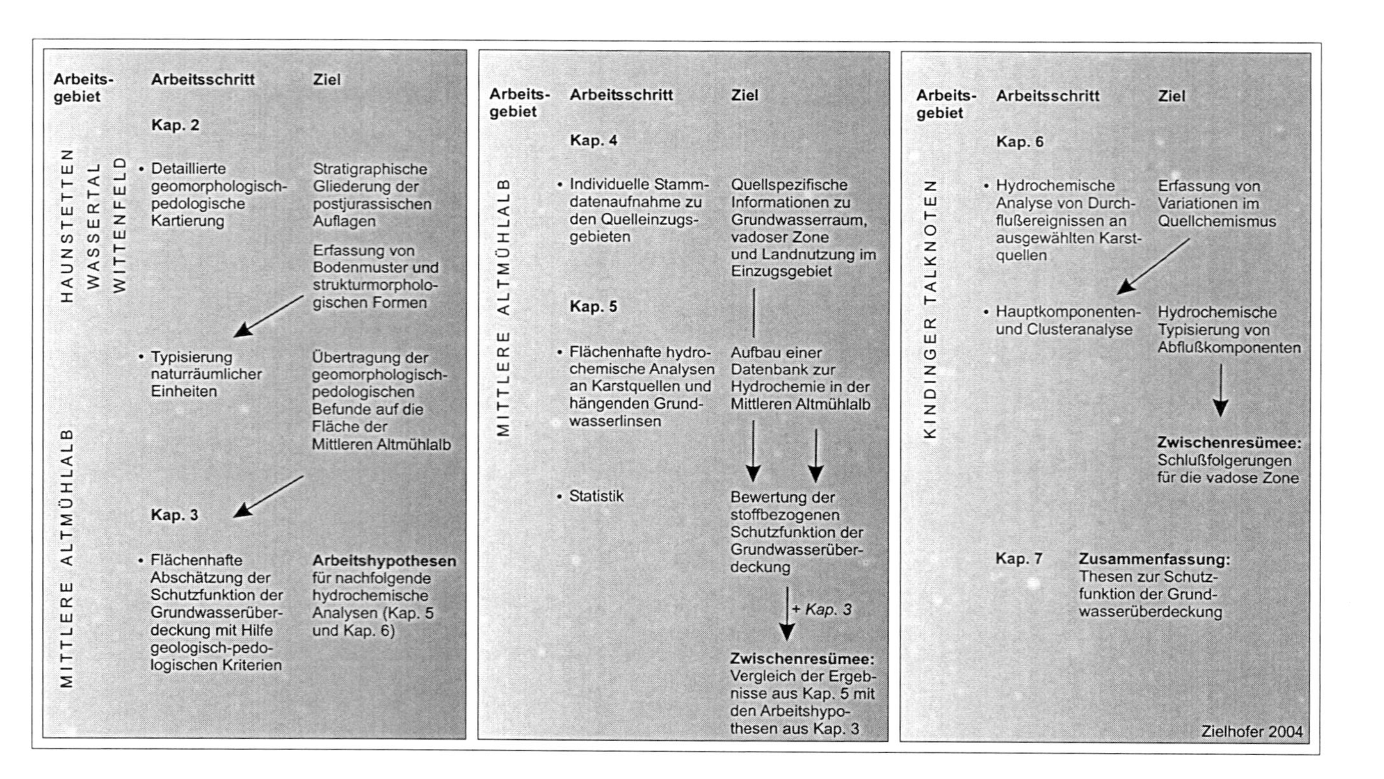

Abb. 2: Struktureller Aufbau der Arbeit

fluss der ungesättigten Zone - und der postjurassischen Auflagen im speziellen - auf die stoffliche Zusammensetzung des Grundwassers besser zu deuten, sind erstmals hängende Grundwasserlinsen aus der Oberen Süßwassermolasse Bestandteil eines hydrochemischen Analyseprogramms.

Kap. 5 verknüpft die Informationen aus der Stammdatenaufnahme mit den Ergebnissen der hydrochemischen Analysen, hierbei wird zwischen diffusen und punktuellen Stoffeinträgen im Einzugsgebiet unterschieden. Stoffbilanzen und spezifische Ionenverhältnisse (u.a. NO_3^- vs. Cl^-) sollen Unterschiede im Quellchemismus nach der Art der Grundwasserüberdeckung herausstellen. Neben Ionenbilanzen, Sr^{2+}-, NH_4^+- und Phosphat-Gehalten umfassen die hydrochemischen Analysen ca. 200 Probennahmen zur organischen Belastung ($KMnO_4$-Verbrauch) und zum Gehalt an Pflanzenschutzmitteln (HPLC-Screening).

Kap. 6 beschäftigt sich mit den ereignisbezogenen Messungen an ausgewählten Quellen im Bereich des Kindinger Talknotens (Abb. 1). Durchflussereignisse wurden über den Zeitraum von ca. 1 ½ Jahren teils engmaschig beprobt. Eine hydrographische und hydrochemische Separation der einzelnen Abflusskomponenten soll Hinweise auf Stofftransporte und potentielle Stoffabbauprozesse im Karst liefern. Auch hier steht die Dynamik in der Grundwasserüberdeckung im Vordergrund. Kenntnisse aus der geologischen und bodenkundlichen Geländeaufnahme (Kap. 2) helfen, den Einfluss der postjurassischen Auflagen auf zeitliche Variationen im Stoffaustrag zu verstehen. Eine Zusammenfassung (Kap. 7) schließt die Ausführungen ab.

1.3 Exkurs: Karsthydrologisches Grundmodell

Die Frage nach der morphologischen, hydraulischen und hydrochemischen Wirksamkeit postjurassischer Auflagen im Karst der Mittleren Altmühlalb verlangt nach einem hydrologischen Grundmodell, das den landschaftsgenetischen und haushaltsspezifischen Ansätzen aus Bodenkunde, Geomorphologie, und Hydrogeologie möglichst gerecht wird. Neben klaren Kriterien bei der stratigraphischen Abgrenzung der postjurassischen Auflagen vom liegenden Malmkörper (Problem der Karbonatverwitterungszone; vgl. Trappe 1998a) fehlen auch aus karsthydrologischer Sicht Kennzeichen, welche den Stoffumsatz in der Auflage eindeutig von dem im (anverwitternden) Festgestein trennen. In der Geologie näherte man sich von „unten nach oben“ der Festgesteinsüberdeckung an (*aquifère èpikarstique* nach Mangin 1975; Farbe 1989), wobei Mangin (1975: 95) unter Epikarst eigentlich nicht die Lockersedimentauflage, sondern die oberflächennahe Karbonatverwitterungszone unterhalb des „Bodens“ versteht. Auch die karsthydrologischen Ansätze aus der Geomorphologie ordnen den Auflagen keine einheitliche Bedeutung zu, vielmehr fällt auch hier eine Zweiteilung in *soil* und *subcutaneous zone* (Williams 1971, 1972, 1983; Gunn 1981) auf, wobei klare Abgrenzungskriterien fehlen und das Hauptaugenmerk auf der *subcutaneous zone* liegt. Obwohl die Gesamtmächtigkeit der Festgesteinsüberdeckung für die Anlage von Dolinen (Scheuch 1971: 161) sowie für die Intensität der Lösungsverwitterung (Zambo und Ford 1997) von hinreichender Bedeutung ist, liefert die Karstforschung bisher kein Konzept, das die Auflagen als geschlossene Einheit betrachtet. Auch die vorliegende Arbeit kann diesem Anspruch nicht gerecht werden. Vielmehr werden die postjurassischen Auflagen der Mittleren Altmühlalb als Teil des gesamten karsthydrologischen Systemkomplexes angesprochen.

Das karsthydrologische Grundmodell nach Abb. 3 versucht dem interdisziplinären Ansatz der vorliegenden Arbeit einen terminologischen Unterbau zu geben, indem vorab zwischen einem räumlich-deskriptiven (links) sowie einem hydrologisch-explorativen Konzept (rechts) unterscheiden wird. Beiden Konzepten gemeinsam sind die zentralen Begriffe *Speichersystem* und *Drainagesystem*.

1.3.1 Wasserumsatzräume – räumlich-deskriptives Konzept

Der räumlich-deskriptive Ansatz beruht auf der unmittelbaren Geländebeobachtung, d.h. in erster Linie werden optisch erkennbare Phänomene wie Wasserbewegung, Porosität, Kluftsystem, Verwitterungsgrad, Aufbau von Höhlensystemen sowie der oberflächliche Formenschatz zum Verständnis von karsthydrologischen Prozessabläufen herangezogen. Der räumlich-deskriptive Ansatz differenziert nach Wasserumsatzräumen im Karst. An dieser Stelle steht der Begriff *Wasserumsatzraum* für eine klare räumliche Gliederung des karsthydrologischen Systems:

Gesättigte Zone (Phreatische Zone)

Infolge der Karbonatkorrosion zeigt der grundwassererfüllte Raum bei Karbonatfestgesteinen eine besondere Charakteristik. Im Unterschied zu Kluft-

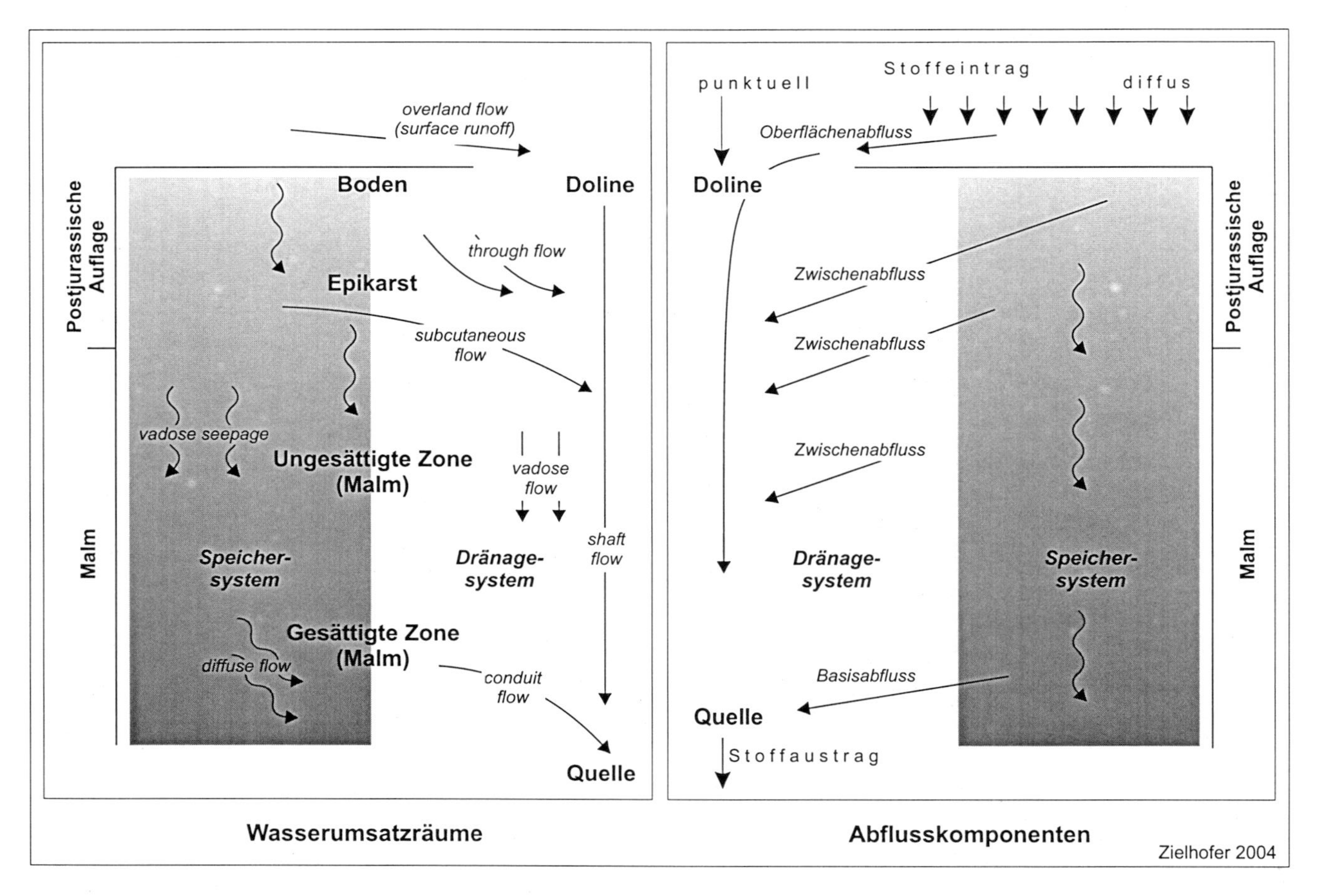

Abb. 3: Karsthydrologisches Grundmodell (Speicher- und Drainagesystem)

grundwasserleitern wird der durchflusswirksame Hohlraumanteil nicht nur durch Klüfte gebildet, sondern zusätzlich durch Lösungshohlräume verschiedener Größe, welche meist aus Klüften hervorgegangen sind. Dabei entwickelt sich in der Regel ein Nebeneinander von schnell fließendem conduit flow (Abb. 3) in den durch Lösungskorrosion erweiterten Grobklüften und von langsam fließendem diffuse flow in den Poren und Feinklüften (Jennings 1985: 68). Entwickelte conduit systems sind organisiert, wie ein dreidimensionales Gewässernetz, von daher steht vielen Sickerlöchern im Quelleinzugsgebiet häufig nur ein einziger Quellaustritt gegenüber (Behrens und Seiler 1981; Jennings 1985: 67; Pfaff 1987). Das conduit system hat bei geringer oder fehlender Sickerwasserzufuhr aus der ungesättigten Zone eine drainierende Wirkung, mit der Folge, dass bei niedrigen Grundwasserständen vermehrt Wasser aus dem diffuse system an das conduit system abgegeben werden kann. Umgekehrt diffundiert Karstwasser aus dem conduit system in das diffuse system, wenn der Grundwasserspiegel erhöht ist (Atkinson et al. 1973; Mangin 1975: 100; Jennings 1985: 69).

Hohlraum- und Höhlensysteme mit großer horizontaler Ausdehnung weisen oft sukzessive Tieferschaltungen auf, welche mit Abfolgen von Quellaustrittsniveaus und entsprechenden klimatischen Sequenzen korreliert werden können (Jennings 1985: 137; Dreybrodt 1988). Da die Karstgrundwasseroberfläche generell die Tendenz hat, sich auf das Quellaustrittniveau - d.h. in der Regel auf das Vorfluterniveau - einzustellen, muss der oberste phreatische Bereich (*epiphreatic zone* nach Glennie 1958) häufig ein Raum bevorzugter Höhlenbildung sein (Mangin 1975: 108; Bögli 1976: 154). Drei Prozesse, welche die Karstbildung in diesem Bereich fördern, kommen hier zusammen: a) Hohe Fließgeschwindigkeiten, b) untersättigtes Sickerwasser aus dem *shaft flow system* der ungesättigten Zone und c) Mischungskorrosion (Mangin 1975; Bögli 1976; Jennings 1985).

Ungesättigte Zone (vadose Zone)

Die vadose Zone ist der grundwasserfreie Sickerraum, den das infiltrierte Wasser unter dem Einfluss der Schwerkraft durchquert. Der oberste Bereich der vadosen Zone gliedert sich bei Karbonatgesteinen in die Bodenzone und die subkutane Zone, auf welche - bedingt durch die besonderen hydrologischen Eigenschaften - noch gesondert eingegangen werden soll.

In der tieferen vadosen Zone überwiegen vertikale Fließrichtungen. Hierbei lassen sich nach Gunn (1981) drei Komponenten des Sickerwasserflusses unterscheiden: a) Diffuses Sickerwasser *(vadose seepage)* bewegt sich in Kleinstklüften und kann in grundwasserfreien Karsthöhlen durch langsames Tröpfeln von der Höhlendecke beobachtet werden. b) Das Sickern *(vadose trickle)* in kleineren Klüften, welche durch Prozesse der Lösungsverwitterung bereits vergrößert wurden, führt zu kleinen Sturzbächen oder schnellem Tröpfeln an der Höhlendecke. Schüttungsschwankungen lassen sich in der Regel größeren Regenereignissen zuordnen, welche teils 2 bis 3 Monate zurückliegen können. c) Die vermutlich größte vertikale Abflusskomponente zeigt sich in großen Sammelkanälen *(shaft flow)*, d.h. Grobkluftsysteme, welche infolge der Karbonatkorrosion erheblich ausgehöhlt wurden und den unterirdischen Vorfluter für überwiegend laterale Fließ-strömungen im obersten Bereich der vadosen Zone (Abb. 3: Epikarst) darstellen.

Grundsätzlich nehmen die Schüttungsschwankungen des Sickerwasserflusses mit abnehmender Kluftgröße ab (Gunn 1981), was eine erhöhte Speicherkomponente der Kleinkluftsysteme zur Folge hat. Entsprechend kann die Passage durch die ungesättigte Zone zwischen Stunden und mehreren Jahren variieren (Coxon 1999: 55; Fairchild et al. 2000: 260). Heinrichs (1998, mündliche Mitteilung) konnte in der Arndthöhe bei Kipfenberg Tropfwasseralter von bis zu 9 Jahren nachweisen, ein Indiz für Speicherräume mit mehrjährigem Retentionsvermögen innerhalb der ungesättigten Zone.

Den höchsten Karstifizierungsgrad zeigen anstehende Karbonatgesteine im Kontaktbereich zur Festgesteinsüberdeckung. Das an Karbonaten nicht gesättigte Sickerwasser besitzt hier seine höchste chemische Aggressivität (Jennings 1985: 37). Die hydrologische Funktion der *subcutaneous zone* - oder Epikarst - beschreibt Williams (1983) durch folgende Eigenschaften: a) Häufig besitzt die subcutane Zone einen mächtigen Porenraum in dem über eine bestimmte Zeit Sickerwasser gespeichert werden kann. b) Nach starken Regenfällen besitzt der Sickerwasserfluss in der subkutanen Zone eine hohe laterale Komponente *(subcutaneous flow)*. c) Der relativ geringmächtige Epikarst spielt für die stoffliche Zusammensetzung des Grundwassers eine wichtige Rolle, wenngleich sein Einfluss gegenüber der meist mächtigeren - unmittelbar im Liegenden anschließenden - tieferen ungesättigten Zone unterschätzt wird.

Nach der Arbeit von Gunn (1981) kommt dem *subcutaneous flow* eine stoffliche Schlüsselfunktion im karsthydrologischen Wirkungsgefüge zu. Gunn (1981: 322) konnte in den warmgemäßigten Breiten Neuseelands nachweisen, dass sich der *subcutaneous flow* hinsichtlich der Karbonatsättigung vom drainenden *shaft flow* kaum unterscheidet. *Subcutaneous flow* und *shaft flow* haben darüber hinaus die höchsten Sättigungsraten aufgezeigt, d.h. die Karbonatkorrosion findet bevorzugt in der Epikarstzone statt - der Zone der *active limestone solution* (Gunn 1981: 329). Auch Miotke (1975: 113) und Drogue (1980) vermuten bereits einen bedeutenden Einfluss des Epikarsts auf die stoffliche Zusammensetzung des Grundwassers, ohne jedoch näher darauf einzugehen. Bonacci (1987: 29) lokalisiert den Epikarst - unter Zuordnung der hydrologischen Funktionen nach Williams (siehe oben) - als eine Zone mit durchschnittlicher Mächtigkeit zwischen 0,5 und 2m in den obersten Bereich der ungesättigten Zone, jedoch noch unterhalb des „Bodenmaterials", d.h. Bonacci (1987) zählt den Boden nicht mit zum Epikarst. Auch in anderen Arbeiten wird der Boden von der Epikarstzone getrennt betrachtet, ohne jedoch auf klare Grenzkriterien und das grundlegende Wirkungsgefüge zwischen den beiden Zonen aufmerksam zu machen (Mangin 1975; Gunn 1981; Jennings 1985: 68; Farbe 1989).

Bodenzone

Intensive Karbonatlösungsverwitterung im Bereich der subkutanen Zone ist auf Sickerwasser reich an ungesättigten Hydrogenkarbonaten zurückzuführen. Verantwortlich für die gelöste Kohlensäure im Sickerwasser ist der CO_2-Gehalt in der Bodenluft. Hohe CO_2-Gehalte können wiederum nur erreicht werden, wenn geeignete Milieubedingungen für den mikrobiellen Abbau von organischer Substanz im Boden gegeben sind. Insbesondere in mittelporenreichen Böden wird das Gas in erhöhten Anteilen dem Sickerwasser zugeführt, da der Kontaktbereich zwischen Bodenwasser und -luft besonders groß ist. Gemeinhin kommt der Bodenzone in karsthydrologischen Abhandlungen eine eher unbedeutende Rolle zu (Gunn 1981: 329; Williams 1983, 1985; Jennings 1985; Bonacci 1987). Meist geht unter, dass nur bei günstigen Voraussetzungen in der Bodenzone hohe Korrosionsleistungen an der Karbonatverwitterungsfront - d.h. in der Epikarstzone - erreicht werden. Eine Ausnahme bilden hierbei die Untersuchungen von Zambo und Ford (1997) in Nordungarn.

Dem lateralen *subcutaneous flow* in der Epikarstzone wird der *through flow* in der Bodenzone gegenübergestellt (Gunn 1981; Bonacci 1987). Je nach der Mächtigkeit des Bodens treten neben den vorherrschenden vertikalen Sickerwasserbewegungen auch Lateralflüsse in der Bodenzone auf (Gunn 1981: 316; Jennings 1985: 36), welche insbesondere nach stärkeren Niederschlägen im Bereich von Dolinen und Ponoren dem *shaft flow* zugeführt werden. Analytisch unterscheiden sich der laterale *through flow* und der laterale *subcutaneous flow* dadurch, dass der *subcutaneous flow* - aufgrund der längeren Verweilzeit - eine weitaus höhere Karbonatsättigung aufweist als der *through flow* (Gunn 1981).

Ist die Infiltration des Niederschlagswassers gehemmt (Kapillarbarriere, hohe Wassersättigung des Bodens), können im Karst auch temporäre Oberflächenabflüsse *(overland flow)* auftreten, welche ebenfalls über Dolinen und Ponore dem *shaft flow* zugeführt werden (Day 1979; Gunn 1981). Mit zunehmender Mächtigkeit plombierender Lockersedimente erhöht sich das Potential einer oberflächlichen Abflusskomponente (Day 1979).

Speichersystem versus Drainagesystem

Die Karstwasserumsatzräume lassen sich zusammenfassend einem Speicher- oder einem Drainagesystem zuordnen (Abb. 3). Diffuse Wasserbewegungen innerhalb der gesättigten und ungesättigten Zone *(diffuse flow, vadose seepage)* stellen langsame Wasserumsätze mit hoher Speicherkomponente im Karst dar. Im Gegensatz zum Konzept von Pfaff (1987: 51) umfasst das Speichersystem hier nicht nur den Grundwasserkörper selbst, sondern berücksichtigt auch Potentiale retardierter Wasserabgaben aus der vadosen Zone, bzw. aus dem Epikarst, in Anlehnung an die Arbeiten von Gunn (1981) und Glaser (1998). Schnell fließende Wasserbewegungen *(conduit flow, shaft flow, vadose flow, overland flow etc.)* im Karstaquifer werden dem Drainagesystem zugeordnet, auch hier steht der Begriff nicht für Wasserumsätze, die auf die gesättigte Zone beschränkt bleiben.

1.3.2 Abflusskomponenten – hydrologisch-exploratives Konzept

Für das Grundverständnis morphogenetischer Prozessabläufe im Gebiet der Mittleren Altmühlalb (vgl. Kap. 2.4.1.5) bedarf es einer klaren Klassifizierung der räumlich lokalisierbaren Fließströme im Karst. Der linke Teil des karsthydrologischen Grundmodells (Abb. 3) konzentriert sich entsprechend auf einen räumlich-deskriptiven Ansatz der Wasserumsatzräume. Zusammenfassend lassen sich die Wasserumsatzräume in einem Speicher- und einem Drainagesystem darstellen, wobei dann die klare räumliche Zuordnung im Karstaquifer verloren geht. Mittels ereignisorientierter Messungen an ausgewählten Quellen im Gebiet des Kindinger Talknotens (Kap. 6) sollen hydraulische und hydrochemische Variabilitäten im Karstaquifer dargelegt werden. Über hydrographische Separationen sowie hydrochemische Hauptkomponentenanalysen wird versucht, den Mischwasserabfluss am Quellaustritt in verschiedene *Abflusskomponenten* zu unterteilen. Der *hydrologisch-explorative* Ansatz liefert folglich Teilkomponenten des Gesamtabflusses, welche sich hinsichtlich ihres Alters sowie ihrer physikalischen und chemischen Eigenschaften unterscheiden.

Im Karst der Südlichen Frankenalb konnten Pfaff (1987) und Glaser (1998) an zahlreichen Quellen nach verschiedenen Methoden (hydrographische Separation, Speicher-Durchfluss-Modelle) in der Regel mindestens zwei Abflusskomponenten nachweisen. Schwerpunkte der Untersuchungen bildeten Kalkulationen zum Volumen des Grundwasserraums sowie zum Grundwasseralter. In der vorliegenden Arbeit soll die Hauptkomponentenanalyse mögliche Ansätze zur stofflichen Differenzierung des Gesamtabflusses liefern, wobei auch hier Rückschlüsse auf eine räumliche Zuordnung im Karstaquifer wünschenswert sind. Separierte Abflusskomponenten können jedoch nicht unmittelbar einem räumlich begrenzten Wasserumsatzraum im Einzugsgebiet (nach Kap. 1.3.1) zugeordnet werden, da nicht jeder Karstwasserumsatzraum einen erkennbaren „hydrochemischen Fingerabdruck" am Quellaustritt hinterlässt, bzw. dieser mangels Zugänglichkeit im unterirdischen Quelleinzugsgebiet nicht bekannt ist. Das karsthydrologische Grundmodell (Abb. 3, rechts) unterstellt dem Mischwasserabfluss am Quellaustritt mindestens zwei Abflusskomponenten, orientierend an den Modellvorstellungen von Pfaff (1987) und Glaser (1998). Die beiden Komponenten lassen sich durch ein *Speicher-* und ein *Drainagesystem* beschreiben, gleichbedeutend mit der verwendeten Terminologie im Rahmen der Wasserumsatzräume (vgl. Abb. 3, links und rechts).

Große Teile der Albhochfläche sind frei von perennierender Oberflächenentwässerung. Temporärer oberflächlicher Abfluss wird häufig Dolinen oder Ponoren zugeführt, welche unmittelbaren Anschluss an das unterirdische, aber schnell entwässernde *shaft flow system* haben. Somit kann unter Umständen auch der Quellabfluss eine oberflächliche Abflusskomponente aufweisen. Gemäß DIN 4049 lassen sich drei Abflusskomponenten unterscheiden: a) Der *Oberflächenabfluss* fließt ohne Zwischenspeicherung im Einzugsgebiet über die Geländeoberfläche dem Vorfluter zu, b) der *Zwischenabfluss* fließt dem Vorfluter unterirdisch mit nur geringer zeitlicher Verzögerung zu und c) der *Basisabfluss* entstammt den natürlichen längerfristigen Speicherräumen im Einzugsgebiet. Zwischenabfluss und Oberflächenabfluss bilden zusammen den Direktabfluss. Nach Chorley (1978) lässt sich dieses Prinzip auch auf Quelleinzugsgebiete im Karst übertragen. Hierbei bilden *through flow* und *subcutaneous flow* den Zwischenabfluss, welcher wiederum zusammen mit dem *overland flow* den Direktabfluss darstellt. Das Drainagesystem in Abb. 3 (rechts) wird in diesem Sinne als Direktabfluss verstanden, wobei sich unter einer weiteren Differenzierung des Drainagesystems in Oberflächenabfluss und Zwischenabfluss eine potentiell dritte Abflusskomponente auch im karsthydrologischen System ableiten lässt. Inwieweit die hydrographische und hydrochemische Separation (Kap. 6) eine dritte Abflusskomponente auch für die Quellen im Bereich des Kindinger Talknotens erkennen lässt, wird die spätere Diskussion in Kap. 6 noch zeigen.

Hinsichtlich des Stoffeintrags wird zwischen punktuellen und diffusen Eintragsquellen im Karsteinzugsgebiet unterschieden (Abb. 3, rechts). Punktuelle Stoffeinträge werden über Dolineneinleitung unmittelbar dem Drainagesystem zugeführt, diffuse Stoffeinträge können über flächenhafte Versickerung oder über Oberflächenabfluss mit anschließender Dolinenversickerung in beide Systeme (Speicher/ Drainage) gelangen (vgl. Pfeffer 1990).

2 Grundwasserüberdeckung in der Mittleren Altmühlalb

2.1 Weißjura (Malm)

Abb. 4 zeigt einen geologischen Nord-Süd-Profilschnitt durch die Mittlere Altmühlalb und gibt einen Überblick zum stratigraphischen und faziellen Aufbau des Weißjura im Untersuchungsgebiet. Der geologische Aufbau des Weißjura ist Bestandteil zahlreicher wissenschaftlicher Studien. Viele Publikationen zur geologischen Geländeaufnahme finden sich in den Erlanger Geologischen Abhandlungen (u.a. v. Edlinger 1964; v. Freyberg 1964, 1968; Schnitzer 1965) und in den Arbeiten des Geologischen Landesamts (u.a. Schmidt-Kaler 1976, 1983, 1990; Streit 1978). Die Ergebnisse dieser Arbeiten resultieren in einem paläogeographischen Grundmuster mit einer Riff- und Schichtfaziesgliederung für den Malm. Neuere Arbeiten zur genetischen Re-Interpretation stammen von Koch et al. (1994) und Koch (2000).

Karbonatgesteine des Weißjura (Malm) bilden den Gesteinskörper der Mittleren Altmühlalb. Im Bereich der Juraschichtstufe besitzen die Gesteinspakete des Malm eine Mächtigkeit von teilweise nur wenigen Metern bis Dekametern, wohingegen im Süden - etwa auf der Höhe der Donauachse - eine Mächtigkeit von ca. 500 m erreicht wird. Die Karbonatgesteine sind Zeugen des oberjurassischen süddeutschen Rand- bzw. Schelfmeeres, welches nach Süden in das Tethysbecken überging und nach Norden durch die Mitteldeutsche Scholle begrenzt wurde. Die unterschiedlichen stratigraphischen Einheiten des Malm und deren fazielle Differenzierung sind Ausdruck des wechselnden marinen Milieus. Plattige bis gebankte Kalke mit zahlreichen Mergelzwischenlagen im unteren Malm α bis γ werden zum Ende des Malm γ - an vereinzelten Stellen bereits ab dem oberen Malm α - von Schwammriffen abgelöst. Die zunehmende Besiedlung des Meeresbodens durch Schwämme findet im ausgehenden Malm δ mit der Ausbildung einer nahezu geschlossenen Riffplattform (Meyer und Schmidt-Kaler, 1991: 23) ihren Höhepunkt. Stratigraphisch zeigt sich innerhalb des Malm δ der Übergang hin zu aktiv aufbauenden Sedimentgesteinen über den Wechsel vom dickbankigen Treuchtlinger Marmor zur undeutlich horizontal gegliederten, tafelbankigen Schwammrasenfazies (Abb. 7, oben). Die Karbonatgesteine des oberen Malm δ sind häufig dolomitisiert.

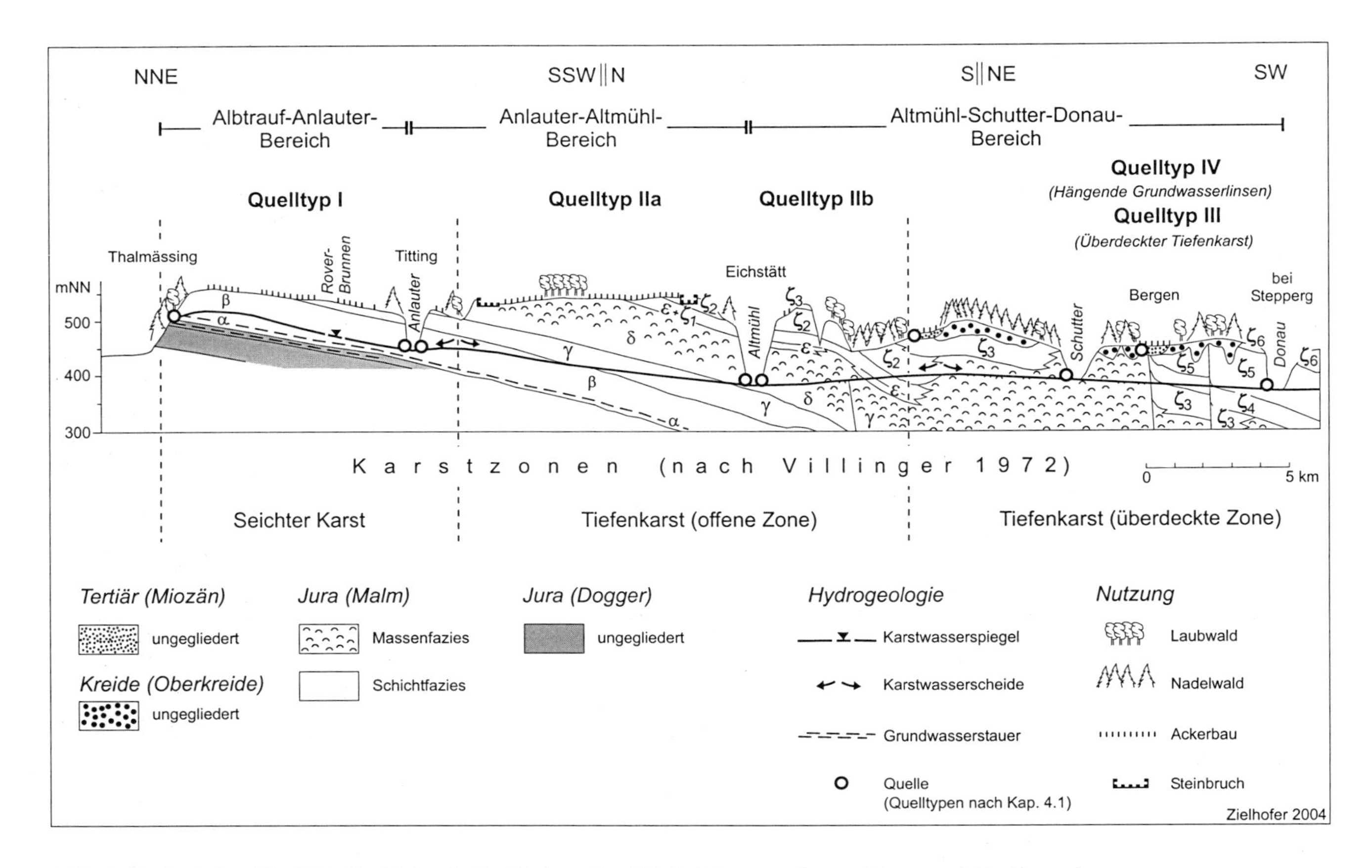

Abb. 4: Geologisches Nord-Süd-Profil durch die Mittlere Altmühlalb (Karstgrundwasserkörper und Quelltypen)
Quelle: Apel (1971), Meyer und Schmidt-Kaler (1991); verändert nach Koch et al. (1994)

Ab dem Malm ε ziehen sich die Riffe langsam wieder zurück. In den schwammfreien Senken werden die Plattenkalke des Malm ζ 2a (Solnhofener und Mörnsheimer Schichten) bis ζ 3 abgelagert. Stellenweise werden im Malm ζ 3 die Schwammriffe durch echte Korallenriffe ersetzt, bevor ab dem ausgehenden ζ 4 die Rifffazies endgültig verschwindet. Der Obere Jura schließt mit teilweise dickbankigen Kalken des sehr mächtigen Malm ζ 5 bis ζ 6 ab.

Der geologische Schnitt durch die Mittlere Altmühlalb (Abb. 4) zeigt die Verteilung der Schicht- und Massenfazies und das Südeinfallen der Schichten. Auf einer Länge von 28 km fallen die Schichten um fast 600 m ab (Meyer und Schmidt-Kaler, 1991: 17). Im Bereich der Donau bzw. des Albabbruchs werden die Malmpakete an Bruchstörungen (Abschiebungen) zusätzlich tiefer gelegt.

2.1.1 Malmfazies auf der Albhochfläche

Für das räumliche Verteilungsmuster der Auflagesedimente im Bereich der freien Albhochfläche spielt die Karstmorphologie eine wichtige Rolle. Der Oberflächenformenschatz ist wiederum abhängig von der faziellen Ausprägung des Malm an der Geländeoberfläche, was exemplarisch im Arbeitsgebiet Haunstetten gezeigt wird (Kap 2.4.1.2). Darüber hinaus bilden die oberflächlich anstehenden Karbonatgesteine die Grundwasserüberdeckung des Hauptkarstaquifers. Grundsätzlich muss über einen Einfluss der Malmfazies in der ungesättigten Zone auf die Grundwasserschutzfunktion diskutiert werden (Kap. 3.1.3). Eine Übersicht zur Verbreitung von Schicht- und Massenfazies im Untersuchungsgebiet ist in Abb. 5 zusammengestellt.

Aufgrund des Schichtfallens und teils kleinräumig wechselnder Malmfazies - insbesondere im mittleren Weißjura - ergibt sich auf der Albhochfläche ein heterogenes Verteilungsmuster von Schicht- und Massenfaziesvorkommen (Abb. 5). Das Untersuchungsgebiet nördlich der Anlauter ist durch das flächenhafte Vorkommen von Schichtkalken des Malm β und γ beschrieben. Auch im unmittelbaren Altmühlbereich bilden beiderseits der Talflanken überwiegend Schichtkalke das Anstehende (Vorkommen des unteren Malm ζ). Die zentrale Zone der Altmühl-Anlauter-Hochfläche wird in West-Ost-Streckung von massigen, variabel dolomitisierten Karbonatgesteinen (Malm δ) der Schwammrasenfazies und des kompakten Treuchtlinger Marmors durchzogen, welche im Bereich des

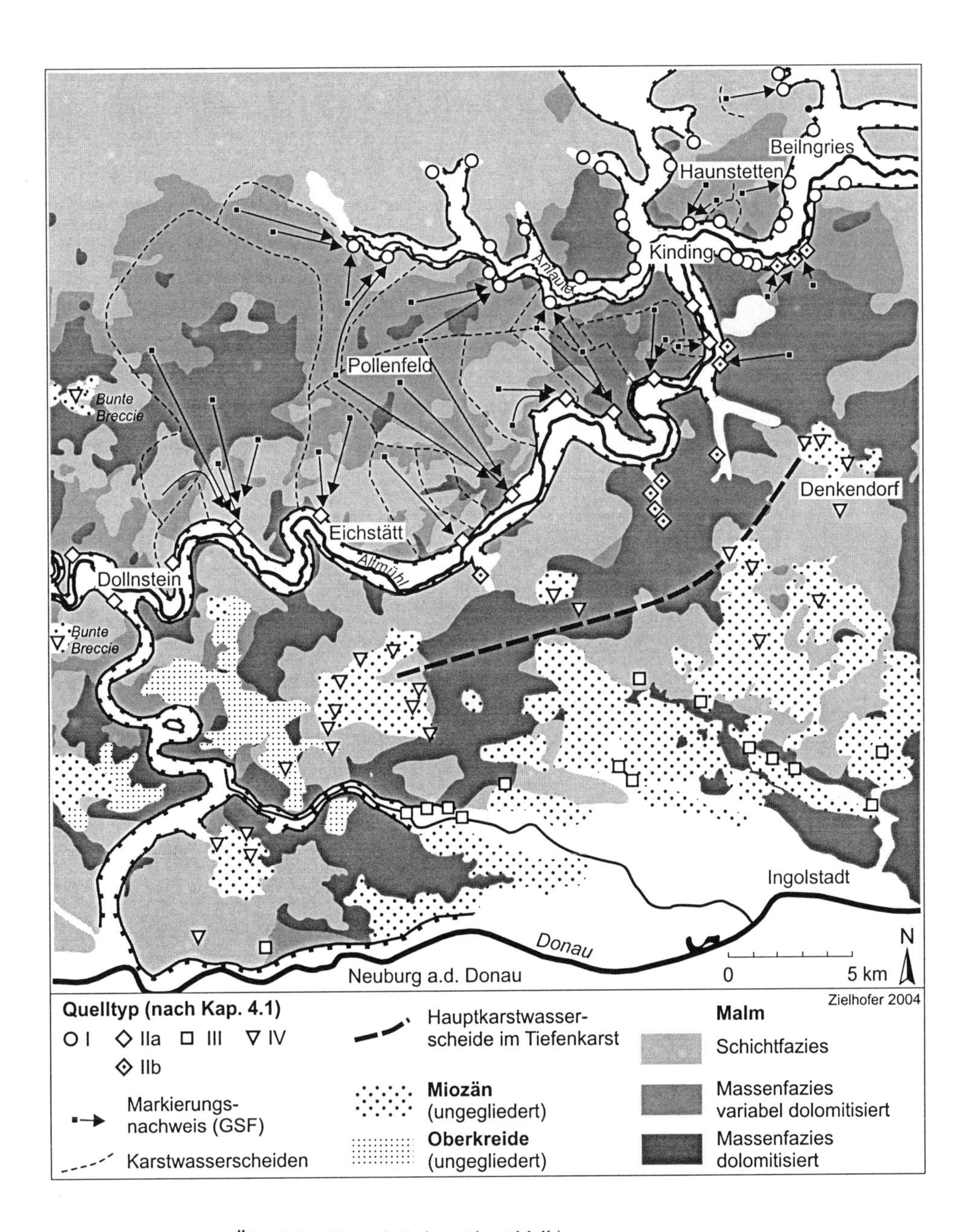

Abb. 5: Geologische Übersichtsskizze (Mittlere Altmühlalb)

Kindinger Talknotens in Schwammriffdolomite übergehen. Die Riffbildungen südlich der Altmühl (Malm ζ) sind in der Regel dolomitisiert. Sie folgen dem Verlauf der Hauptkarstwasserscheide im Untergrund. Südlich dieser Linie (Abb. 5) sind die anstehenden Malmkörper durch das flächenhafte Vorkommen der Oberen Süßwassermolasse (Kap. 2.3) plombiert. Überwiegend im Südwesten der Mittleren Altmühlalb sind - bei fehlender Tertiärüberdeckung - inselartige Vorkommen dickbankiger Kalke des oberen Malm ζ an der Oberfläche ausgebildet.

2.1.2 Malmfazies und Malmstratigraphie im Arbeitsgebiet Haunstetten

Die Albhochfläche im Arbeitsgebiet Haunstetten liegt im unmittelbaren Übergangsbereich von Schicht- zu Massenfazies. Gesteine des Malm δ - im wesentlichen schwammführende, dolomitische Kalksteine - sowie dünnbankige bis plattige Kalke des Malm γ stehen oberflächlich an (Schmidt-Kaler 1983). Der Malm δ dominiert im Süden des Arbeitsgebietes (Abb. 6), wohingegen nach Norden hin - mit dem Ausstreichen des Malm δ - die obersten Serien des Malm γ landschaftsprägend sind. Die höchste Erhebung im Arbeitsgebiet bildet der Sulzbuck mit 575,1m. Die tafelbankigen Schwammkalke des unteren Malm ε zeugen hier noch von der ehemals weiter nach Norden reichenden Verbreitung des jüngeren Weißjura.

An den Talhängen lässt sich der stratigraphische Aufbau der Haunstettener Albscholle von der Talsohle bis hinauf zu den Talkanten an vielen Profilen nachvollziehen. Eine Zusammenstellung der geologischen Aufschlüsse und deren stratigraphische Korrelation findet sich bei Streim (1960) und Schmidt-Kaler (1983). Der Krebsbach entspringt an der Quelle Kinding auf einem Niveau von 379m (Abb. 7). Den Grundwasserhemmer bilden hier zwischengeschaltete Mergellagen im mittleren Malm α, welcher im Arbeitsgebiet ausschließlich als Schichtfazies vorliegt. Der Malm α ist in Kinding in einer Mächtigkeit von ca. 16m aufgeschlossen. Die liegenden - zunehmend mergelreicheren Partien - sind vollends im Hangschutt begraben. Die Kalke des Malm α werden von der „Werkkalkfazies“ des Malm β überlagert. Die Mergellagen treten hier stark zurück. Chemische Analysen der Kalke zeigen Karbonatanteile von 96,0 bis 98,5%. Der $MgCO_3$-Anteil liegt unter 4 Mol-% (Abb. 7). Der Malm β erreicht eine Gesamtmächtigkeit von 15-17m (Schmidt-Kaler 1983: 22). Im anschließenden unteren Malm γ nehmen die Mergellagen erneut zu (Playnota-Schichten). Sie wirken

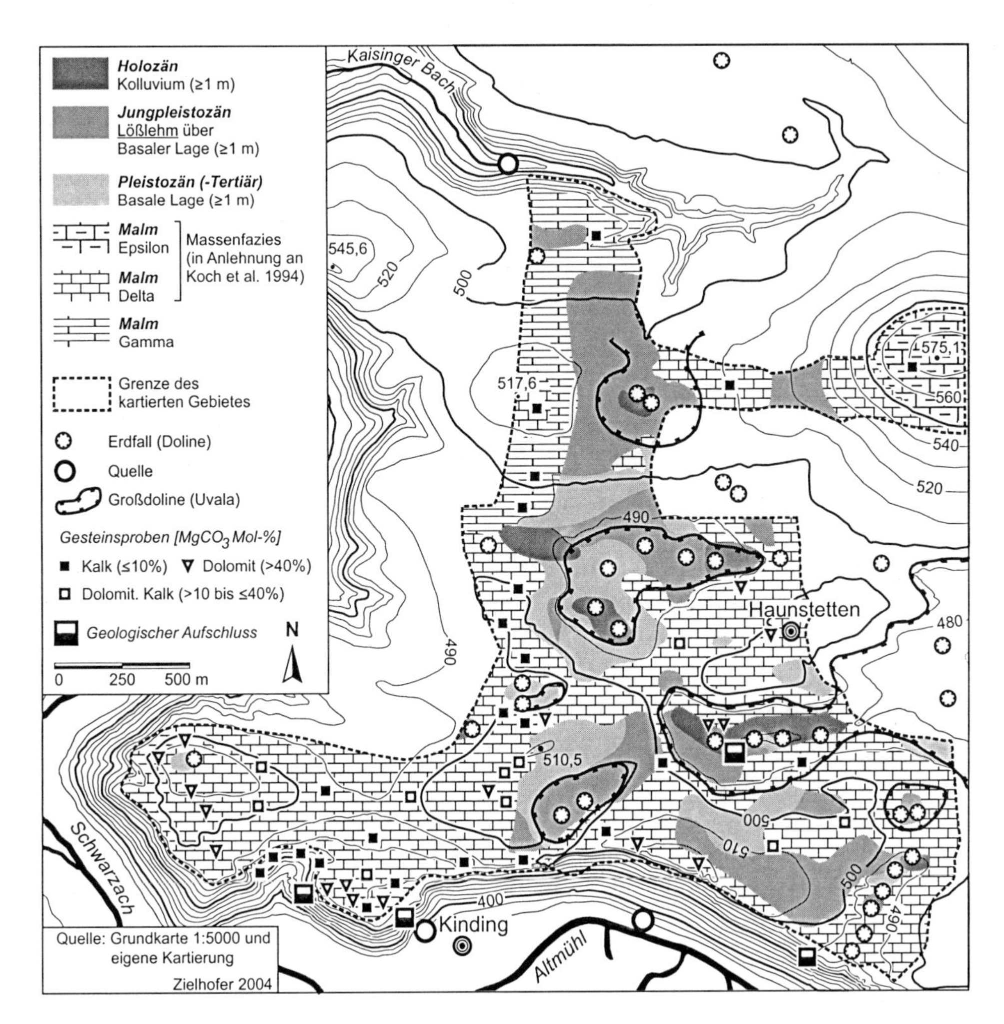

Abb. 6: Geologie in Haunstetten

ebenfalls grundwasserhemmend und bilden u.a. altmühlaufwärts einen Quellhorizont. An der Straße zwischen Kinding und Haunstetten sind die Kalke des mittleren und oberen Malm γ auf einem Höhenniveau zwischen ca. 430-445m aufgeschlossen. Im Arbeitsgebiet liegt der Malm γ vorwiegend in kalkig-mergeliger Schichtfazies vor (Schmidt-Kaler 1983: 23). Allerdings setzt bereits im Malm γ lokal die Besiedlung von Kieselschwämmen ein, so dass sich kleine Areale von Schwammriffen bildeten, die zum Teil auch dolomitisiert sein können. Der Malm γ erreicht eine Gesamtmächtigkeit von 28-29m. Im unteren Malm δ setzt die Dickbankfazies des Treuchtlinger Marmors (Schmidt-Kaler 1983) ein. Der Treuchtlinger Marmor unterscheidet sich durch sein massiges Erscheinungsbild scharf von den darunter liegenden Schichtkalken. Die dickbankigen Kalke bestehen aus ganzen, meist flachen, verkalkten Kieselschwämmen und frei in der Grundmasse gewachsenen, dunkleren Algenkrusten (Schmidt-Kaler 1983: 26). Die Schwämme und Krusten bilden kein zusammenhängendes, in sich aufgebautes Riffgerüst, womit der Treuchtlinger Marmor von Meyer (1975) als partikelreicher „schwammführender Bankkalk" bezeichnet wird. Die neueren Arbeiten von Koch et al. (1994) und Koch (2000) rechnen den Treuchtlinger Marmor mit zur Massenfazies. Der fazielle Übergang vom Treuchtlinger Marmor zur teils sehr undeutlich gegliederten, kompakten Schwammrasen- oder Biostromfazies lässt sich anhand eines Profilaufschlusses an der Altmühltalkante südlich von Haunstetten gut beobachten. Die kompakte Fazies reagiert auf tektonische Beanspruchung mit der Herausbildung eines unregelmäßigen Kleinkluftsystems (Abb. 7, oben). Die Kluftrosen der liegenden Kalke zeigen dagegen eine zumeist regelmäßige Kluftorientierung.

Die Schwammrasenfazies ist im südlichen Arbeitsgebiet landschaftsbestimmend. Sie setzt sich im Gegensatz zum Treuchtlinger Marmor stärker aus riffbildenden Komponenten zusammen. Allerdings liegt auch hier noch kein geschlossenes Riffgerüst vor, so dass sich die Schwammrasen kaum über ihre Umgebung erhoben haben und horizontale Schichtfugen noch undeutlich in Erscheinung treten (Schmidt-Kaler 1983: 28). Neben dem flächenhaften Vorkommen der undeutlich gegliederten Faziesbereiche besitzen die Karbonatgesteine des Malm δ im Arbeitsgebiet zum Teil echten Riffcharakter. Die Schwammriffbildung kann dabei bereits im Malm γ einsetzen (z.B. Schwammerling an der Straße von Kinding nach Haunstetten). Die massigen Schwammriff- und Schwammrasenformationen sind teilweise dolomitisiert. Reine Dolomite befinden sich vor allem im Riffbereich, die Schwammrasenvorkommen sind dagegen variabel dolomitisiert (siehe auch Gesteinsproben in Abb. 6). Häufig sind auch zuckerkörnige, z.T. noch leicht dolomitische Kalke anzutreffen, welche durch Dedolomitisierung entstanden sind.

An dem Profilaufschluss südlich von Haunstetten ist die Schwammrasenfazies dolomitisiert. Chemische Gesteinsanalysen zeigen neben der Zunahme des Magnesiumanteils eine Abnahme der Strontiumgehalte (Abb. 7, oben rechts). Bei

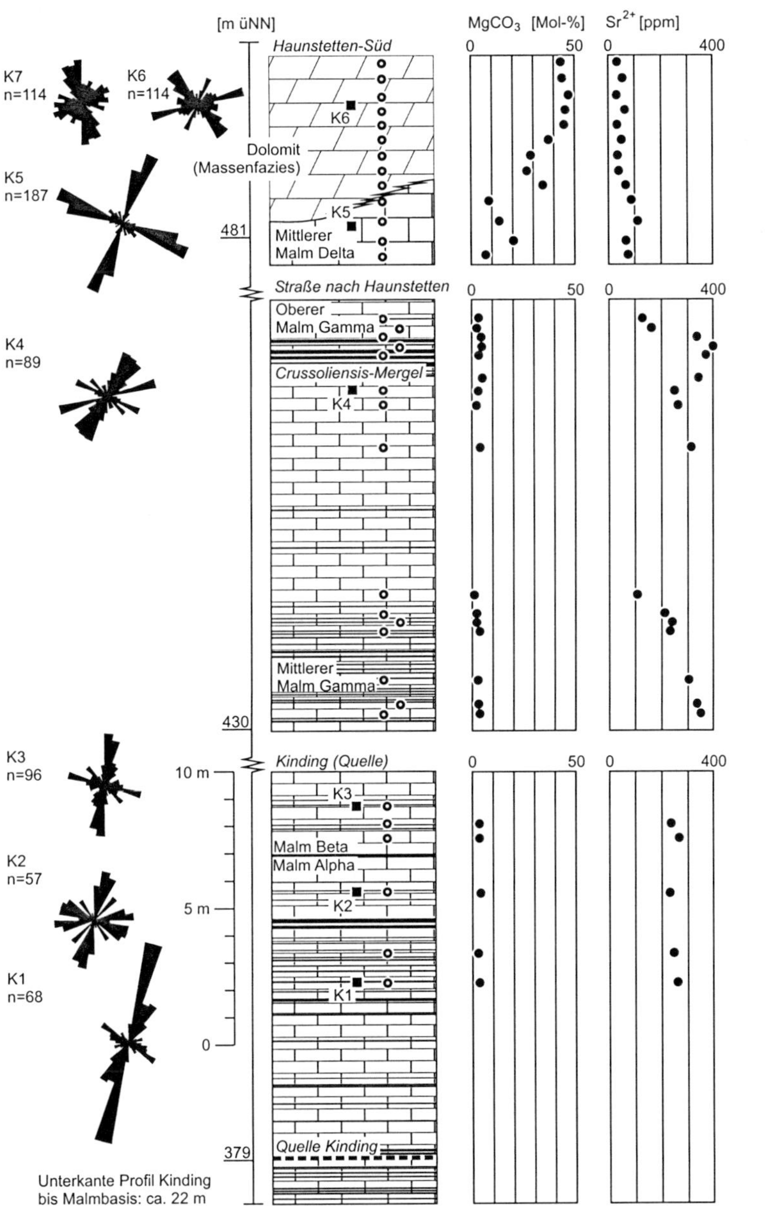

Abb. 7: Kluftmessungen und chemische Analysen zur Malmstratigraphie in Haunstetten

der Dolomitisierung wird neben dem Kalzium auch das Strontium abgereichert. Im Haunstettener Raum ist die Verbreitung der Dolomite und dolomitisierten Kalke ausschließlich auf die ungesättigte Zone beschränkt.

2.2 Kretazische Auflagen

Das Jurameer hat sich vor 135 Mio. Jahren zurückgezogen, seitdem unterliegt der Malm der oberflächlichen Abtragung und Verkarstung, aber mit zeitweisen Unterbrechungen durch Sedimentationsvorgänge während der Oberkreide und im Jungtertiär.

Neuburger Ton und Grobsand - Unteres bis Mittleres Cenoman (Oberkreide)

Nach einem über 40 Mio. Jahre andauernden, intensiven Verkarstungsprozess des anstehenden Malmkörpers werden um den Beginn der Oberkreide bei ansteigendem Grundwasserspiegel limno-fluviatile Tone, Sande und Kiese abgelagert (Mayer, in Bayer. GLA 1996: 115). In der Mittleren Altmühlalb befinden sich die mächtigsten Kreidevorkommen im Schutter-Donau-Bereich zwischen Rennertshofen und Neuburg/Donau. Die Basis der kreidezeitlichen Ablagerung bildet der *Neuburger Ton*. Diese gelbbraune, rote, violette, grünliche bis ins weißgraue gehende bunte Tonabfolge liegt im Idealfall wie ein schalenartiger Mantel um die jüngeren Kreidesedimente innerhalb größerer Karstdepressionen. Die Mächtigkeit variiert und erreicht in Ausnahmen bis zu 10 m (Streit 1978: 83). Die Neuburger Tone sind keine Residuallehme einer präoberkretazischen Verkarstung, sondern weisen über das Mineralspektrum eindeutig auf einen kristallinen Ursprung - d.h. entsprechende Nordschüttung - hin (Salger, in Streit 1978: 86). Die zeitliche Einordnung des fluviatilen Neuburger Tons ist umstritten. Nach dem Faziesschema von Gall et al. (1973) für den Neuburger Raum gehören die tonigen Ablagerungen bereits ins Untere Cenoman und damit in die Oberkreide. Nach Streit (1978: 83) kann der Neuburger Ton auch noch eine Ablagerung aus der Unterkreide vertreten. Der Neuburger Ton hat beim Nachsacken der Sedimente in den Karsthohlformen als Gleitmasse gewirkt. Sumpfige Stellen in kreidezeitlichen Füllungen zeigen rezente, im Holozän wieder aufgelebte Verkarstung an (Streit 1978: 83).

Im Hangenden des Neuburger Tons ist eine ubiquitär vorhandene *Grobsand*-Serie entwickelt. Der fluviatile Grobsand erreicht Mächtigkeiten von bis zu 8 m, wird ins Mittlere Cenoman gestellt und ist lydithaltig. Die Lydite sind ein Hinweis auf die Nordschüttung des Sediments. Ähnlich dem Neuburger Ton verweist das Mineralspektrum auf das Hauptliefergebiet im Bereich der Böhmischen Masse (Streit 1978: 86). Der Grobsand bildet auf der Höhe des Wellheimer Oberholzes das Anstehende, im südlicheren, donaunahen Bereich um Neuburg wird der Grobsand von jüngeren oberkretazischen Ablagerungen überdeckt. Die Grobsandlage ist in Anlehnung an das Faziesschema von Gall et al. (1973) stratigraphisch mit den Schutzfels-Schichten zu parallelisieren (Streit 1978: 82), welche - aus nordwestlicher und nordöstlicher Richtung kommend (Mayer, in Bayer. GLA 1996: 115) - ursprünglich den gesamten Malmkörper überdeckten (Meyer und Schmidt-Kaler 1991: 27). Neben den mächtigeren Überdeckungen im Süden der Mittleren Altmühlalb deuten heute nur noch Einspülungen in tiefgründigen Karsthohlformen auf die ehemalige Verbreitung der Schutzfels-Schichten hin.

Feinsand - Oberes Cenoman (Oberkreide)

Nach anfänglicher terrestrischer Sedimentation sind die kreidezeitlichen Ablagerungen im Bereich der Mittleren Altmühlalb durch oberkretazische - aus dem heutigen Alpenraum kommende - Meerestransgressionen charakterisiert. Die ältesten marinen Ablagerungen des Meeresvorstoßes vor ca. 95 Mio. Jahren (Oberes Cenoman) bilden den sogenannten *Feinsand* (Streit 1978: 88). Der erstmalig von Schneider (1933) beschriebene Feinsand erreicht nach Gall et al. (1973) im Raum Rennertshofen-Neuburg im stratigraphischen Verbund eine Mächtigkeit von etwa 3 m. Der helle Feinsand ist stärker verkieselt als der liegende Grobsand, die Quarzkörner weisen ein durchschnittliches Korngrößenspektrum von 0,05-0,2 mm auf und sind von Kaoliniten überzogen (Streit 1978: 89). Anhand der Reliktfunde kann die Mindestausdehnung des oberkretazischen Meeres rekonstruiert werden. Demnach liegt die Grenze der ältesten Meerestransgression (Oberes Cenoman) im Bereich der Altmühlalb in etwa auf der Höhe des West-Ost-Verlaufs der heutigen Altmühl (Bayer. GLA 1981: Tafel 4 im Anhang).

Neuburger Kieselkreide - Unteres Unterturon (Oberkreide)

Die *Neuburger Kieselkreide* ist ein äußerst feinkörniges, lockeres Gestein, welches sich aus Quarzen einschließlich organischer Kieselsäure und Kaolinit zusammensetzt. Das Verhältnis liegt dabei etwa zwischen 4:1 und 6:1 zugunsten des Kieselanteils. Das Gestein ist demnach hauptsächlich aus Kieselsäure aufgebaut und erinnert von seinem Gefüge an Schreibkreide (Streit 1978: 90). Die Neuburger Kieselkreide konnte sich im Bereich von Karstwannen und Senken der tertiären Abtragung entziehen und wird im Raum Rennertshofen-Neuburg als Rohstoff v.a. für die petrochemische Industrie im Tagebau gefördert. Die ovalen bis nierenartigen Lagerstätten der Neuburger Kieselkreide erreichen selten eine Erstreckung von über 200 m. Die Füllungen können eine Mächtigkeit von über 100 m aufweisen (Grube Kreuzgründe). Das marine Milieu der Neuburger Kieselkreide ist durch das zahlreiche Vorkommen an Kieselschwämmen in der Feinsandfraktion angezeigt (Streit 1978: 100). Die Kieselschwämme stammen aus Meerestransgressionen im Unteren Unterturon. Das Meer reichte weit nach Norden und überdeckte ursprünglich die gesamte Mittlere Altmühlalb (Bayer. GLA 1981: Tafel 4 im Anhang).

Hangendserien der Neuburger Kieselkreide - Oberes Unterturon (Oberkreide)

Im Hangenden der Neuburger Kieselkreide zeigen die Lagerstätten häufig 3-5 m mächtige, feinsandige Serien mit vereinzelten Tonlinsen (Streit 1978: 106). Nach oben hin treten große verkieselte, meist sehr dichte Partien auf. Die Quarzite werden von Gall et al. (1973) ins Obere Unterturon gestellt.

Auf sämtlichen geologischen Karten wird die Verbreitung der Kreideformationen ohne Ausnahme nur ungegliedert wiedergegeben (u.a. Bayer. GLA 1997). Durch das inselartige Vorkommen der Oberkreide, die rasch wechselnde fazielle Ausprägung, den nachträglichen Versturz infolge langwieriger Verkarstung im Untergrund sowie durch teilweise fehlende, marine Leitfossilien (Bayer. GLA 1996) lassen sich die Kreideablagerungen grundsätzlich nur schwer stratigraphisch korrelieren.

2.3 Tertiäre Auflagen

Ab der Übergangszeit von der Kreide zum Tertiär unterliegt die Mittlere Altmühlalb einem lang anhaltenden Lösungs- und Abtragungsprozess. Insbesondere unter den wechselfeuchten Bedingungen im Alttertiär (65-25 Mio. Jahre vor heute) schreitet die flächenhafte Abtragung und tiefgreifende Verkarstung voran. Die Kreidesedimente werden erodiert, lediglich die aus dem Schutter-Donaubereich beschriebenen Kreideserien zeugen von der ehemals mächtigen kretazischen Überdeckung (Meyer und Schmidt-Kaler 1991: 29).

Tertiäre Spaltenfüllungen - Residuallehme der Karbonatverwitterung

Die starke Verkarstung im Verlauf des Tertiärs hat tiefe Karstschlotten und -spalten zur Folge. Neben teilweise kretazischen Relikten (Bohnerze, Quarzite) treten in den Spalten auch rötlichfarbene Residuallehme der Karbonatverwitterung auf, welche das zumindest teilweise subtropisch-tropische Verwitterungsmilieu des Tertiärs anzeigen (Bleich 1994; Meyer und Schmidt-Kaler 1991: 29). Über tertiäre Säugetierfunde in den Karstspalten kann das Alter der Füllungen abgeschätzt werden. Untersuchungen von Heissig (1983) zeigen für den Raum der Altmühlalb zwei Fundmaxima in der Tertiär-Chronologie: Unteres und Mittleres Oligozän sowie Mittleres Miozän. Abgesehen von tertiären Residuallehmen in älteren Karstschlotten und -spalten finden sich auch in quartären Karsthohlräumen umgelagerte tertiäre Residuallehme, u.a. für die Mittlere Altmühlalb beschrieben bei Trappe (1998a, 1999b). Der tertiäre Residuallehm der Karbonatlösungsverwitterung ist durch ein toniges Korngrößenspektrum gekennzeichnet (Trappe 1998a: 173), entsprechend den nichtkarbonatischen Bestandteilen des Malm. Lediglich im Malm δ besitzt der Residuallehm eine hohe Schluffkomponente (vgl. dazu auch Kornverteilungen in quartären Lagen, Abb. 10). Ehemals flächenhafte Vorkommen von tertiären Residuallehmen sind in quartäre Umlagerungen eingearbeitet worden (Basale Lage aus Mischlehm, vgl. Kap. 2.4.1.1).

Miozän - Flächenhafte Überlagerung der Oberen Süßwassermolasse

Im südlichen Raum der Mittleren Altmühlalb ist der tertiäre Abtragungs- und Lösungsprozess für einen kurzen Zeitraum während des Miozäns unterbrochen worden. Im Zuge der alpidischen Gebirgsbildung lagerten sich klastische, brackische und marine Sedimente in einer dem Hebungszentrum nördlich vorgelagerten Saumsenke ab. Der Sedimentationstrog erstreckte sich nur zwischen 18 und 16,8 Mio. Jahren (Unger 1989) bis in den südlichen Raum der Mittleren Altmühlalb. Unter limnisch-fluvialem Ablagerungsmilieu akkumulierten Sedimente der *Oberen Süßwassermolasse* auf verkarstetem Malm, kretazischen Ablagerungen oder tertiären Residuallehmdecken. Ältere brackische oder marine Ablagerungen des miozänen Molassetrogs finden sich nur südlich der Donauachse.

Die limnisch-fluvialen Sedimente der Oberen Süßwassermolasse im Süden der Mittleren Altmühlalb lassen aufgrund ihres Mineralspektrums auf eine ehemalige Nordschüttung schließen, im Gegensatz zu der ansonsten für den Molassetrog üblichen Südschüttung vom Alpenraum kommend (Doppler und Schwerd 1996: 165).

Faziell treten neben rein fluviatilen, überwiegend tonig bis sandigen Sedimenten auch limnische Ablagerungen auf. Die limnische Fazies der Oberen Süßwassermolasse zeigt außer tonig-schluffigen Mergellagen auch charakteristische Einschaltungen von limnogenen Süßwasserkalken (Meyer und Schmidt-Kaler 1991: 29; Doppler und Schwerd 1996: 165; Trappe 1998a: 174). Südlich der Altmühl sind heute noch größere Bereiche der Oberen Süßwassermolasse flächendeckend erhalten (Abb. 5). Zeugen einer ehemals weiter nach Norden reichenden Verbreitung sind kleinere Tertiärlinsen in Karsthohlformen (u.a. bei Bieswang). Die Mächtigkeit der Molassesedimente variiert stark (v. Freyberg 1964), kann jedoch südlich der Altmühl bis zu 30 m und mehr betragen (v. Freyberg 1962, Trappe 1999a: 57). Genauere Aussagen erweisen sich als schwierig, da die überdeckte Malmoberkante in der Regel große Reliefunterschiede aufweist (Trappe 1999a: 56) und die wenigen vorhandenen Bohrprofile für Interpolationen eine zu geringe Dichte besitzen. Die Sondierungsarbeiten für die ICE-Trasse Nürnberg-München boten die seltene Gelegenheit, Mächtigkeiten und fazielle Differenzierungen der Molassesedimente bei geringem Abstand der Bohrpunkte zu beschreiben. In Abb. 8 ist ein geologisches Nord-Süd-Profil durch die Denkendorfer Tertiärsenke (Lokalität: siehe Abb. 5) dargestellt (Die Daten stammen von der Deutschen Bahn AG). Das Profil gibt einen Überblick über typische Faziesmuster innerhalb der Oberen Süßwassermolasse, dessen inselartiges Vorkommen bei Denkendorf immerhin noch eine Mächtigkeit von bis zu ca. 35 m erreicht. Neben Sandlinsen

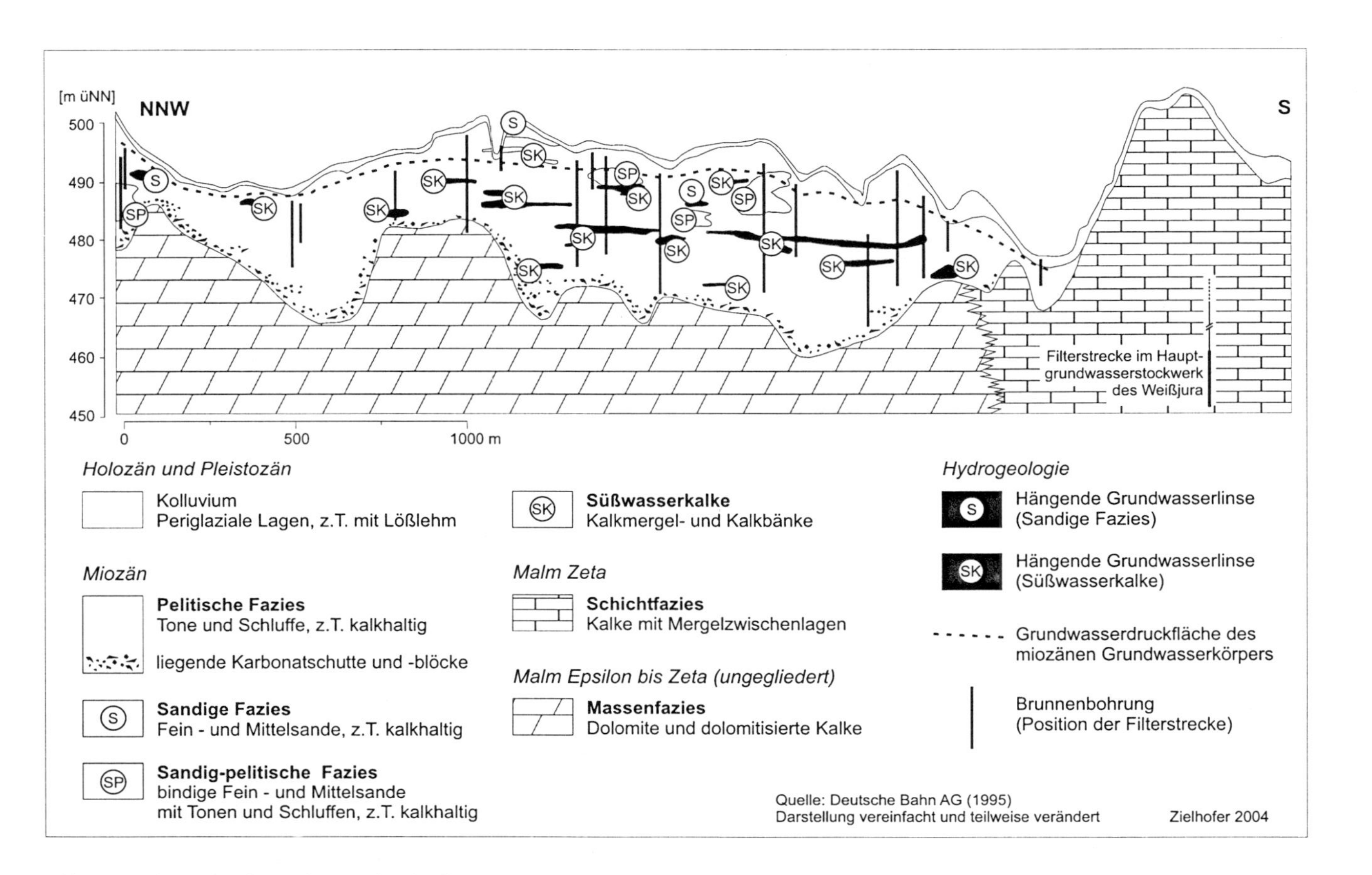

Abb. 8: Geologische Skizze der Denkendorfer Tertiärsenke

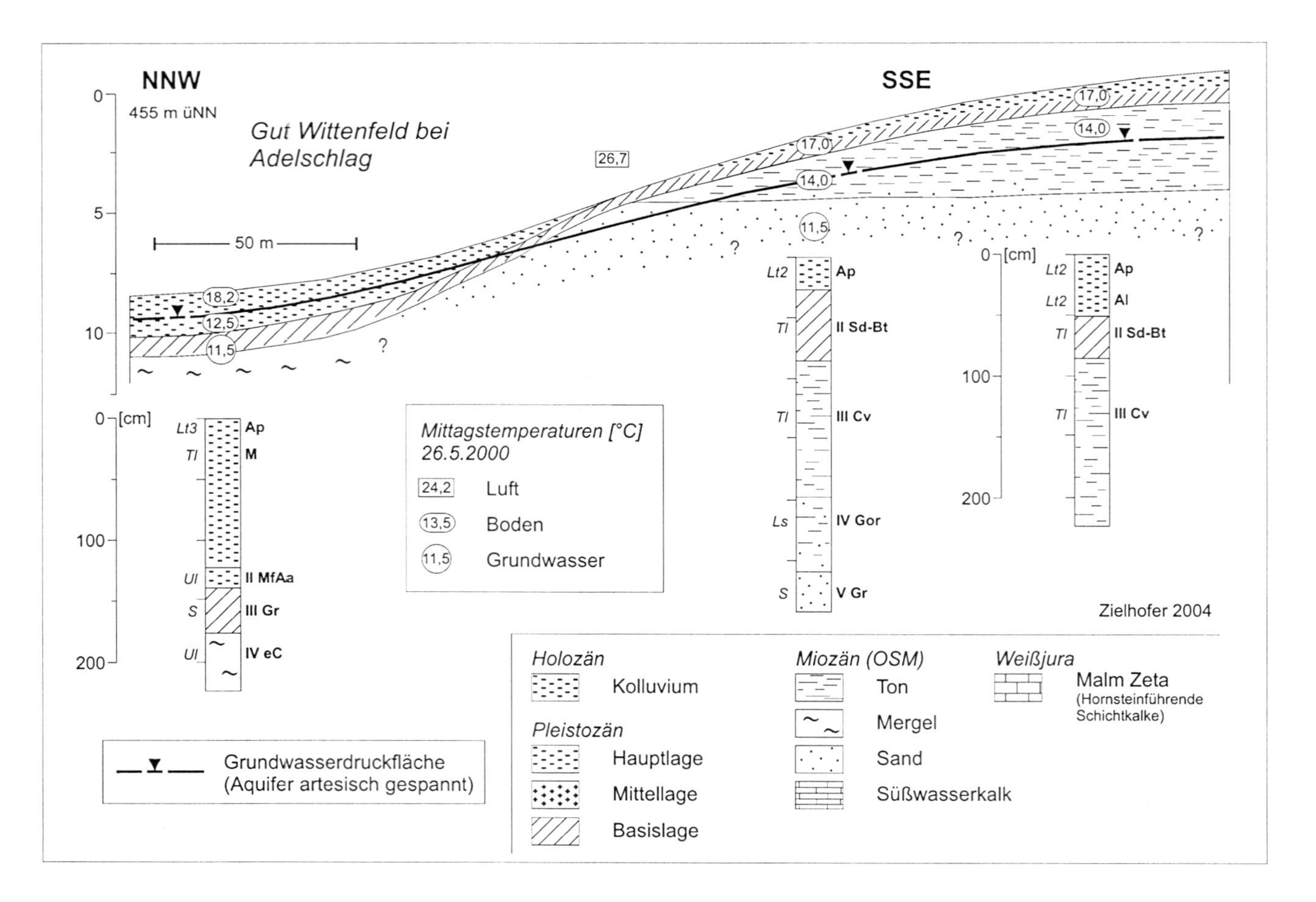

Abb. 9a: Geologische Profile und Bodenabfolgen in der Oberen Süßwassermolasse (Gut Wittenfeld)

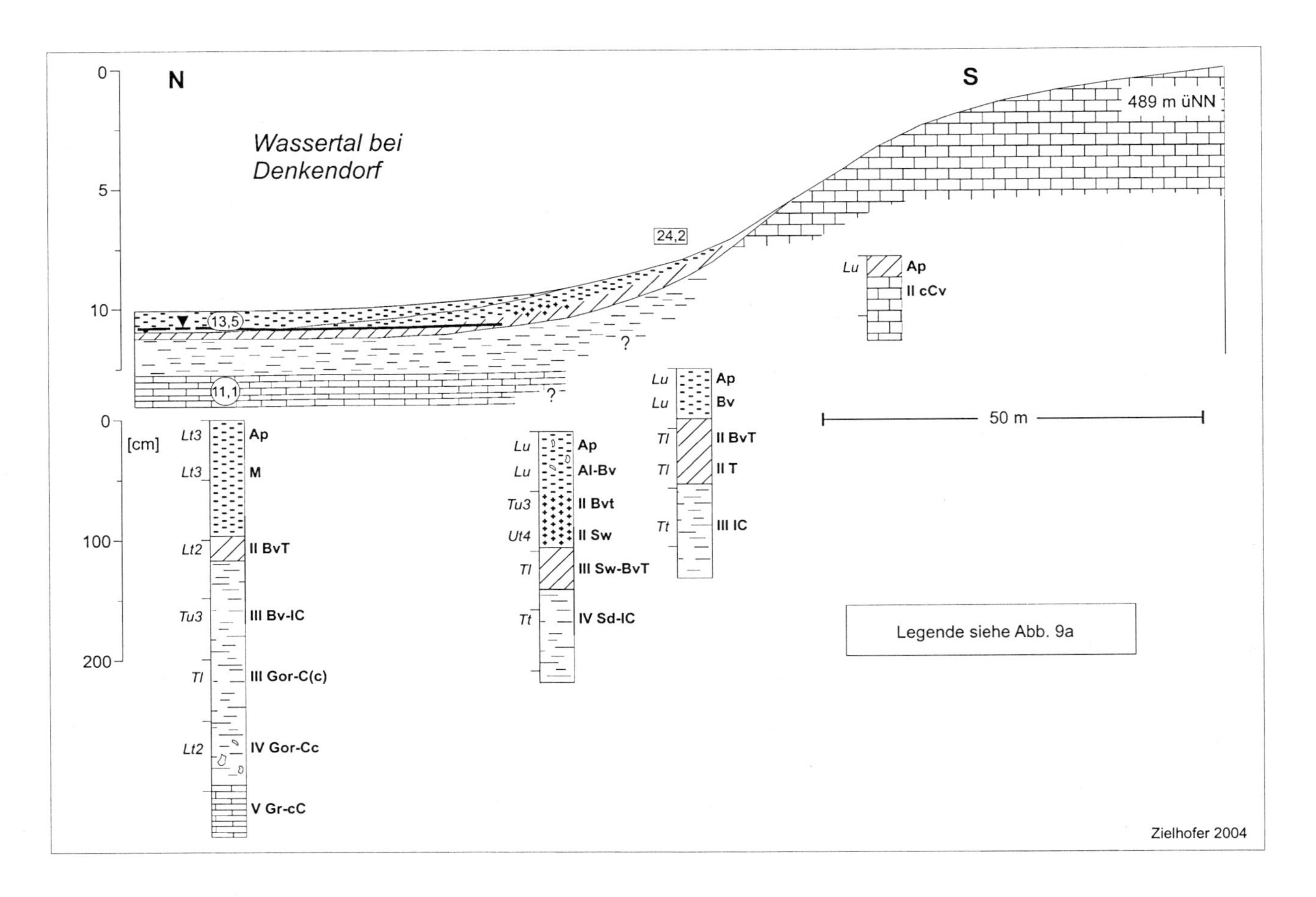

Abb. 9b: Geologische Profile und Bodenabfolgen in der Oberen Süßwassermolasse (Gut Wittenfeld)

sind vor allem die Süßwasserkalke für hydrologische Fragestellungen interessant, da sie als Kluftgestein in der Regel wasserführend sind (Kap. 4.1).

Zum Verständnis der hydrogeologischen Charakteristik hängender Grundwasserlinsen innerhalb der Oberen Süßwassermolasse sind im Wassertal bei Denkendorf und auf Gut Wittenfeld bei Adelschlag (Abb. 9) exemplarisch zwei geologische Querprofile aufgenommen worden. Obwohl es sich nur um kleinräumige Kartierungen handelt, wird die große Variabilität der faziellen Ausprägung innerhalb der tertiären Überdeckung deutlich. Auf Gut Wittenfeld wechseln karbonatfreie lehmige Tone und lehmige Schluffe (Kalkmergel) mit wasserführenden Sanden. Die hellen Kalkmergel sind mit organischen Resten (tertiären Wurzelfasern) versetzt. Die organische Substanz könnte dabei als potentieller Elektronendonator für die Denitrifikation eine Rolle spielen (Kap. 5.2.3). Der kleinräumige Wandel der miozänen Auflagesedimente wird durch die Landschaft nicht unmittelbar nachgezeichnet. Infolge solifluidaler Umlagerungsprozesse während des Pleistozäns (Kap. 2.4.2) sind stratigraphische und fazielle Wechsel innerhalb der Oberen Süßwassermolasse überdeckt, bzw. verschleppt worden. Auch im Wassertal bei Denkendorf (Abb. 9) lassen sich aus der Geländemorpho-logie keine Rückschlüsse auf die fazielle Ausprägung der miozänen Auflagen schließen. Tertiäre Sedimente sind hier nur noch in der Talsohle vorhanden und von quartären Lagen überdeckt. Im Liegenden der feinkieshaltigen Basislage lässt die kräftig rote (2,5 YR 4/6) Farbe der Tone leicht auf die tertiärzeitliche Herkunft schließen. Die Tone dichten wasserführende Süßwasserkalke nach oben hin ab. Der Aquifer ist im Bereich der Talsohle artesisch gespannt.

Miozän - Ries-Ereignis und Bunte Breccie

Vor ca. 14,8 Mio. Jahren veränderte der Einschlag eines Meteoriten im Raum Nördlingen das Landschaftsbild der Schwäbisch-Fränkischen Alb gravierend. Außer der Formung des Nördlinger Ries als eigentlichem Einschlagskrater plombierten die Auswurfmassen ganze Täler und weite Bereiche der Alb in einem Kranz von ca. 20 km Durchmesser flächendeckend. Einige inselartige Vorkommen der Auswurfmassen finden sich noch 40 km östlich des eigentlichen Einschlagspunkts (Schmidt-Kaler 1996: 138) und liegen damit noch innerhalb des Gebiets der Mittleren Altmühlalb. Bekannte größere Vorkommen der sogenannten *Bunten Breccie* sind bei Bieswang und bei Ensfeld (Abb. 5, nördlich und südwestlich von

Dollnstein) nachgewiesen. Teils überdecken die Ries-Auswurfmassen dabei ältere kretazische und tertiäre Ablagerungen und schützen diese gegenüber dem flächenhaften Abtrag (Bayer. GLA 1990, 1997). Bunte Breccie und plombierte ältere postjurassische Auflagen im Liegenden zeigen lokal wasserstauende Eigenschaften (Kap. 4.1).

Pliozäne Hochflächenschotter und plio(-pleisto)zäne Hochschotter

Mit der tektonischen Hebung des Malmkörpers und sich ändernden Klimabedingungen während des Pliozäns wechselte auch das Verwitterungs- und Erosionsgeschehen im Gebiet der Mittleren Altmühlalb. Die flächenhafte Sedimentation von pliozänen Hochflächenschottern konzentrierte sich im ausgehenden Pliozän auf flachwellige Talanlagen (Plio(-pleisto)zäne Hochschotter). Diese quasi-linearen Abflussbahnen bilden die Grundzüge der heutigen Talstrukturen (Tillmanns 1977, 1980). Pliozäne Hochflächenschotter sind heute nur noch in Relikten als inselartige Schotterstreu erkennbar. Plio(-pleisto)zäne Hoch- und Talschotter haben sich in geschützten Lagen erhalten. Ihr Vorkommen ist auf die höheren Lagen in der Umgebung des heutigen Wellheimer Trockentales beschränkt (Tillmanns 1977, 1980; Streit 1978, Bayer. GLA 1997).

2.4 Quartäre Lagen und Landschaftsformung

Mit der Talbildung im Quartär muss die periglaziale und warmzeitliche Morphodynamik nach Tal- und Hochflächenbereichen differenziert betrachtet werden. In den Talbereichen bilden Schotterakkumulation und Flusseinschneidung - infolge des alternierenden Abflussregimes durch den Wechsel von Kalt- und Warmzeiten einerseits sowie durch Flussanzapfung und resultierende räumliche Verlagerung der Einzugsgebiete andererseits - die entscheidenden Prozesse der Reliefformung. In diesem Zusammenhang sei für den Raum der Mittleren Altmühlalb insbesondere auf die Arbeiten von Tillmanns (1977, 1980) verwiesen, welcher u.a. über Leitgerölle und Schwermineralanalysen hinreichende Erkenntnisse zur quartären Flussgeschichte und Fluviodynamik gesammelt hat.

Für die hydrochemische Zusammensetzung des Karstgrundwassers und demzufolge für die Fragestellungen der vorliegenden Arbeit sind in erster Linie die quartären Auflagen in den Hochflächenbereichen von Bedeutung, denn nur sie liegen im

Einzugsbereich der beprobten Quellwässer. Die quartäre Morphodynamik in den Hochflächenbereichen ist weniger vom fluviatilen Prozessablauf gesteuert als vielmehr durch die Wirkung des Windes und das Frost-Auftau-Wechselspiel während der Kaltzeiten sowie die Karbonatlösungsverwitterung und Bodenbildung während der Warmzeiten. Letztere sind verantwortlich für die autochthone Genese des quartären Residuallehms (Bleich 1994). Allerdings sind außer auf extrem flachgründigen Standorten exponierter Geländepositionen für die Albhochfläche keine autochthonen Auflagen aus dem Quartär bekannt (Bleich 1994, Faust 1998, Trappe 1998a). D.h., der aktuelle Aufbau der quartären Auflagen kann nur in Zusammenhang mit den periglazialen Umlagerungsprozessen interpretiert werden. Die kryoklastische Aufarbeitung und einhergehende solifluidale Umlagerung als Folge des Permafrostes haben in den Mittelgebirgen zum charakteristischen Leitformenschatz der *periglazialen Lagen* geführt. Bei der Turbation und lateralen Umlagerung des Gesteins und/oder der Böden aus der obersten Lithosphäre war in unterschiedlichem Maße auch äolisches Material beteiligt. Die große Bedeutung der periglazialen Lagen für die Reliefgenese und den Aufbau der quartären Sedimente bzw. Böden in Mitteleuropa wurde erst relativ spät durch die einleitenden Arbeiten von Semmel (1964, 1968) beschrieben und hat sich demzufolge erst in jüngeren bodenkundlichen und quartärstratigraphischen Arbeiten zur Mittleren Altmühlalb durchgesetzt (Glatthaar und Liedtke 1988; Faust 1988, 1998; Schmidt, in Schmidt-Kaler 1990; Trappe 1995). Die Arbeiten beziehen sich meistens auf kleinräumige Feldstudien und sind mangels einheitlicher Systematik nicht leicht miteinander zu vergleichen. Umfangreichere Geländearbeiten aus quartärgeologischer Sicht finden sich bei Trappe (1998a, 1999a).

Gliederung der periglazialen Lagen

Wie für weite Teile der Mittelgebirgsregion und des Süddeutschen Schichtstufenlandes so gilt auch für die Mittlere Altmühlalb, dass dem Anstehenden in aller Regel eine, häufig zwei und gelegentlich drei periglaziale Lagen aufliegen. Im Verlauf des Holozäns unterlagen die periglazialen Lagen meist der Bodenbildung, so dass sich in ihnen Bodenhorizonte entwickelt haben (Faust 1998: 133). Die jüngste Lage *(Hauptlage)* ist außerhalb holozäner Erosions- und Akkumulationsräume häufig an der Oberfläche ausgebildet (AG Boden 1994: 363). Sie enthält meist eine deutliche äolische Materialkomponente (u.a. Faust 1998; Trappe 1998a).

Den äolischen Fremdanteil an der Oberfläche der Albüberdeckung haben erstmals Salger und Schmidt-Kaler (1975) beschrieben. Demnach kann auf der gesamten Altmühlalb mit solifluidal eingearbeitetem Lößlehm gerechnet werden (allerdings nicht flächendeckend!). Nach den Untersuchungen von Faust (1998: 133) variiert die Mächtigkeit der Hauptlage zwischen 30-60 cm an Hangpositionen im Bereich des Altmühltals. In Unterhangpositionen konnten teils auch größere Mächtigkeiten nachgewiesen werden. Grundsätzlich ist die Mächtigkeit der Hauptlage auffällig konstant und schwankt nur wenig um die 50 cm. Die Hauptlage ist der sommerliche Auftauboden der Würmeiszeit, der sehr wahrscheinlich in der letzten Kälteperiode (Jüngere Tundrenzeit) gebildet wurde (Faust 1998: 134). Die *Mittellage* kommt im Liegenden der Hauptlage vor, ist in ihrer Verbreitung allerdings selten und für die Mittlere Altmühlalb kaum beschrieben. Gelegentlich tritt sie an ostexponierten Unterhängen und in erosionsgeschützten Geländeabschnitten in Erscheinung (Trappe 1995 für die Tertiärüberdeckung; Faust 1998 für flache Mittelhangbereiche im Altmühltal). Die Mittellage besitzt einen deutlich erkennbaren äolischen Anteil. Faust (1998: 134) spricht die Mittellage als Fließerde mit geringerem Schuttgehalt als die Hauptlage an. Aufgrund ihres hohen Anteils an Lößlehm ist die Korngrößenzusammen-setzung der Mittellage im Gegensatz zur Hauptlage vom Anstehenden mehr oder weniger unabhängig, ihre solifluidale Umlagerung durch Geländebefunde allerdings belegt (Trappe 1995: 106-107; Faust 1998: 140). Im Gegensatz zur Haupt- und Mittellage kann bei der *Basislage* keine Lößlehmkomponente im Gelände erkannt werden. Die Basislage kommt im Liegenden von Haupt- und/oder Mittellage vor und kann mehrgliedrig sein. Sie ist abgesehen von stark exponierten Geländepositionen weit verbreitet. Auf der verkarsteten Albhochfläche enthält die Basislage wechselnde Beimengungen von Residuallehm und aufgearbeiteten Paläoböden (Mischlehm) sowie Schuttmaterial des anstehenden Malm. Im Karst ist die Abgrenzung der Basislage teilweise problematisch (Kap. 2.4.1.1). Im Bereich kretazischer und tertiärer Auflagen wechseln die Materialkom-ponenten der Basislage entsprechend der petrographischen Ausstattung des anstehenden Lockersediments (z.B. Neuburger Kieselkreide oder Tonmergel der Oberen Süßwassermolasse, nach Faust 1998 und Trappe 1999c).

Außerhalb der holozänen Erosions- und Akkumulationsbereiche entspricht für die Mittlere Altmühlalb die Kombination Hauptlage über Basislage sicherlich dem häufigsten quartärstratigrapischen Grundtyp. Die Verbreitung der lößlehmhaltigen

Hauptlage ist dabei nicht unabhängig von Luv- und Leelagen sowie von der Morphologie des spätpleistozänen Geländereliefs (Kap. 2.4.1.3).

2.4.1 Quartäre Überprägung der Freien Albhochfläche (Haunstetten)

Die räumliche Differenzierung der Mittleren Altmühlalb nach geomorphologischen Kriterien lässt eine Abhängigkeit des Reliefs zur anstehenden Malmfazies erkennen (Kap. 2.4.1.2). Diesbezüglich würde es überraschen, wenn sich bei den postjurassischen Auflagen nicht auch ein räumliches Verteilungsmuster in Anlehnung an die Reliefstruktur durchpaust. Das gilt besonders für die nördlichen Bereiche der Mittleren Altmühlalb, in denen mächtige tertiäre oder kretazische Fremdsedimente den Malmkörper nicht gänzlich plombieren (*Freie Albhochfläche*). Wenn mächtige postjurassische Fremdsedimente fehlen, besteht die Albüberdeckung überwiegend aus Produkten der Rückstandsverwitterung und äolischen Beimengungen. Für die Beurteilung einer potentiellen Grundwasserschutzfunktion ist ein genaueres Verständnis zum Verteilungsmuster, zur Mächtigkeit und zur Wasserwegsamkeit dieser eher geringmächtigen Auflagen sinnvoll. Unter diesem Aspekt wurden im Raum Haunstetten (Abb. 1) die quartären Lagen kartiert. Ein wichtiges Ziel ist dabei die Übertragbarkeit der Geländebefunde auf größere Teilräume der Mittleren Altmühlalb.

2.4.1.1 Gliederung der quartären Lagen

Schwierigkeiten bei der Gliederung der Auflagen im Gebiet Haunstetten ergeben sich aus dem karstspezifischen Phänomen, dass Phasen intensiver Reliefbildung während des Quartärs nicht auf die Periglazialzeiten beschränkt sind. Das gilt insbesondere für die Gebiete außerhalb der Talhangpositionen, also für die Albhochfläche. Der Karstformenschatz erklärt sich aus der Lösungsverwitterung, die ausschließlich in den Interglazialen oder in präquartären Warmphasen bedeutsam war. Die quartären Lagen wurden demnach nicht nur während der Periglazialzeiten umgelagert, sondern unterliegen auch unter rezenten Klimabedingungen aktiven Umlagerungsprozessen - infolge der Lösungsverwitterung. Die Hänge im Raum Haunstetten weisen eine deutliche periglaziale Überprägung auf. Eine Zweigliederung der Auflagen in Haupt- und Basislage ist hier in der Regel möglich. Das Bodenmuster im Arbeitsgebiet lässt sich daraus mehr oder weniger ableiten (Kap. 2.4.1.4). Allerdings ergeben sich in Zonen starker Lösungsverwitterung teilweise chaotische Lagerungsverhältnisse mächtiger Auflagen. Eine stratigraphische Einordnung der Auflagen nach dem periglazialen Lagenbegriff ist in diesen Bereichen nicht gänzlich möglich. Der hier verfolgte Ansatz zur Gliederung der quartären Lagen versucht - soweit möglich - die stratigraphische Komponente des periglazialen Lagenbegriffs zu übernehmen. Eine weiterführende Differenzierung erfolgt über die sedimentpetrographische Ansprache in Anlehnung an Trappe (1999c), welcher zwischen Lößlehm, Mischlehm und Residuallehm der Karbonatverwitterung unterscheidet.

Im Raum Haunstetten können autochthone Auflagen allenfalls im Bereich extrem flachgründiger Rendzina-Standorte in exponierter Geländeposition vermutet werden. Ansonsten besteht die Festgesteinsüberdeckung gänzlich aus umgelagertem Material. Deutlich abgrenzen lässt sich im Gelände die Hauptlage von den liegenden Partien. Die Hauptlage besitzt eine gelblichbraune bis leicht gelblichbraune (10 YR 5/4 bis 10 YR 6/4) Farbgebung, weist eine auffällige Schluffkomponente infolge der äolischen Beimengungen sowie ein subpolyedrisches Gefüge auf. Ferner ist der Anteil an Eisen- und Mangankonkretionen meist geringer als im unteren Profilabschnitt. Die liegenden Partien werden beschrieben durch den Begriff der *Basalen Lage*. Die Basale Lage umfasst alle unterhalb der Hauptlage ausgebildeten Lagen einschließlich der teilweise chaotischen Füllungen in den Zonen intensiver Karstmorphodynamik. Das Substrat der Basalen Lage wird gebildet durch Umlagerungsprodukte (Mischlehm) oder allochthone Einzelkomponenten aus Residuallehm, Relikten kretazischer und (tertiärer?) Überdeckungen sowie älteren äolischen Ablagerungen. Die Basale Lage zeigt einen gelblich-rötlichen Farbstich (zwischen 7,5 und 10 YR), in der Regel Mangan- und Eisenkonkretionen sowie stellenweise lagenartige Kieselschuttreste. Je nach Höhe des Tongehaltes variiert das Aggregatgefüge vom Subpolyedrischen zum Polyedrischen. Die Matrix besitzt nicht selten schlierenartige Farbverläufe. In Abb. 10 sind die Bodenartenuntergruppen der Haunstettener Auflagen differenziert dargestellt. Die Residuallehme der Karbonatverwitterung zeichnen sich durch hohe Tongehalte aus. Das bestätigt bereits die Studie von Salger und Schmidt-Kaler (1975). Bei den Kalkrückstandslehmen aus der Schichtfazies liegt das Korngrößenspektrum im Bereich des reinen Tons (Tt), wie auch die Korngrößenanalysen des Residuallehms aus dem Malm γ im Raum Haunstetten zeigen. Bildet die variabel dolomitisierte Schwammrasenfazies des Malm δ das Anstehende, variiert die granulometrische

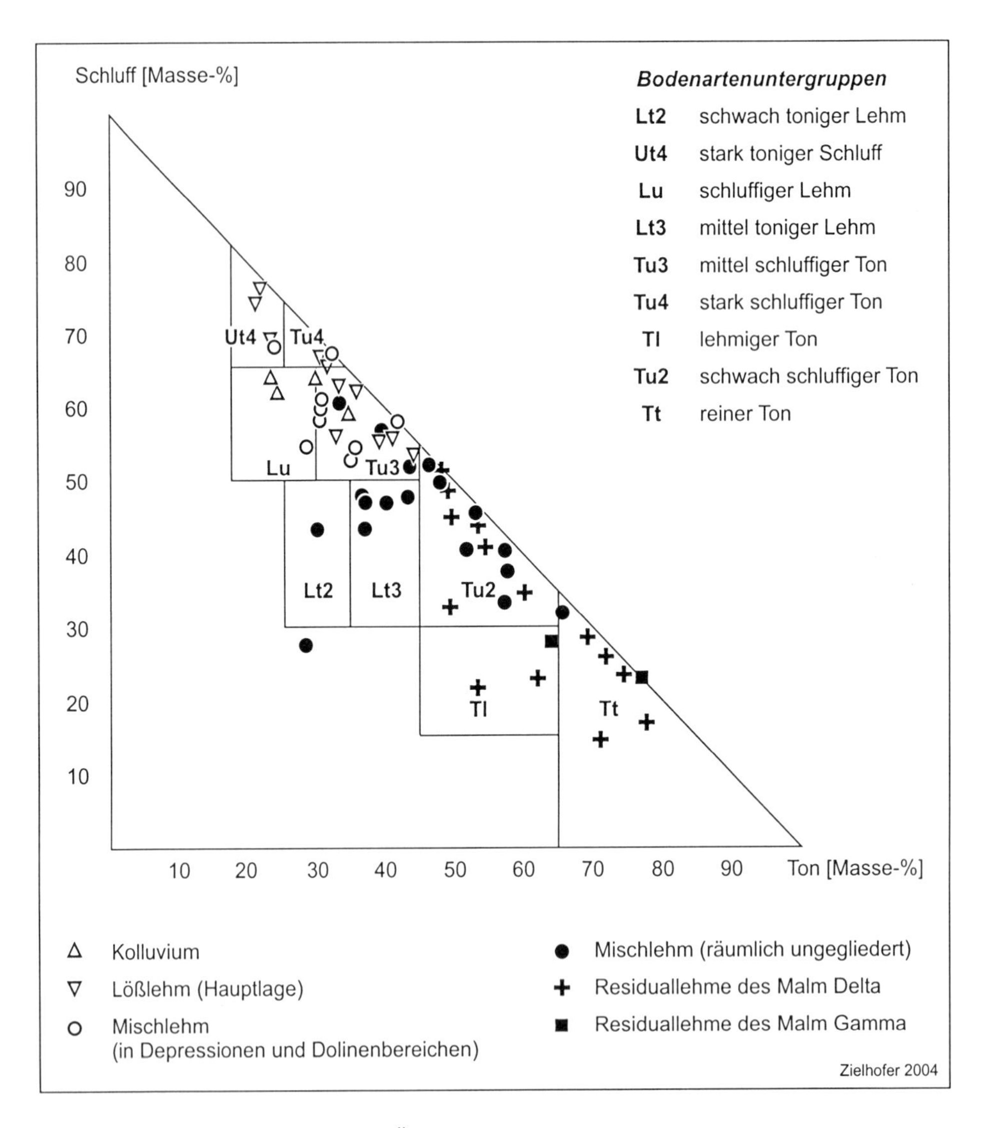

Abb. 10: Bodenartenuntergruppen der Überdeckung im Raum Haunstetten

Zusammensetzung des Residuallehms in einem größeren Spektrum. Der Schluffgehalt kann hier bis auf 50% ansteigen (Abb. 10). Die äolische Fremdkomponente in der Albüberdeckung kommt durch ein deutliches Korngrößenmaximum im Bereich der Schlufffraktion zum Ausdruck. Mehr oder weniger reiner Lößlehm besitzt Schluffanteile zwischen 50-80%. Holozäne Umlagerungen weisen dasselbe Spektrum auf, ein Hinweis, dass es sich bei den Kolluvien meist um die erodierte Hauptlage handelt.

Entsprechend der variablen Genese deckt das Korngrößenspektrum des Mischlehms die weite Spannbreite vom stark tonigen Schluff (Ut4) bis hin zum reinen Ton (Tt) vollständig ab, so dass er sich granulometrisch von den anderen Auflagesedimenten nicht abgrenzen lässt. Ähnelt der Schluffgehalt des Mischlehms dem der Lößlehmlage, dann stammt die Bodenprobe meist aus geschützten Geländepositionen (Depressionen und Dolinenbereiche). Besteht hier die Schlufffraktion nahezu ausschließlich aus kieseligen Relikten der Malm δ-Karbonatverwitterung, muss der Mischlehm eindeutig als Residuallehm angesprochen werden. Laut AG Boden (1994: 197) besitzt ein Residuallehm per Definition einen Tongehalt von >65%. Für den Verbreitungsraum der Schwammrasenfazies (Malm δ) im Gebiet Haunstetten kann dieses Klassifikationskriterium demnach nicht beibehalten werden. Lassen sich über Schwermineralanalysen äolische Komponenten (Liefergebiet: Obere Süßwassermolasse) innerhalb eines erosionsgeschützten, schluffigen Mischlehms nachweisen, kann es sich bei der quartären Lage um eine Mittellage (nach AG Boden 1994) handeln (Tab. 1, links). Der Deckschichtenkomplex der „Basalen Lage" umfasst demnach auch das kleinräumige Auftreten von Mittellagen.

Tab. 1: Exemplarische Kennwerte der Basalen Lage in Senkenpositionen bei Haunstetten

	Position 310/132	Position 325/141
Anstehendes Gestein	Malm γ Schichtfazies	Malm δ Schwammrasenfazies
Bodenart	Tu3	Lu
Tonanteil	47%	24%
Skelettanteil	<0,1%	24%
Farbe	bräunlich gelb 10 YR 6/6	gelb 10 YR 7/6
Schwerminerale	22% Granat, 16% Epidot, 26% Zirkon, 9% Rutil, 10% Turmalin	keine
Basale Lage	Mittellage (?) aus Mischlehm	Basislage aus Residuallehm mit Dolomitschutt

2.4.1.2 Aktueller Karstformenschatz

Verbreitungsmuster und Mächtigkeit der Auflagen sind eng an die Morphologie im Haunstettener Raum gekoppelt. Dabei demonstriert der Oberflächenformenschatz das komplexe malmfazielle und tektonische Wirkungsgefüge auf der Albhochfläche. Das nördliche Arbeitsgebiet liegt am Saum zu einer weit gespannten, ebenen, nach Norden hin schwach ansteigenden Albhochfläche. Nördlich des Kaisinger Tals bilden die Schichtformationen des mittleren bis unteren Weißjura das Anstehende. Südlich des Kaisinger Tals zeigt sich das wenig bewegte Relief nur noch in Ansätzen, da die Schichtfazies des Malm γ bereits nördlich von Haunstetten vom Treuchtlinger Marmor bzw. der Schwammrasenformation des oberen Malm δ überlagert wird, welche zu akzentuierter Reliefdynamik neigen (vgl. Abb. 6 und Abb. 11). Die wenigen wannenartigen Dolinen im Bereich der Schichtfazies fügen sich unauffällig in das ebene Landschaftsbild ein. Die Reliefenergie in der Umgebung der Dolinen beträgt nur wenige Meter. Dagegen liegen im flächenhaften Vorkommen der massigen Schwammrasenfazies die Höhendifferenzen zwischen Geländeerhebungen (□500-510 m) und mit Dolinen versetzten Muldenlagen (□470-485 m) im Bereich von 20-30 m (Abb. 11). Die über das wellige Relief hinausragenden Kuppenpositionen (>510 m) werden von massigen Riffdolomiten des Malm δ beherrscht (vgl. auch Schmidt-Kaler 1983). Die Kuppen bilden - losgelöst vom flächenhaften Vorkommen der Schwammrasenformationen - eine eigenständige strukturmorphologische Einheit. In der Schwammrasenfazies lassen sich über chemische Gesteinsanalysen unterschiedliche Dolomitisierungs- bzw. Dedolomitisierungsgrade feststellen (Abb. 6), hieraus können jedoch keine strukturmorphologischen Rückschlüsse zu konvexexponierten oder muldenartigen Positionen innerhalb des Wellenreliefs abgeleitet werden.

Das bereits auf den ersten Blick deutlich akzentuiertere Relief im Süden des Arbeitsgebietes geht einher mit einer auffällig hohen Anzahl an Dolinenpositionen (Abb. 11), so dass über eine Koppelung von hoher Dolinendichte und Verbreitung der Schwammrasenfazies spekuliert werden kann. In diesem Sinne hat Dongus (1973, 1974) in der Schwäbischen Alb die Dichte und Morphologie der Dolinen über die fazielle Ausprägung des Karbonatgesteins interpretiert: Die Schichtkalke des Malm β zeigen nur wenig Dolinenbildung, wohingegen massige und dickbankige Faziesbereiche des Malm δ viele Dolinen, Kuppen und Karstwannen

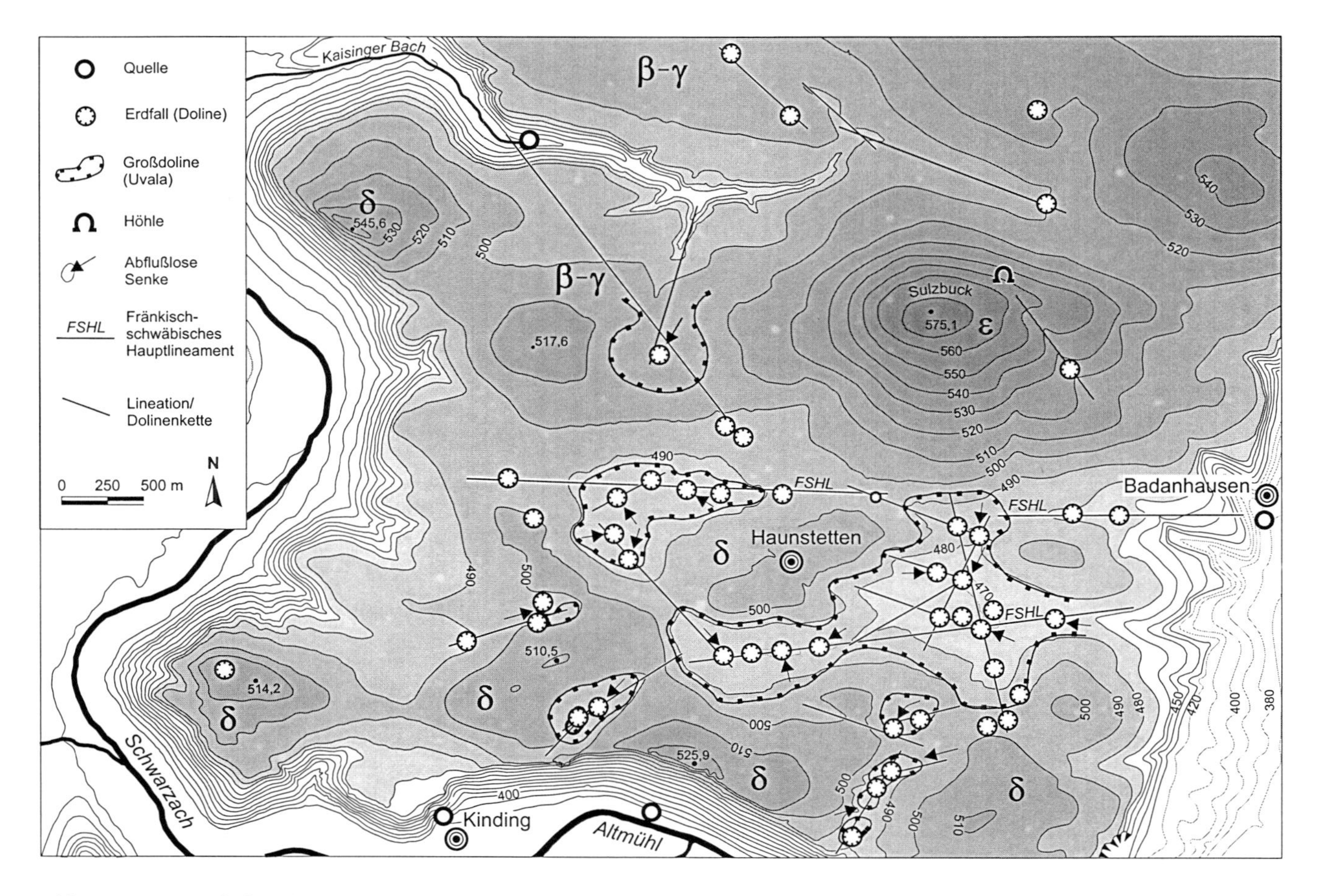

Abb. 11: Karstmorphologie in Haunstetten (Quelle: Eigene Erhebungen und Geologische Karte 1:25.000, Blatt Beilngries)

aufweisen. Trotz ihrer Reinheit - so vermutet Pfeffer (1976: 12, 1978: 66) - können demnach dünnbankige bis plattige Kalke der oberflächlichen Verkarstung sehr viel Widerstand entgegensetzen. Zu seinen Untersuchungen in der Mittleren Altmühlalb bemerkt allerdings schon Häring (1971: 9), dass in der Schicht- und Plattenkalkfazies die Dolinenhäufigkeit gegenüber den Massenfaziesbereichen nicht unbedingt zurücktritt, wohl aber die Dolinen wesentlich kleiner sind und eine geringere Reliefenergie aufweisen (Wannendolinen). Seine Beobachtungen stützt Häring (1971: 9 und 11) auf den eindrucksvollen Vergleich zwischen dem ausschließlichen Schichtfaziesvorkommen (Malm γ) der Laaber-Sulz-Scholle und den kompakten Karbonatgesteinen (Malm δ bis ζ) im Altmühl-Anlauter-Gebiet. In beiden Räumen ist die Dolinendichte sehr hoch, die Laaber-Sulz-Scholle zeigt jedoch ein ausgeglichenes, wesentlich weicheres Relief mit Höhenunterschieden von nur wenigen Metern. Mit Blick auf die Dolinenmorphologie spiegelt sich das auch im hiesigen Arbeitsgebiet wider. Insofern bestimmt die Fazies des oberflächlich anstehenden Karbonatgesteins die Dolinenform - nicht aber die Dolinenhäufigkeit.

Dolinenhäufigkeit und -verteilung sind nach Häring (1971: 9) und Julian und Nicod (1989: 12) an die Vorkommen von Großlineamenten, Kreuzungen von Lineationen und an Trockentalläufe - welche sich wiederum an tektonischen Störungen orientieren (v. Edlinger 1964; Apel 1971; Hartmann 1994) - gebunden. Die perlenschnurartige Anordnung der Dolinen im Raum Haunstetten (Abb. 11) lässt auf die vorherrschenden Richtungen der tektonischen Störungen schließen. Auf der Linie Haunstetten-Badanhausen zieht mitten durch das Untersuchungsgebiet das fränkisch-schwäbische Hauptlineament in nahezu exakt West-Ost laufender Richtung (Schmidt-Kaler 1983: 42). Morphologisch paust sich das Hauptlineament auf der Albhochfläche durch. Die Dolinenhäufungen in der Umgebung von Haunstetten und deren Anordnung im West-Ost-Verlauf sind ein Indiz für die unruhige tektonische Lagerung des Malmkörpers in diesem Bereich. Als weitere tektonische Störungsrichtung tritt die Kluftrichtung 10-30° besonders deutlich hervor. Im Kreuzungspunkt der Lineationen kommt es zu Vergesellschaftungen von Dolinen, die größere unebene Depressionen (Uvalas) mit mehreren Tiefenpunkten zur Folge haben. Das nördliche Arbeitsgebiet ist dagegen durch ruhige tektonische Lagerung gekennzeichnet (vgl. Schmidt-Kaler 1983: 42). Gemäß den Schlussfolgerungen von Häring (1971) tritt die Dolinenhäufigkeit dort stark zurück.

Die unterschiedliche Reliefgestalt von Schichtkalken und massigen Karbonatgesteinen ist auch aus anderen Karstregionen Mittel- und Osteuropas beschrieben (u.a. Scheuch 1971, Dongus 1973, 1974, 2000 für die Schwäbische Alb; Mäuser 1998: 36 für die Nördliche Frankenalb; Zambo und Ford 1997: 531-533, Beck und Borger 1999 für triasische Karbonatgesteine in Nordungarn). Wenn auch die Interpretationen für die augenfällig anders verlaufende Reliefgenese in den massigen Karbonatgesteinen divergieren, so ist doch der Oberflächenformenschatz in verblüffend ähnlicher Weise beschrieben: Es dominiert die hügelige Landschaft in der Kuppen und Depressionen wechseln (u.a. Scheuch 1971) und die Reliefenergie auf den Hochflächen schwankt im Bereich von ein paar Dekametern (u.a. Zambo und Ford 1997).

2.4.1.3 Verbreitungsmuster der quartären Lagen

Die strukturmorphologische Gliederung des Arbeitsgebietes nach dem Vorkommen von Schichtkalken und massigen Karbonatgesteinen führt parallel zu räumlich differenzierbaren Verbreitungsmustern der quartären Auflagen. Die Gesamtmächtigkeit der Albüberdeckung schwankt in der Schichtfazies nur gering. Das flache und weit gespannte Relief zeigt nur sehr begrenzt Muldenverfüllungen auf, die über 1-2 m Gesamtmächtigkeit hinausgehen. Radiomagnetotellurische Messungen im Zentrum der Wannendoline (Malm γ) westlich des Sulzbucks ergaben selbst für die Dolinenfüllung keine auffällig erhöhte Mächtigkeit (Turberg et al., in Vorb.). Im Bereich von leichten Geländeerhebungen und Plateaus ist in der Regel eine geringmächtige Festgesteinsüberdeckung flächendeckend erhalten geblieben. Das flache Relief der Schichtfaziesbereiche wird durch die quartären Lagen lediglich nachgezeichnet.

Im Umfeld der massigen Karbonatgesteine des Malm δ zeigt sich die Mächtigkeit der Auflagen in einem anderen Bild. Auf den Geländekuppen der dolomitischen Massenfazies ist die Mächtigkeit der Auflagen in der Regel auf weniger als 30 cm beschränkt. Auch die Geländeerhebungen im Bereich der flächenhaften Schwammrasenvorkommen zeigen meist nur geringe Auflagemächtigkeiten, allerdings kann in Ausnahmefällen auch in exponierten Lagen der anstehende Fels selbst nach 2-3 m Bohrtiefe nicht erreicht werden. Besonders hervorzuheben ist dabei ein Standort zwischen Abbruchkante Altmühltal und Uvala-Depression nordöstlich von Kinding (Abb. 12). Flache, insbesondere ostexponierte Hanglagen sind durch mäßige Überlagerung (1-2 m) gekennzeichnet. Im eigentlichen Bereich der Uvalas können Mächtigkeiten von 5-10 m und mehr erreicht werden. Diese Vorkommen sind allerdings auf das Umfeld der Tiefenlinien beschränkt.

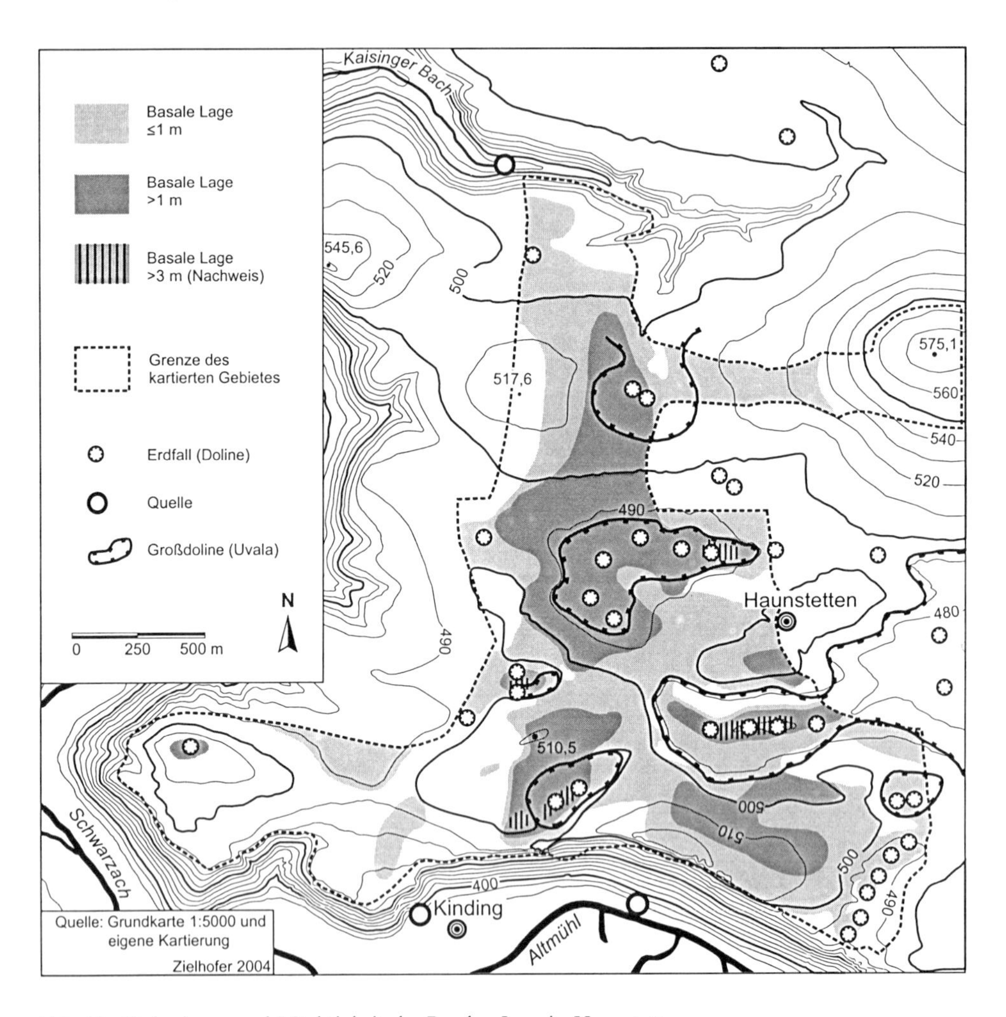

Abb. 12: Verbreitung und Mächtigkeit der Basalen Lage in Haunstetten

Über das stratigraphisch gegliederte Vorkommen der Auflagen im Gebiet der Freien Albhochfläche liegen bisher keine flächenhaften Arbeiten größeren Umfangs vor. Nach Schmidt (in Schmidt-Kaler 1983: 55) kann die flächenhafte

Verteilung über die granulometrische Interpretation der Bodenschätzung abgeleitet werden, allerdings ergeben sich hier aus eigener Erfahrung insbesondere im Malm δ Schwierigkeiten durch die überlappende Korngrößenverteilung von hangender Lößlehmlage (Hauptlage) und Basaler Lage (Abb. 10). Die Abb. 12 bis 14 zeigen das nach Lagen differenzierte Verbreitungsmuster der Festgesteinsüberdeckung im Arbeitsgebiet. Die Basale Lage ist bis auf die exponierten Erosionsstandorte weit verbreitet. Dargestellt sind Überlagerungen von >30 cm (Abb. 12). Die Mächtig-keit variiert. Nach den Messungen von Turberg et al. (in Vorb.) werden in der Uvala-Tiefenlinie südlich von Haunstetten Verfüllungen von ca. 20-30 m vermutet. Dies bleibt aber die Ausnahme. Außerhalb der tektonischen Störungszonen sind Mächtigkeiten von unter 1-2 m zu erwarten. Insbesondere im Malm δ ist die Verbreitung der Basalen Lage nicht immer unmittelbar durch das Relief vorgezeichnet. Die Dolomitkuppen sind zwar grundsätzlich frei von größeren Überdeckungen, jedoch kann von verschiedenartigen morphologischen Positionen innerhalb des welligen Reliefs der Schwammrasenfazies die Mächtigkeit der Basalen Lage nicht abgeleitet werden. Zu einem ähnlichen Ergebnis kommt Scheuch (1971: 161) mit Flachseismikuntersuchungen im Malm δ der Schwäbische Alb. Die teilweise losgelöste Verbreitung der allochthonen Basalen Lage vom heutigen Relief deutet auf eventuell bis in das Tertiär zurückreichende Umlagerungsprozesse hin. Die Vorkommen der jüngeren Auflagen weisen dagegen eine starke Abhängigkeit von den rezenten geomorphologischen Strukturen auf. Die lößlehmhaltige Hauptlage findet sich mit regelhafter Mächtigkeit von ca. 40-60 cm auf den ost- bis nordostexponierten Hanglagen (Abb. 13). Eine noch stärkere Bindung an das heutige Relief ist bei den holozänen Umlagerungen zu beobachten. In den Tiefenlinien der Uvalas überlagern Kolluvien (teils >3 m) die älteren Füllungen (Abb. 14). Ähnliche Beobachtungen machten Zambo und Ford (1997: 531-533) in Nordungarn.

Die Dolinenpositionen liegen nicht unmittelbar im Zentrum der mächtigen Auflagen. Das radiomagnetotellurische Querprofil von Turberg et al. (in Vorb.) durch die Uvala südlich von Haunstetten verdeutlicht die Randlage der morphologisch in Wert gesetzten Doline zur mächtigen Spaltenfüllung. Solche Sekundärdolinen (Zambo und Ford 1997: 537) oder Kalkranddolinen (nach Scheuch 1971: 161) sind typisch für die Kontaktzone von Karbonatgestein zu mächtiger Überdeckung. Sie sind nach Zambo und Ford (1997: 541) ein Zeiger für laterale Wasserbewegungen im hügeligen Relief massiger Karbonatgesteine und wichtig zum Verständnis der Morphogenese im Karst (Kap. 2.4.1.5).

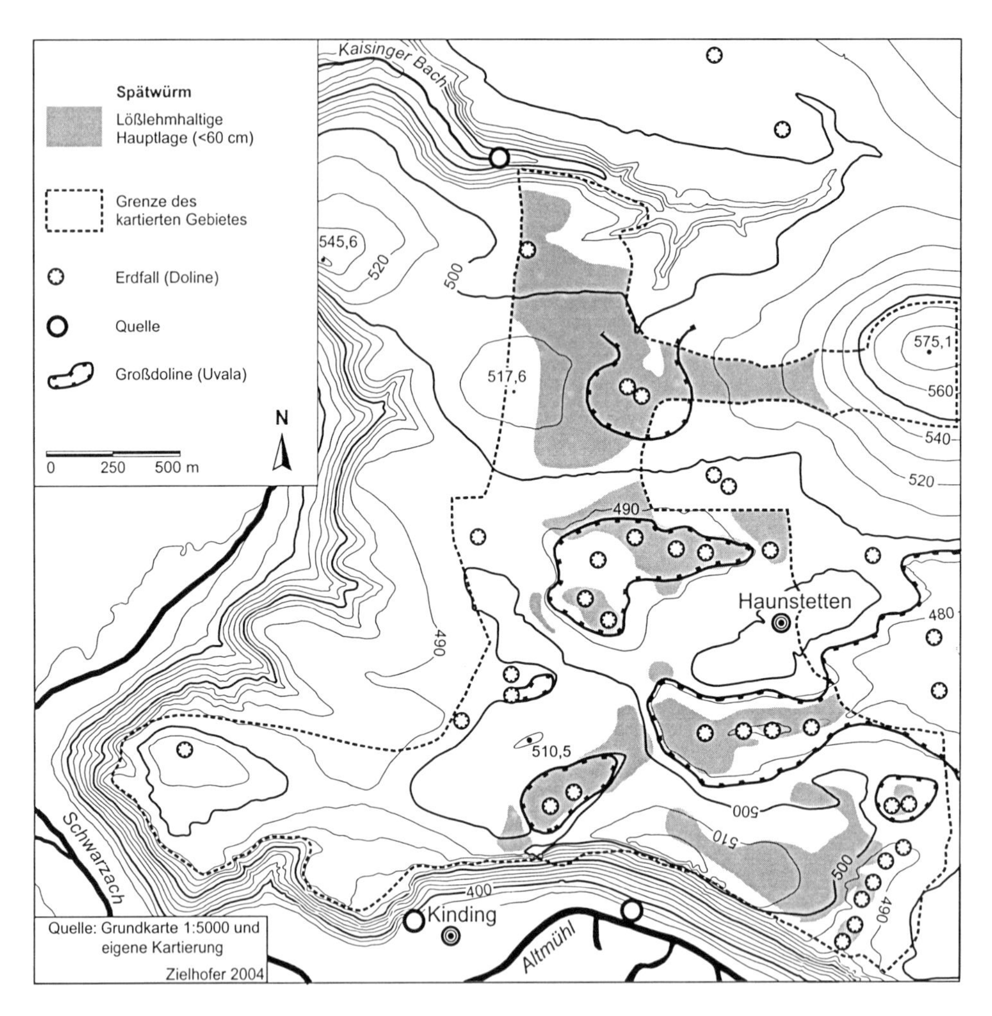

Abb. 13: Verbreitung der lößlehmhaltigen Hauptlage in Haunstetten

2.4.1.4 Leitböden und Bodengesellschaften

Leitboden im Arbeitsgebiet ist die Braunerde aus Hauptlage über Terra-Material aus Basaler Lage (Ah/Bv/IIBvT/IIIcCv) über anstehendem Karbonatfestgestein. Der Profilaufbau ist (unter Acker) nach eigenen Befunden in der Regel wie folgt (Tab. 2):

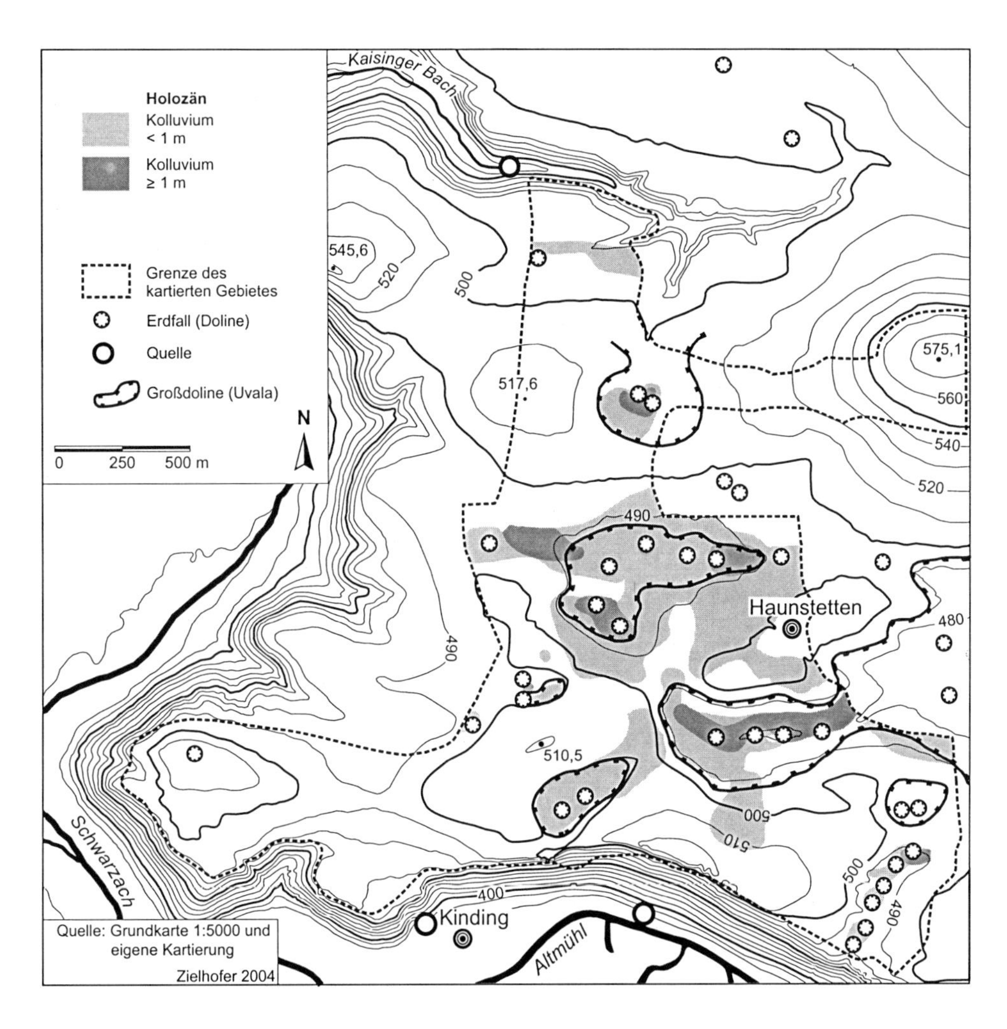

Abb. 14: Verbreitung und Mächtigkeit von Kolluvien in Haunstetten

Der BvT-Horizont ist in der Basalen Lage ausgebildet, welche der Karbonatverwitterungszone (IIIcCc) aufliegt. Infolge des kräftigen polyedrischen Gefüges und der Karstdrainung besitzt der tonreiche Horizont (Tt bis Tu3) eine gute Wasserdurchlässigkeit (vgl. auch Schmidt, in Schmidt-Kaler 1983: 55). Trotz meist vorkommender Mn- und Fe-Konkretionen sind bei mittlerer Mächtigkeit des gesamten Profils von ca. 70 bis 120 cm keine staunässezeigenden Merkmale innerhalb der Bodenmatrix vorhanden. Der BvT-Horizont ist auch durch seine Bodenfarbe (zwischen 7,5 und 10 YR) von der hangenden Lößlehmlage (Hauptlage) zu unterscheiden. In der 40-60 cm mächtigen Hauptlage hat sich im Verlauf des Holozäns eine Braunerde entwickelt (Bv-Horizont). Die schluffreiche Hauptlage (Tu3 bis Ut4) besitzt ein subpolyedrisches Gefüge und einen hohen Mittelporenanteil. Die nutzbare Feldkapazität liegt beim stark tonigen Schluff (Ut4) und geringer Lagerungsdichte bei 22 mm/dm (nach AG Boden 1994: 297). Teilweise ist innerhalb des Bv-Horizonts eine Tonverlagerung festzustellen, so dass sich Übergangstypen zur Parabraunerde ergeben (Abb. 15, Profil 8 und 11).

Tab. 2: Leitboden auf der Freien Albhochfläche

Horizont	Mächtigkeit	
Ap	ca. 25 cm	gelblichbrauner, schwach bis mittel humoser (OS 1-2 bis 2-4%), mittel schluffiger Ton (Tu3) bis stark toniger Schluff (Ut4); Kohärentgefüge; Lagerungsdichte gering; nutzbare Feldkapazität bei 21-23,5 mm/dm
Bv teilweise Al-Bv Btv	20-45 cm	gelblichbrauner, sehr schwach humoser bis schwach humoser (OS <1 bis 1-2%), mittel schluffiger Ton (Tu3) bis stark toniger Schluff (Ut4); Subpolyedergefüge; Lagerungsdichte gering; nutzbare Feldkapazität bei 20-22 mm/dm
IIBvT	30-70 cm und mehr	rötlichgelber bis rötlich brauner, sehr schwach humoser (OS <1%), reiner Ton (Tt) bis mittel schluffiger Ton (Tu4); Polyedergefüge; Lagerungsdichte (gering bis) mittel; Fe- und Mn-Konkretionen; teilweise kieselschutthaltig; nutzbare Feldkapazität bei 14,5-16 mm/dm
IIIcCv	variabel	Verkarstetes Karbonatfestgestein der Schwammrasen- oder Schichtfazies; Residuallehm (Tt bis Tu3) mit hohem Skelettanteil in Kluftfugen und Taschen

Obiges Standardprofil ist in Abhängigkeit zum Verbreitungsmuster der quartären Lagen im Arbeitsgebiet mit diversen Böden vergesellschaftet (Abb. 15). Mit zunehmender Mächtigkeit der Basalen Lage können gelegentlich staunässezeigende Merkmale im Profil auftreten (vgl. auch Kohl, in Rutte 1962: 217). Vor allem im Bereich der Dolinen und Uvalas zeigt sich innerhalb der Hauptlage eine teils deutliche Nassbleichung der Bodenmatrix (Abb. 15, Profil 8). Hinweise auf Pseudovergleyung und lateralen Wasserfluss in der Bodenzone sind räumlich auf die Schwammrasenfazies des Malm δ begrenzt.

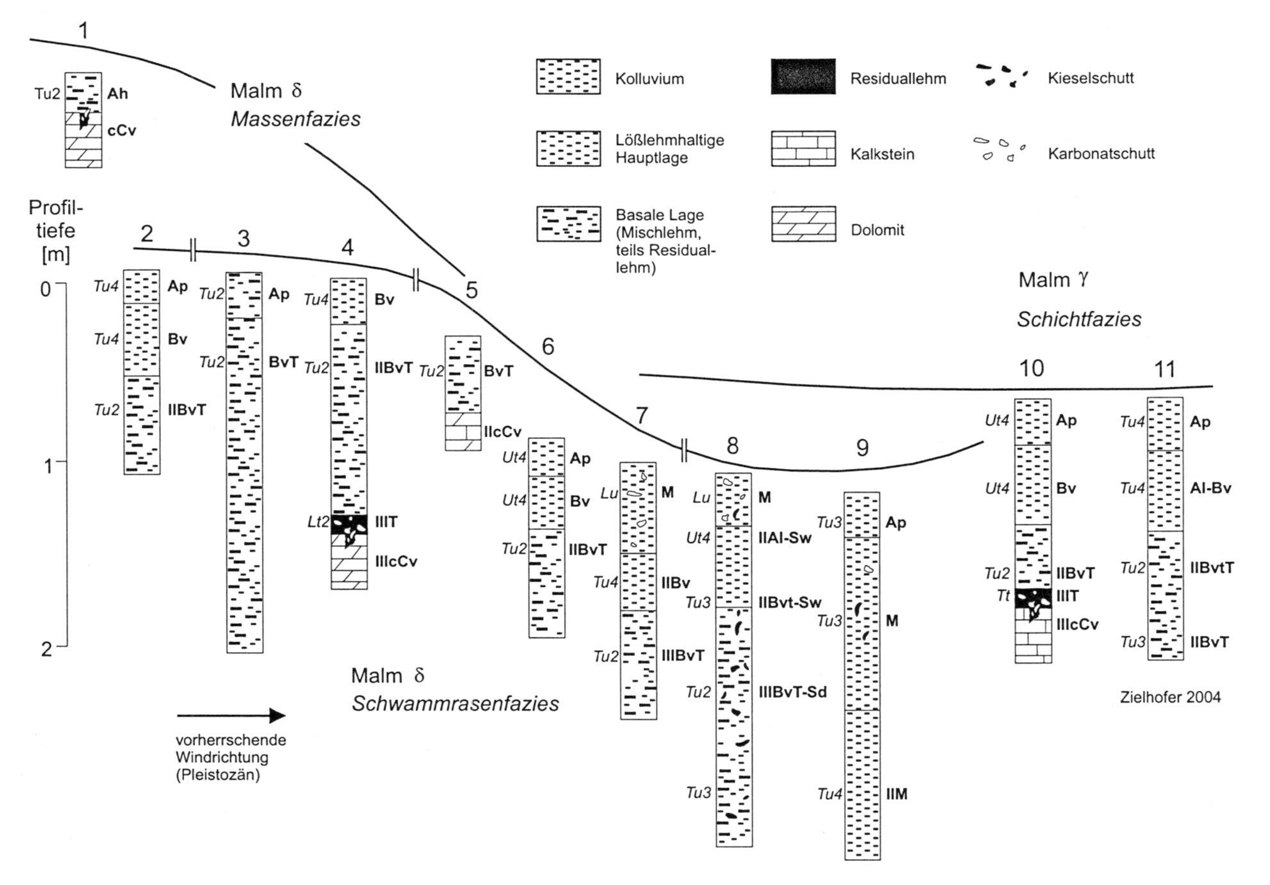

Abb. 15: Vergesellschaftete Böden in Haunstetten

Da die lößlehmhaltige Hauptlage vor allem in den E- und NE-exponierten Leepositionen flächendeckend vorkommt, ist die Verbreitung der schluffreichen Braunerde über Terra-Material auf diese Areale begrenzt. Bei fehlender bzw. erodierter Lößlehmlage steht ein BvT-Horizont unmittelbar an der Oberfläche an (Abb. 15, Profil 3 und 5). Auf konvexen Ackerstandorten ist die Hauptlage häufig erodiert (Abb. 15, Profil 5), entsprechend finden sich in den Unterhangbereichen und Depressionen mächtige Kolluvisole aus umgelagerter Hauptlage (Abb. 15, Profil 7, 8 und 9). Das akzentuiertere Relief in den Schwammrasenfazies fördert die Kolluvienbildung. Im Gebiet der Schichtfazies tritt die Mächtigkeit der Kolluvien deutlich zurück. Insgesamt ist das Verteilungsmuster der Böden in der Schichtfazies weitläufiger. In der Schwammrasenfazies kann auf exponierten Positionen selbst die Basale Lage erodiert sein. Auf den bewaldeten Dolomitkuppen und exponierten Standorten innerhalb der Schwammrasenfazies sind flachgründige Rendzinen entwickelt. Sie überschreiten selten eine Entwicklungstiefe von mehr als 30 cm (Abb. 15, Profil 1). Im unmittelbaren Kontaktbereich zum Malm weisen die Standorte extrem hohe Wasserdurchlässigkeiten auf.

2.4.1.5 Morphogenetische Bedeutung von quartären Lagen und Bodenzone

In Kap. 2.4.1.2 ist der aktuelle Oberflächenformenschatz im Raum Haunstetten beschrieben. Aus dem heutigen Relief lassen sich Rückschlüsse zum Verteilungsmuster der Auflagen im Arbeitsgebiet ziehen (Kap. 2.4.1.3). Zumindest die jüngsten Sedimente zeigen eine starke Anlehnung an das heutige Relief. Auch wenn in exponierten Geländeerhebungen teilweise Mächtigkeiten der Basalen Lage erreicht werden, die mit dem heutigen Formenschatz nicht korrespondieren, so zeigen sich doch erwartungsgemäß mächtige Spaltenfüllungen in den Uvala-Positionen der Schwammrasenfazies des Malm δ. Das akzentuierte Relief geht einher mit mächtigen Verfüllungen der Depressionen. Dagegen zeigt sich in der schwach reliefierten Schichtfazies ein weitgehendes Fehlen mächtiger Überdeckungen. Reliefversteilung und Verfüllung der Senken mit feinbodenreichen Auflagen stellen dabei einen positiven Rückkopplungseffekt dar. Die Kalkkorrosion ist im Bereich mächtiger Überlagerung am stärksten. Voraussetzung für diesen karstmorphodynamischen Prozess ist allerdings eine laterale oberflächennahe Fließkomponente *(subcutaneous flow)*. Die Intensität des lateralen Wasserflusses ergibt sich aus Durchlässigkeitskontrasten zwischen postjurassischer Auflage und anstehendem Karbonatgestein.

Der karstmorphogenetische Ansatz zum Verständnis kuppig-hügeliger Reliefformen bei kompakten Karbonatgesteinen basiert auf der Epikarsttheorie (Mangin 1975, Williams 1983). Den höchsten Karstifizierungsgrad erreichen anstehende Karbonatgesteine im Kontaktbereich zur Überdeckung. Das in der Bodenzone mit CO_2 angereicherte Sickerwasser besitzt hier seine höchste Aggressivität (Jennings 1985: 37). Der Epikarst wird verstanden als ein - im Vergleich zum unverwitterten Karbonatfestgestein - mächtiger Porenraum, in dem Sickerwasser gespeichert werden kann, ohne dass es zur Grundwasserneubildung kommt (Williams 1983).

Mit zunehmender Verweildauer des Wassers im Kontaktbereich zum anstehenden Karbonatgestein steigt die Korrosionsleistung. Je nach Wassersättigung im Epikarstspeicher und Permeabilität des anstehenden Karbonatgesteins besitzt das System eine laterale Fließkomponente. Die massige Schwammrasenfazies neigt im Gegensatz zur Schichtfazies zur lateralen Wasserführung: Das Gestein zeichnet sich durch wenige aber ausgeprägte Hauptklüfte und unregelmäßige Kleinklüfte aus (vgl. Kluftrosen K6 und K7 in Abb. 7), die Permeabilität von massigen Karbonaten (Malm δ und ε) ist trotz hoher Nutzporosität der Gesteinsmatrix gering (Michel, in Seiler 1999), und die limitierte Wasserführung im unregelmäßigen Kleinkluft-system wird durch die Kapillarbarriere verstärkt (vgl. Clemens et al. 1999). Während in der Schichtfazies die Verwitterungszone quasi homogen auf die Fläche verteilt ist, bedingt der laterale Wasserfluss bei massigen Karbonatgesteinen eine Konzentration der Versickerung auf das Hauptkluftsystem. Entsprechend der hohen Korrosionsleistung im Bereich der Hauptklüfte werden diese zunehmend vergrößert mit einhergehender Reliefversteilung (Williams 1983; Zambo und Ford 1997: 532; Clemens et al. 1999). Das zunehmend akzentuiertere Relief führt zu mächtigen Überdeckungen in den Zonen hoher Korrosionsleistungen (Lösungssenken). Die resultierende Abnahme der Profilstärke auf den Geländeerhebungen lässt die Karbonatkorrosion in den Liefergebieten des Lateralflusses auf niedrigem Niveau stagnieren, bzw. führt zu deren Abnahme mangels - für die Anreicherung des CO_2-Partialdrucks notwendiger - Bodendecke (Zambo und Ford 1997; Clemens et al. 1999). Auf der anderen Seite haben mächtige Auflagen in den Zonen der Lösungsdolinen und Uvalas aggressivere Karbonatkorrosion zur Folge, da homogenes Temperaturmilieu und hoher CO_2-Partialdruck im Sickerwasser die Lösungskapazität weiter erhöhen (Zambo und Ford 1997: 537 und 541). Morphologisch paust sich die hohe Lösungsaktivität in den tiefen Spaltenfüllungen allerdings nur bis zu einer bestimmten Sedimentmächtigkeit an die

Oberfläche durch (vgl. dazu auch Kayser 1973). Sekundärdolinen, bzw. Kalkranddolinen (Kap. 2.4.1.2) zeugen von einer rezenten karstmorphodynamischen Aktivität.

Die Baggergrube *Pascal* (Tab. 3; Abb. 16) liegt im Zentrum einer Sekundärdoline innerhalb der Uvala südlich von Haunstetten. Das abgebildete Profil ist gegen Norden gerichtet. Die eigentliche Spaltenfüllung im Zentrum der Uvala liegt auf der rückwärtigen Seite der Profilansicht. Die eigenen Befunde aus der Profilaufnahme unterstützen die Theorien zur Morphogenese im Arbeitsgebiet.

Tab. 3: Baggergrube Pascal

Horizont	Mächtigkeit	
M	0-70 cm	gelblichbrauner (10 YR 5/4), mittel humoser, schluffiger Lehm (Lu); Subpolyedergefüge; ca. 5% Dolomitgrus und Kieselschutt; Feinboden sehr carbonathaltig; Lagerungsdichte gering; nutzbare Feldkapazität 22,5 mm/dm
II Bv-Sw	70-90 cm	leicht gelblichbrauner (10 YR 6/4), schwach humoser, stark toniger Schluff (Ut4); Subpolyedergefüge; Feinboden sehr carbonatarm; Lagerungsdichte gering; teilweise Nassbleichung, zeitweise stauwasserführend; nutzbare Feldkapazität 22 mm/dm
III Cl-Sw	90-130 cm	sehr blassbrauner bis gelber (10 YR 7/4 bis 7/6), sehr schwach humoser, schuffiger Lehm (Lu); Subpolyedergefüge; ca. 30% Dolomitgrus und Kieselschutt; Feinboden carbonatreich; Lagerungsdichte gering gering-mittel; Nassbleichung, zeitweise stauwasserführend; nutzbare Feldkapazität ca. 19 mm/dm
IV Cl-Sd	130-170 cm	sehr blassbrauner (10 YR 7/4), sehr schwach humoser, sandiglehmiger Schluff (Uls); Aggregatgefüge; ca. 35% Dolomitgrus und Kieselschutt; Feinboden carbonatreich; Lagerungsdichte mittel-hoch
V Cl-Sg	170-210 cm	bräunlichgelber (10 YR 6/6), schwach toniger Lehm (Lt2); ca. 80% Dolomitgrus; Feinboden sehr carbonatreich; Lagerungsdichte mittel; lepidoartige Fe-Ausfällungen nach Luftzufuhr; Wasseraustritt
V cCv	ab 210 cm	grobbankiger Dolomit (Schwammrasenfazies), stark zerklüftet in grobkiesige bis steinige Fraktion; Nassbleichung v.a. an der Kontaktzone Gestein-Feinboden; lepidoartige Ausfällungen nach Luftzufuhr; in Klüften teilweise helle Dolomitsande

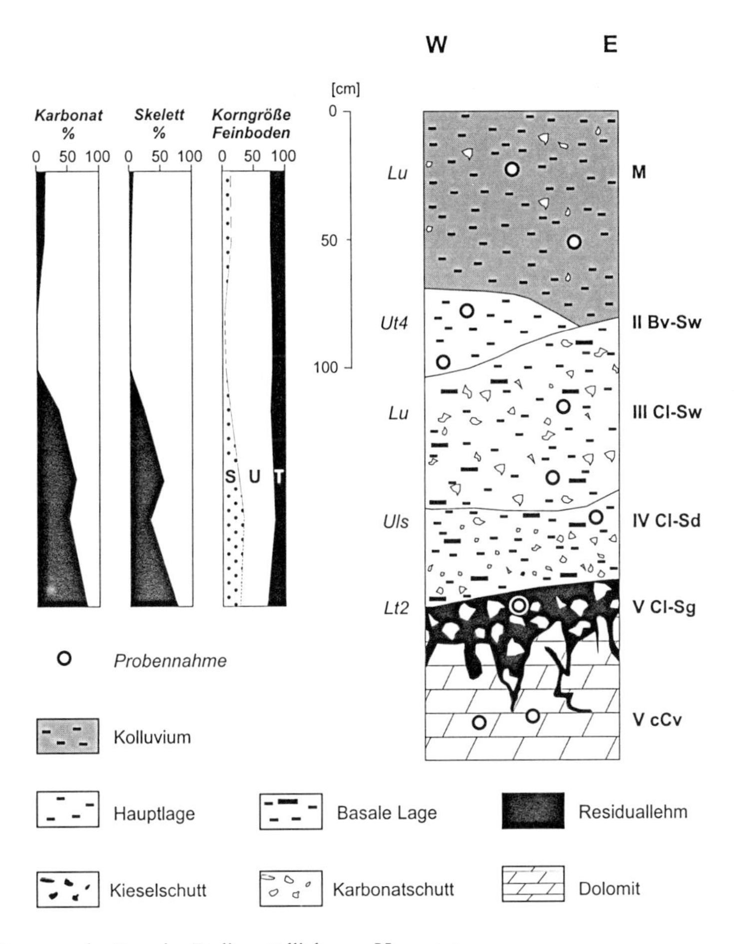

Abb. 16: Baggergrube Pascal - Doline südlich von Haunstetten

Im Profilaufschluss ist an der Oberfläche ein Kolluvium ausgebildet. Ackerbau-liche Nutzung auf dem südexponierten Hang der Uvala führte zur vollständigen Verfüllung der Sekundärdoline. In deren Zentrum (nicht dargestellt) erreicht die kolluviale Überlagerung eine Mächtigkeit von über 2 m. Der humose, gelblich braune, schluffige Lehm ist mit unverwittertem, scharfkantigem Dolomitgrus versetzt. Das Kolluvium überlagert die lößlehmhaltige Hauptlage. Analysen von Schwermineralen belegen die äolische Herkunft des Materials aus dem Bereich der Oberen Süßwassermolasse (Granat 27,3%, Epidot, 11,3 %). Der verbraunte, stark tonige Schluff weist deutliche Merkmale von Nassbleichung auf. Zwischen ca. 90-

130 cm befindet sich ein schluffiger Lehm. Von der Korngrößenzusammensetzung (23,9% Ton, 64% Schluff) kann ebenfalls auf eine deutliche Beimengung von äolischem Material geschlossen werden. Allerdings bilden nahezu ausschließlich Kieselalgenrelikte aus Dolomitrückstandsverwitterung die Feinsand- und Schluffkomponente (Residuallehm). Mangels äolischer Komponente kann der schluffige Lehm genetisch nicht als Mittellage eingeordnet werden (nach AG Boden 1994: 363; vgl. Kap. 2.4.1.1). Der schluffige Lehm besitzt ähnlich der überlagernden Hauptlage Merkmale von Nassbleichung. Die Stauwasserführung zeigte sich am temporären Wasseraustritt unmittelbar an der Grenze des schluffigen Lehms (Lu) zum liegenden, sandig-lehmigen Schluff (Uls). Die dichte Lagerung der basalen Umlagerungsdecke verursacht den zeitweisen Wasserstau. An der Kontaktzone Gestein-Boden tritt an den Aggregatoberflächen zeitweise Luftmangel auf, die gebleichten Oberflächen werden kurze Zeit noch der Anlage der Baggergrube von lepidofarbigen Fe-Ausfällungen überzogen, ein Zeichen für sich änderndes Redoxmilieu nach Luftzufuhr.

Die ausschließliche Verfüllung der eigentlichen Sekundärdoline mit holozänem Umlagerungsmaterial (im abgebildeten Profilaufschluss nicht zu erkennen) belegt deren junge Anlage. Die hier wirksame postwürmzeitliche Lösungsverwitterung ist ohne laterale Wasserzufuhr nicht zu verstehen. Die laterale Komponente zeigt sich im Profilaufschluss unmittelbar an der Kontaktzone Überdeckung zu Dolomitgestein und als *through flow* (vgl. Abb. 3) innerhalb der Bodenzone. Der positive Rückkopplungseffekt im Epikarst (Williams 1983; Clemens et al. 1999) als grundlegender Prozess zur Genese des hügeligen Reliefs wird durch den Profilaufschluss für den Bereich der massigen Schwammrasenfazies unterstützt. Allerdings zeigt sich bereits bei einer Gesamtmächtigkeit der Überdeckung von nur 2 m ein lateraler Wasserfluss in der Bodenzone. Hier liegt ein Widerspruch gegenüber der bisherigen Annahme, dass ausschließlich im Kontaktbereich Gestein zu Auflage seitwärts gerichtete Fließrichtungen vorkommen (Jennings 1985: 68; Bonacci 1987: 29). Auch in den Tiefenpositionen anderer Uvalas im Süden und Westen von Haunstetten zeigen Bohrprofile Nassbleichung in der Bodenzone.

2.4.1.6 Konsequenz für naturräumliche Einheiten der Mittleren Altmühlalb

Das Arbeitsgebiet Haunstetten umfasst mehrere strukturmorphologisch-pedologische Naturraumeinheiten, die auch in anderen Bereichen der Mittleren

Altmühlalb vorzufinden sind. Generalisierte Geländebefunde aus Haunstetten können auf größere Flächen übertragen werden. Eine Übersicht bietet hierzu Tab. 4. Der Raum Haunstetten ist Teil der Freien Albhochfläche, mächtigere kretazische und/oder tertiäre Überdeckungen fehlen. Wie für den Haunstettener Raum gezeigt, ist die Verbreitung der Auflagen und die holozäne Bodenbildung entscheidend durch das Geländerelief vorgezeichnet. Das Relief wiederum lässt sich über einen strukturmorphologischen Ansatz mit der oberflächlich anstehenden Malmfazies korrelieren. Die Albhochfläche im Gebiet Haunstetten ist nach Vorkommen von Schichtkalken, Schwammrasenfazies und kompakten Dolomit-Outcrops räumlich gegliedert. In Anlehnung an die Geologische Übersichtsskizze (Abb. 5) und Tab. 4 lässt sich die Freie Albhochfläche der Mittleren Altmühlalb über die Unterscheidung von Schicht- und Massenfazies sowie über die Ausgliederung der dolomitischen Rifffazies innerhalb der Massenfazies vergleichbar differenzieren. Der für das Arbeitsgebiet Haunstetten gewählte Ansatz kann für ein naturräumliches Gliederungskonzept zur Freien Albhochfläche im Bereich der gesamten Mittleren Altmühlalb herangezogen werden. Die *Freie Flächenalb* (Tab. 4, linke Spalte, oben) ist charakterisiert durch das weitgespannte ebene Relief der anstehenden Schichtfazies, welches wir auch aus dem nördlichen Bereich des Haunstettener Arbeitsgebiets kennen. Mangels großer Reliefunterschiede ist das Verteilungsmuster der Auflagen nicht kontrahierend oder kleinräumig-mosaikartig, sondern zeigt eine flächenhafte Ausprägung mit weitläufigen Übergangszonen. Die „mehr oder weniger" flächenhafte Verbreitung der Überdeckung ist über geologische Geländeaufnahmen (u.a. Schmidt-Kaler 1976: 51) im Bereich der Schichtfazies beschrieben. Eine geringe Variabilität der Auflagemächtigkeit geht einher mit insgesamt limitierten Profiltiefen zwischen 30 und 100 cm (Scholz, in Schmidt-Kaler 1976:101; Schmidt, in Schmidt-Kaler 1990: 63-65).

Aus dem Haunstettener Raum ist das kleinräumige Hügelrelief der dickbankigen bis tafelbankigen Massenfazies (überwiegend Schwammrasen) bekannt. Die Auswirkungen der variabel dolomitisierten Schwammrasenfazies (Malm δ) auf Verteilungsmuster der Auflagen und korrespondierende Karstmorphogenese gehen aus den Geländebefunden hervor (Kap. 2.4.1.2 bis 2.4.1.5). Auf der Freien Albhochfläche der Mittleren Altmühlalb sind massige Karbonatgesteine oberflächlich weit verbreitet (Abb. 5). Das wellige, kleinräumige Hügelrelief mit zahlreichen Depressionen zeichnet auf topographischen Karten (z.B. Raum Pollenfeld) die Vorkommen der variabel dolomitisierten Massenfazies nach (*Freie Hügelalb* nach Tab. 4). Über das

Tab. 4a: Gliederung der Grundwasserüberdeckung in der Mittleren Altmühlalb

Naturräumliche Haupteinheit	Subzone		Gestein: Geologie/ Fazies	Gestein: Lithologie	Gestein: Gefüge	Gestein: Klüftung	Morphologie: Formenschatz	Morphologie: Reliefenergie
Freie Albhochfläche	Freie Flächenalb	1	**Weißjura** Schichtfazies	Kalk	plattig, bankig, dickbankig	häufige Hauptklüfte regelmäßige Kleinklüfte *(H, 1)*	Flache, weitgespannte Plateaus und Ebenen mit überwiegend offenen Hohlformen Weitgespannte Wannen *Leitform:* Wannendolinen *(H, 2, 3)*	– –
Freie Albhochfläche	Freie Hügelalb	2	**Weißjura** Massenfazies	Kalk Dolomitischer Kalk Dolomit/ Dedolomit	dickbankig, tafelbankig, massig	(wenige,) ausgeprägte Hauptklüfte unregelmäßige Kleinklüfte *(H, 1)*	Welliges, kleinräumiges Hügelrelief mit zahlreichen Depressionen *Leitform:* Kalkranddoline, Trichterdoline, Uvala *(H, 2, 3)*	+
Freie Albhochfläche	Freie Kuppenalb	2	**Weißjura** Massenfazies	Dolomit	massig	wenige Hauptklüfte unregelmäßige Kleinklüfte *(H, 1)*	Kuppenrelief mit zahlreichen Depressionen *Leitform:* Trichterdoline *(H, 2)*	+ +
Überdeckte Albhochfläche	Tertiärüberdeckung	3	**Miozän (Pliozän)**	Ton Mergel Sand Süßwasserkalk Bunte Breccie (Kies)	Lockersediment	k. A.	Weiträumiges Hügelrelief mit überwiegend offenen Hohlformen *Leitform:* Seichte Muldentäler, Ponore *(WG, 4)*	–
Überdeckte Albhochfläche	Kreideüberdeckung	4	**Kreide**	Sand Basenarme Tone Neuburger Kieselkreide	Lockersediment	k. A.	Organisiertes Hügelrelief Seichte Depressionen *Leitform:* Kalkrandolinen, sumpfige Dellen *(5)*	o

H Arbeitsgebiet Haunstetten
WG Arbeitsgebiete Wassertal und Gut Wittenfeld
1 Turberg et al., in Vorb.
2 Häring 1971
3 Scheuch 1971; Zambo und Ford 1997
4 Trappe 1998
5 Schmidt-Kaler et al. 1983
6 Salger und Schmidt-Kaler 1975
7 Standortkarte Forstamt Kipfenberg 1986
8 GK 1:25.000 Blatt Dollnstein (Vorabdruck)

Tab. 4b: Gliederung der Grundwasserüberdeckung in der Mittleren Altmühlalb

Naturräumliche Haupteinheit	Subzone	Postjurassische Auflage			Leitböden	
			Verbreitungsmuster	Mächtigkeit	Leitbodentyp	Vergesellschaftete Böden
Freie Albhochfläche	Freie Flächenalb 1	(Kolluvium) Hauptlage Basale Lage *(H, 6)*	mehr oder weniger flächenhaft *(H, 6, 10)*	o	Braunerde aus Hauptlage (Lößlehm) über Basaler Lage (Mischlehm, Residuallehm) über Kalkverwitterungsfront *(H, 13, 14, 15)* Ap / (Al-)Bv / Bv(t) / II Bv-T / III cCv	Kulto-Rendzinen Umgelagerte Terra fusca aus Basaler Lage Mehrschichtige Parabraunerde *(H, 12, 13)*
Freie Albhochfläche	Freie Hügelalb 2	Kolluvium Hauptlage Basale Lage (teils mit Mittellage) *(H, 6)*	kleinräumig-mosaikartig *(H, 10)*	– bis ++	Braunerde aus Hauptlage (Lößlehm) über Basaler Lage (Mischlehm, Residuallehm) über Karbonatverwitterungsfront *(H, 13, 14, 15)* Ap / (Al-)Bv / Bv(t) / II BvT / III cCv	*Konvexe Bereiche:* Mullrendzina, Umgelagerte Terra fusca aus Basaler Lage *Konkave Bereiche, Senken:* Mehrschichtige Parabraunerde, Pseudogleye und Kolluvisole *(H, 16)*
Freie Albhochfläche	Freie Kuppenalb 2	(Hauptlage) Basale Lage *(H, 6, 7)*	in Kuppenlage flächenhaft fehlend *(H, 7)* kleinräumig-mosaikartig (7)	– – – – – bis +	*In Kuppenlage:* Flachfründige Mullrendzina aus Basaler Lage und Dolomitfrostschutt *(H, 12)* Ah / AhCv / cCv *Im konkaven Hangbereich:* Umgelagerte Terra fusca aus Basaler Lage über Dolomitverwitterungsfront *(7, 12)* Ah / BvT / II cCv	*Beim Vorhandensein von Lößlehm in konkaven Hangbereichen und Senken:* Schluffreiche Braunerde über umgelagerter Terra fusca *(7)*
Überdeckte Albhochfläche	Tertiärüberdeckung 3	Kolluvium Haupt- u. Basislage OSM (Pelitische und Sandige Fazies, Süßwasserkalke) *(WG, 4, 9)*	großräumig flächenhaft, teils inselartig *(WG, 4, 9)*	+++	Braunerde-Parabraunerde aus Hauptlage (Lößlehm) über tonreicher Basislage aus pelitischer Fazies (OSM) *(WG, 14)* Ap / Al-Bv / II Btv / III ICv	*Bei sandiger Fazies:* Braunerde *Bei pelitischer Fazies:* Pelosol, Pseudogley *Muldenlagen:* Kolluvisol, Gley *Mächtige Lößlehmbereiche:* Parabraunerde *(WG, 12, 14, 17)*
Überdeckte Albhochfläche	Kreideüberdeckung 4	(Haupt- und) Basislage Oberkretazische Füllungen *(5, 8)*	großräumig inselartig *(8, 11)*	o bis ++	Podsol-Braunerde aus basenarmer, tonig-sandiger Kreideüberdeckung *(14)* Ahe / Ae / Bh / Bs / IIBv / IICv	*Lößlehmhaltige Hauptlage:* Braunerde *Sandige Kreideüberdeckung:* Podsol *Tonreiche Muldenlagen:* Pseudogley *(14, 16)*

9 DB AG 1995
10 Schmidt-Kaler et al. 1976
11 Streit et al. 1978
12 Schmidt-Kaler et al. 1990
13 Schmidt-Kaler et al. 1976
14 Streit et al. 1978
15 Bleich 1994
16 Faust 1998
17 Jerz et al. 1994

kleinräumig-mosaikartige Verteilungsmuster der Auflagen - wie für den Raum Haunstetten gezeigt - liegen für den Untersuchungsraum Mittlere Altmühlalb keine publizierten Arbeiten vor. Zumindest für die bewaldeten Gebiete können aus teils vorliegenden forstwirtschaftlichen Standortkarten heterogene Mächtigkeiten der Auflagen im kleinräumigen Wechsel abgeleitet werden. Aufgrund der Relief-energie in der *Freien Hügelalb* und folglich intensiveren warm- und kaltzeitlichen Umlagerungsprozessen innerhalb der Überdeckung muss in den landwirtschaftlich genutzten Gebieten von einem ähnlichen Muster - unter Berücksichtigung der dargelegten Befunde aus Haunstetten - ausgegangen werden. Die massigen Dolomit-Outcrops im Haunstettener Raum sind gewissermaßen frei von Auflagen. Beim flächenhaften Vorkommen der dolomitischen Massenfazies zeigt sich ein ähnlicher Reliefcharakter wie bei der Schwammrasenfazies. Hügel- bzw. riedelartige Geländeerhebungen werden unterbrochen durch zwischengeschaltete Depressionen. Unter Wald sind die Dolinenpositionen meist nicht verfüllt, das Relief wirkt dadurch noch unruhiger (*Freie Kuppenalb* nach Tab. 4).

Der Leitboden im Arbeitsgebiet Haunstetten ist die Braunerde aus Lößlehm (Hauptlage) über umgelagertem Terra-Material aus Basaler Lage. Der klassische Profilaufbau ist in Kap. 2.4.1.4 beschrieben. Auch außerhalb des Haunstetter Raumes ist der weitaus größte Teil der Freien Albhochfläche von einer mehr oder weniger mächtigen Basalen Lage aus Residuallehm und/oder Mischlehm (vgl. Kap. 2.4.1.1) bedeckt. Die Basale Lage wird insbesondere in Leepositionen von der lößlehmhaltigen Hauptlage überdeckt. Gemäß der weiten Verbreitung dieses Deckschichtenkomplexes wird die schluffreiche Braunerde über Terra fusca-Material auch von anderen Autoren als Leitboden der Freien Albhochfläche beschrieben (Hemme 1970; Hofmann, in Streit 1978: 201; Bleich 1994: 17). Einsetzende Tonverlagerung führt zu Übergangstypen hin zur Parabraunerde. So stellen Faust (1988, 1998) und Schmidt (in Schmidt-Kaler 1990: 64) die mehrschichtige Parabraunerde als Leitbodentyp der Freien Albhochfläche heraus. Den Al-Horizont bildet die schluffreiche Hauptlage mit der würmzeitlichen Lößlehmkomponente. Der Bt-Horizont liegt im Übergangsbereich von Hauptlage zur an sich tonreicheren Basalen Lage. Die Mächtigkeit der Parabraunerden schwankt, ist allerdings meist auf ca. 70-100 cm begrenzt (u.a. Schmidt, in Schmidt-Kaler 1983: 54, 1990: 64; Faust 1988, 1998). Infolge der guten Karstdrainung zeigen die Böden der Freien Flächenalb keine Staunässemerkmale. Nur im Bereich der Massenfazies entwickeln sich bei mächtigeren Bodenprofilen auch Pseudogleye (Tab. 4).

Mull-Rendzinen unter Wald sind in exponierten Geländepositionen auch außerhalb des Arbeitsgebietes Haunstetten auf Karbonatfestgestein weit verbreitet (u.a. Hemme 1970; Schmidt, in Schmidt-Kaler 1983, 1990; Faust 1988, 1998; Bleich 1994). Die flachgründigen Böden überschreiten selten eine Entwicklungs-tiefe von mehr als 30 cm (Hemme 1970; Bleich 1994; Faust 1998). Charakteristisch ist der häufig stark humose Ah-Horizont. Neben Waldbau sind nicht selten auch Halbtrockenrasen typische Nutzungsformen dieser Standorte. In der Schichtfazies sind unter ackerbaulicher Nutzung auf primär flachgründigen Standorten *Kulto-* oder *Acker*-Rendzinen entstanden. Die kryoklastisch aufgearbeitete Kalksteinverwitterungszone lässt sich gut pflügen, das skelettreiche Oberbodenmaterial wird dabei sekundär aufgekalkt. Die Ackerrendzinen können in der Schichtfazies größere Bedeutung erlangen (u.a. Kap. 2.4.2; Scholz, in Schmidt-Kaler 1976: 101; Schmidt, in Schmidt-Kaler, 1983: 55), im Raum Haunstetten sind sie allerdings nur unter Grünlandnutzung aufgetreten (im Nordwesten des Arbeitsgebietes auf Malm γ).

2.4.2 Quartäre Überprägung der Tertiär- und Kreideüberdeckung

Obere Süßwassermolasse - Arbeitsgebiete Wassertal und Gut Wittenfeld

Im Wassertal bei Denkendorf und auf Gut Wittenfeld bei Adelschlag (Abb. 1 und Abb. 9) sind exemplarisch auf der Oberen Süßwassermolasse periglaziale Lagen und korrespondierende Böden kartiert worden. Die Hangprofile geben einen Einblick in die Variabilität möglicher Bodenabfolgen. Kleinräumige fazielle Wechsel innerhalb der Oberen Süßwassermolasse erschweren die Beschreibung von Leitböden, vielmehr müssen über die Hangabfolgen der periglazialen Lagen typische Vergesellschaftungen von Böden hervorgehoben werden.

Das Hangprofil auf *Gut Wittenfeld* verdeutlicht die umweltgeologische Bedeutung der periglazialen Lagen im Verbreitungsraum der Oberen Süßwassermolasse. Die miozänen Sedimente wechseln von Tonen im Oberhangbereich über glimmerhaltige Quarzsande im Mittelhangbereich zu schluffigen Kalkmergeln im Muldenbereich. Hangabwärts verschleppt ändert sich adäquat die Zusammensetzung der Basislage. In den Oberhang- und Mittelhangpositionen ist die unterste periglaziale Lage durch abdichtende lehmige Tone beschrieben, wohingegen in der Talmulde die Basislage das Korngrößenspektrum der am Mittelhang ausstreichenden Sande repräsentiert. In der Muldenposition bildet die Basislage den sekundären, hängenden Grundwasserleiter, dessen eigentliche Verbreitung über die im Mittelhang anstehenden miozänen Sande vorbestimmt ist. Über die allochthone äolische Fremdkomponente innerhalb der Hauptlage werden die Standorteigenschaften der Böden im gesamten Hangprofil verbessert. Die mittelporenreiche Hauptlage erhöht das Wasserrückhaltevermögen gegenüber den anstehenden mittelporenarmen Tonen und Sanden. Die Talmulde ist mit mehrphasigen Kolluvien aus umgelagerter Hauptlage verfüllt. Die Bodenabfolge am Hang lässt sich über die Verteilung der quartären Lagen deuten. In den Ober- und Mittelhangbereichen befinden sich mehrschichtige Parabraunerde-Braunerden, deren Profiltiefen über die Mächtigkeit der periglazialen Lagen vorgezeichnet sind. Am Mittelhang ist der Al-Bv-Horizont teilweise erodiert. Das erodierte Material wird in Form mehrphasiger Kolluvien in der Talmulde wieder abgelagert. Die Mehrphasigkeit ist durch einen basalen MfAa-Horizont belegt.

Das Hangquerprofil im *Wassertal bei Denkendorf* (Abb. 9) liegt im unmittelbaren Übergang von hangaufwärts anstehenden Schichtkalken zu miozänen Ablagerungen im Talmuldenbereich. Die anstehenden Schichtkalke des oberen Malm ζ 1 sind stark hornsteinführend (vgl. auch Schnitzer 1965: 14) und bilden nach Süden hin eine auffällige Hangverflachung. Die Basislage setzt unterhalb des konvexen Hangbereiches ein. Der sandig-tonige Lehm besteht aus Rückständen der Karbonatverwitterung, Quarz-Feinkiesen und Kieselschutt. Im Unterhang und in der Talmulde selbst überdeckt die Basislage den roten miozänen Ton. Der anstehende Schichtkalk ist frei von Lößlehmüberdeckungen. Im konkaven Unterhangbereich erreichen die lößlehmhaltigen periglazialen Lagen eine Gesamtmächtigkeit von etwa 100 cm. Abnehmender Skelett- und zunehmender Schluffanteil im unteren Bodenprofilabschnitt lassen auf eine Zweigliederung der periglazialen Lagen schließen (Hauptlage über Mittellage). Die Talmulde ist mit lößlehmhaltigen Kolluvien verfüllt. Auch im Wassertal ist die Bodenabfolge am Hang durch die quartäre Überformung vorgezeichnet. Im konvexen Hangbereich und auf der nach Süden anschließenden Hangverflachung sind flachgründige Kulto-Rendzinen entwickelt. Das kryobat aufgearbeitete Malm-Material lässt sich gut pflügen. Die extrem flachgründigen und skelettreichen Böden stehen unter ackerbaulicher Nutzung. Die im Übergang von Mittel- zu Unterhang entwickelte Braunerde geht hangabwärts in einen Braunerde-Pseudogley über. Der dichte tertiäre Ton wirkt wasserstauend. Basislage und Mittellage(?) sind durch Nassbleichung gekennzeichnet. Der Übergang vom schluffigen Lehm (Lu) zum mittel schluffigen Ton (Tu3) im Bodenprofil kann auf Tonverlagerung zurückgeführt werden. In der Talsohle selbst überlagert ein 100 cm mächtiges Kolluvium und eine geringmächtige Basislage den anstehenden Tertiärton. Almkalke im Übergang zu den wasserführenden Süßwasserkalken sind auf den Einfluss des artesisch gespannten Grundwasserkörpers zurückzuführen.

Vergesellschaftete Böden der Oberen Süßwassermolasse

Die beiden exemplarisch beschriebenen Hangprofile auf Gut Wittenfeld und im Wassertal bei Denkendorf zeigen Vergesellschaftungen von Braunerden, Parabraunerden und Pseudogleyen sowie kolluviale Verfüllungen der Muldenbereiche. Unter dem Einfluss hängender Grundwasserlinsen können in den Senken auch Gleye ausgebildet sein. Die Geländebefunde werden durch andere bodenkundliche Arbeiten im Verbreitungsgebiet der Oberen Süßwassermolasse unterstützt: Die besonders im Süden der Mittleren Altmühlalb nahezu flächendeckend vorkommenden Auflagen der Oberen Süßwassermolasse plombieren den Malmkarst (Abb. 5). Die Verbreitung der miozänen Sedimente wird als eigenständige naturräumliche Einheit betrachtet (*Tertiärüberdeckung* nach Tab. 4). In den zentralen Beckenregionen wird die Obere Süßwassermolasse noch von mächtigen Lößlehmvorkommen überlagert. Nimmt die Mächtigkeit der Lößlehmdecken in den Rand- und Hangbereichen ab, beeinflusst die fazielle Ausprägung der tertiären Sedimente zunehmend die Bodenentwicklung. Bei mächtigeren Vorkommen der pelitischen Fazies (Tone und Tonmergel) und entsprechend undurchlässigem Untergrund sind Böden mit Staunässeeigenschaften (Schmidt, in Schmidt-Kaler 1990: 66; Giessner et al. 1998: 100) weit verbreitet. Auf tonreicher Basislage mit lößlehmhaltiger Hauptlage entwickeln sich Pseudogleye mit entsprechenden Übergangstypen Richtung Pelosol oder Parabraunerde, je nach dem, ob die Lößlehmlage an Mächtigkeit ab- oder zunimmt. Die geringe Wasserdurchlässigkeit der umgelagerten pelitischen Fazies führt zu lateralem Wasserfluss. Die Böden werden meist ackerbaulich genutzt, lediglich bei fehlender Hauptlage obliegt der Standort waldbaulichen Nutzungen (Schmidt, in Schmidt-Kaler 1990: 66). Der sandige Faziesbereich der Oberen Süßwassermolasse ist im Untersuchungsgebiet selten an der Oberfläche ausgebildet. In der Regel wird er zumindest von einer unterschiedlich mächtigen, tonhaltigen Basislage - siehe auch Querprofil von Gut Wittenfeld (Abb. 9) - überdeckt, der wiederum häufig eine Hauptlage aufliegt. Leitböden sind hier lehmige Braunerden hoher Wasserdurchlässigkeit (Hofmann, in Streit 1978: 198). Auf Süßwasserkalken entwickeln sich Karbonatverwitterungsböden, ähnlich den Bodenkomplexen der Malmverwitterung. Das seltene Vorkommen oberflächlich anstehender Süßwasserkalke - in der Regel sind die ausstreichenden Schichten von quartären Umlagerungsdecken überdeckt - bedingt eine nur geringe Verbreitung von Karbonatverwitterungsböden (Schmidt, in Schmidt-Kaler 1990: 66). In den zentralen Beckenpositionen sind mächtigere Überdeckungen mit äolischen Auflagen (Hofmann, in Streit 1978: 199) weit verbreitet. Für das Pietenfelder Becken zwischen Altmühl- und Schuttertal konnte Trappe (1999a: 60) beispielhaft Lößlehmvorkommen von 1-3m Mächtigkeit in etwa der Hälfte des gesamten Kartiergebietes nachweisen. In der Ziegelgrube Attenfeld (Nähe Adelschlag) belegen Jerz et al. (1994) Profiltiefen von bis zu 8,5 m. Die ältesten Ablagerungen werden auf ein Mindestalter von 450.000 Jahren geschätzt. Den Leitbodentyp in den mächtigeren Lößlehmvorkommen bildet die teils pseudovergleyte Parabrauerde (Hofmann, in Streit 1978: 199). Die durchweg ertragreichen Standorte unterliegen der flächenhaften ackerbaulichen Nutzung.

Vergesellschaftete Böden auf Ries-Trümmermassen

Ries-Auswurfmassen sind im Untersuchungsgebiet nicht weit verbreitet. Einzelvorkommen befinden sich vor allem westlich von Bieswang und südwestlich von Dollnstein. Das Bodenmuster ist nach den Untersuchungen von Schmidt (in Schmidt-Kaler 1990: 65) recht einheitlich. Auf der tonreichen Bunten Breccie sind in den Oberhangbereichen und Plateaulagen Pelosole entwickelt, bei mächtigerer Hauptlage sind auf flacheren Partien Pseudogleye verbreitet. Wegen der stark wasserstauenden Wirkung der Bunten Breccie (Scholz, in Schmidt-Kaler 1976: 102) stehen die Standorte in der Regel unter Grünlandnutzung (Schmidt, in Schmidt-Kaler 1990: 65). Das Aufkommen von lateralen Wasserflüssen ist im Gelände an temporären Vorkommen von Sickerquellen leicht auszumachen.

Vergesellschaftete Böden der Kreideüberdeckung

Im Süden der Mittleren Altmühlalb liegen zwischen Wellheim und Neuburg/D. in geschützten Karstdepressionen noch größere inselartige Vorkommen von oberkretazischen Sedimenten (*Kreideüberdeckung* nach Tab. 4). Die feinsandigen bis grobsandigen Quarzite weisen teils ein toniges Bindemittel (z.T. Kaolinite) auf. Auf dem silikatischen Ausgangsmaterial entwickeln sich nährstoffarme Böden geringer

Austauschkapazität. Bindemittelarme Sande neigen stark zur Podsolierung (Faust 1988, 1998; Hofmann, in Streit 1978: 198). Auf tonreicheren Standorten sind podsolige Braunerden und in Depressionen auch Pseudovergleyung zu beobachten (Hofmann, in Streit 1978: 198). Die basenarmen Böden aus Kreidesedimenten werden größtenteils forstwirtschaftlich genutzt (Hofmann, in Streit 1978: 198; Faust 1998).

3 Schutz der Grundwasserüberdeckung und Schadstoffeintragspotential

Auf der Grundlage geologisch-bodenkundlicher Kenntnisse (Tab. 4) soll die Schutzfunktion der Grundwasserüberdeckung für die Mittlere Altmühlalb abgeleitet werden. Die Verschneidung mit der Landnutzung (Kap. 3.3) führt zur Abschätzung des potentiellen Schadstoffeintrags im Arbeitsgebiet. Die Ergebnisse dienen als Arbeitshypothesen für die späteren hydrochemischen Analysen (Kap. 5).

3.1 Schutzfunktion nach geologisch-pedologischen Befunden

3.1.1 Modellansatz

Für die Bewertung der Schutzfunktion wäre ein Modellansatz von Vorteil, der für alle naturräumlichen Einheiten gleichermaßen zur Anwendung kommen kann. Die heterogene Ausstattung der grundwasserüberdeckenden Festgesteine und Lockersedimente soll dabei auf der Basis der vorhandenen Daten möglichst umfassend Berücksichtigung finden. Neben der unterschiedlichen Ausgestaltung der Überdeckung selbst, liegt eine generelle Schwierigkeit bei der flächenhaften Bewertung der Schutzfunktion in der Verschiedenheit möglicher Schadstoffeinträge. Abseits der Art (flächenhaft, punktuell) und der Dauer des Eintrags stellt insbesondere das Sorptions-, Migrations- und Abbauverhalten des Stoffs unterschiedliche Anforderungen an ein Konzept zur Bewertung der Schutzfunktion der ungesättigten Zone. So liegen beispielsweise für Nitrat spezielle Arbeiten zur potentiellen Belastung des Grundwasser auf bundesweiter Ebene vor (Bach 1987, Wendland et al. 1992). Die Untersuchungen berücksichtigen das nitratspezifische Abbau- und Migrationsverhalten. In der vorliegenden Arbeit werden schadstoffbezogene Betrachtungen zur Schutzfunktion der Grundwasserüberdeckung zusammenhängend mit den hydrochemischen Analysen diskutiert (Kap. 5). Für eine generelle Arbeitshypothese zur Schutzfunktion der Grundwasserüberdeckung bietet sich eher ein stoffunabhängiger Ansatz an, der ausschließlich auf bodenkundliche und geologische Kriterien zurückgreift. „Schadstoffunabhängig“ wird in diesem Zusammenhang verstanden als ausschließlich auf die Sickerwasserbewegung bezogen.

Auf geologische und bodenkundliche Parameter abgestimmte Verfahren zur flächenhaften Bewertung der Grundwasserschutzfunktion finden sich in einigen regionalen Arbeiten zur geologischen und geoökologischen Landesaufnahme. Unter anderem weisen die hydrogeologischen Blätter der Standortkarte von Hessen 1:50.000 sechs Stufen der „Verschmutzungsempfindlichkeit“ auf (Hessischer Minister für Landwirtschaft, Forsten und Naturschutz, 1988, 1990, u.a.). In den Geowissenschaftlichen Karten des Naturraumpotentials 1:200.000 vom Niedersächsischen Landesamt für Bodenforschung ist auch die „Gefährdung des Grundwassers“ herausgestellt worden (u.a. bei Josopait und Schwerdtfeger 1979). Auf Länderebene existieren Übersichtskarten zur „Verschmutzungsgefähr-dung“ (1:500.000 - Geologisches Landesamt NRW 1980) oder „Verschmutzungsempfindlichkeit“ (1:300.000 - Diederich et al. 1985) von Grundwasservorkommen. Eine Vergleichbarkeit der regionalen und landesweiten Kartenwerke ist nur in Ansätzen gegeben. Oftmals sind die Bewertungskategorien auf regionale Verhältnisse zugeschnitten oder aber der Einfluss der Grundwasserüberdeckung ist nahezu gänzlich zurückgestellt. So werden in der 1:500.000 Übersichtskarte vom Geologischen Landesamt NRW (1980) lediglich die Filter- und Abbaueigenschaften im Grundwasserleiter flächenhaft berücksichtigt. Vierhuff et al. (1981) haben in ihrem Beitrag „Grundwasservorkommen der Bundesrebublik Deutschland“ das Schutzpotential der Grundwasserüberdeckung gegenüber dem Reinigungspotential im Wasserleiter deutlich hervorgehoben. Die Bewertung der Verschmutzungsempfindlichkeit erfolgt in erster Linie nach dem Verbreitungsmuster der „Gesteine oberhalb der Grundwasseroberfläche“, da der Eintrag von Schadstofffrachten ins Grundwasser letztendlich über den Schutzcharakter der ungesättigten Zone vorbestimmt ist. Vierhuff et al. (1981: 28) berufen sich auf Bewertungsklassen, welche die Mächtigkeit, Durchlässigkeit und Gesteinsart der Grundwasserüberdeckung berücksichtigen. Ein quantitativer Maßstab für das Schutzpotential wird allerdings nicht benannt. Auch der Schutzcharakter der Bodenzone wird nur untergeordnet behandelt.

Semmel und Schramm (1987), Schneider 1997 und Semmel (1994: 228) beklagen die grundsätzliche Geringschätzung des oberflächennahen Untergrunds und der Bodenzone bei Fragen zum Grundwasserschutz. Eine Ausnahme bildet dabei das Verfahren von Hölting et al. (1995) unter Zusammenarbeit der Geologischen Landesämter (vgl. Diepolder 1995; Wagner 1995). Das *Konzept zur Ermittlung der Schutzfunktion der Grundwasserüberdeckung* basiert auf der Bewertung der vertikalen Komponente der Schadstoffverlagerung innerhalb der Bodenzone und tieferen vadosen Zone. Reinigungsvorgänge im Grundwasserleiter werden nicht berücksichtigt. Quantitatives Maß für die schadstoffunabhängige Betrachtung der Schutzfunktion ist die Verweildauer des Sickerwassers (Hölting et al. 1995: 8). Die Verweildauer ist abhängig vom Wasserrückhaltevermögen des Substrats, von der Mächtigkeit der Grundwasserüberdeckung und von der Sickerwasserrate. Hohe Sickerwasserraten verringern die Verzeilzeit und damit das Stoffabbaupotential. Je größer das Wasserrückhaltevermögen, desto größer die für Stoffabbauprozesse zur Verfügung stehende spezifische Oberfläche (Diepolder 1995: 16). Als Einheit für das Wasserrückhaltevermögen im Boden bedienen sich Hölting et al. (1995) der in der Pedologie üblichen Feldkapazität. In der Bodenzone ist die Sickerwasserbewegung mehr oder weniger unabhängig vom quasistationären Feinporenwasser, von daher berücksichtigen Hölting et al. (1995: 9) - gemäß dem Mobil-Immobil-Modell nach Wagner (1995) - die nutzbare Feldkapazität (nFKWe) als entsprechende Eingangsgröße (Tab. 5). Die Berechnung der nutzbaren Feldkapazität erfolgt nach der Bodenkundlichen Kartieranleitung. Die Schutzwirkung der Grundwasserüberdeckung unterhalb des Bodens wird wegen grundlegend verschiedener geohydraulischer Eigenschaften von Lockersediment und Festgestein getrennt abgeleitet. Bei Lockersedimenten orientiert sich die Gewichtung der Punkteskala (Tab. 7) an der korngrößenabhängigen Kationenaustauschkapazität (Hölting et al. 1995: 12). Festgesteine weisen trotz meist sehr geringer Gesteinsdurchlässigkeit oft hohe Gebirgsdurchlässigkeiten auf. Die Verweildauer des Sickerwassers ist entsprechend gering. Verantwortlich dafür sind strukturelle Eigenschaften wie Verkarstungsgrad oder Klüftung (Tab. 6). Hölting et al. (1995: 15) beschreiben die Schutzfunktion der Grundwasserüberdeckung über den Zusammenhang

$$S = (B + \sum_{i=1}^{n} G_i \cdot m_i) \cdot W + Q + D$$

mit

S = Gesamtschutzfunktion (dimensionsloser Relativwert)

B = Schutzfunktion des Bodens nach Tab. 5

G_i = Gesteinsspezifische Schutzfunktion der Schicht i nach Tab. 7 bei Lockersedimenten

m_i = Mächtigkeit der Schicht i [m]

W = Faktor für die Sickerwasserrate (hier 1,25)

Q = Zuschlag für jedes schwebende Grundwasserstockwerk mit Quellen

D = Zuschlag für artesische Druckverhältnisse im Hauptaquifer

Über die eigenen Geländebefunde aus der Mittleren Altmühlalb lassen sich die notwendigen Einflussgrößen zur Bewertung der Schutzfunktion nach dem Verfahren von Hölting et al. (1995) ableiten. Die Ergebnisse sind in Tab. 9 zusammengestellt.

3.1.2 Nutzbare Feldkapazität und Schutzfunktion des Bodens

Die Schutzfunktion des Bodens resultiert nach dem Verfahren von Hölting et al. (1995: 11) aus der nutzbaren Feldkapazität (Tab. 5). Gemäß der Bodenkundlichen Kartieranleitung (AG Boden 1994: 295) kann die nutzbare Feldkapazität über Lagerungsdichte, Korngröße, effektive Durchwurzelungstiefe sowie Humusgehalt abgeschätzt werden. Abb. 17 zeigt die nutzbare Feldkapazität der Böden auf der Freien Albhochfläche bei Haunstetten. Die extrem flachgründigen Rendzinen weisen Werte unter 60 mm (sehr gering) auf. Im unmittelbaren Kontaktbereich zum Malmkarst besitzen die Standorte extrem hohe Wasserdurchlässigkeiten. Dagegen erreichen die Kolluvisole in den Dolinen- und Uvala-Senken Werte von 250 bis 300mm (hoch). Der Leitbodentyp „Braunerde aus Hauptlage über umgelagertem Terra-Material aus Basaler Lage“ (Tab. 4) zeigt in der Schwammrasenfazies zumeist eine mittlere nutzbare Feldkapazität (Tab. 9), da die Profilmächtigkeit nicht selten über den Meterbereich knapp hinaus geht. In der Schwammrasenfazies sind mittlere nutzbare Feldkapazitäten an die Verbreitung der Hauptlage gebunden. Trotz vorhandener Hauptlage kann in der Schichtfazies die Profilstärke des Leitbodens geringmächtiger ausfallen. Die nutzbare Feldkapazität liegt im Bereich von „gering“ bis „mittel“ (Tab. 9). Aus dem kleinräumig-mosaikartigen Bodenmuster in der Schwammrasenfazies ergeben sich abrupte Wechsel zwischen Böden sehr geringer und hoher nutzbarer Feldkapazität. Folglich ist auch die Grundwasserschutzfunktion der Böden einem kleinräumigen Wechsel unterlegen. In der Schichtfazies werden zwar insgesamt niedrigere Werte erreicht, jedoch sind die Wechsel weniger deutlich.

Andere bodenkundliche Geländestudien bestätigen die Werte des obigen Leitbodens auch für weitere Bereiche der Freien Albhochfläche. Dabei wird die nutzbare Feldkapazität durch das Vorhandensein der Lößlehmlage am Standort grundsätzlich verbessert (Faust 1998), denn das Korngrößenmaximum des mittelporenreichen Lößlehms liegt in der Grob- bis Mittelschlufffraktion (Trappe 1998b). Aufgrund der begrenzten Mächtigkeit des Leitbodens (vgl. u.a. Schmidt, in

Schmidt-Kaler 1983: 54, 1990: 64; Hofmann, in Streit 1978: 197) variiert die nutzbare Feldkapazität jedoch allenfalls von gering bis mittel (Faust 1988, 1998).

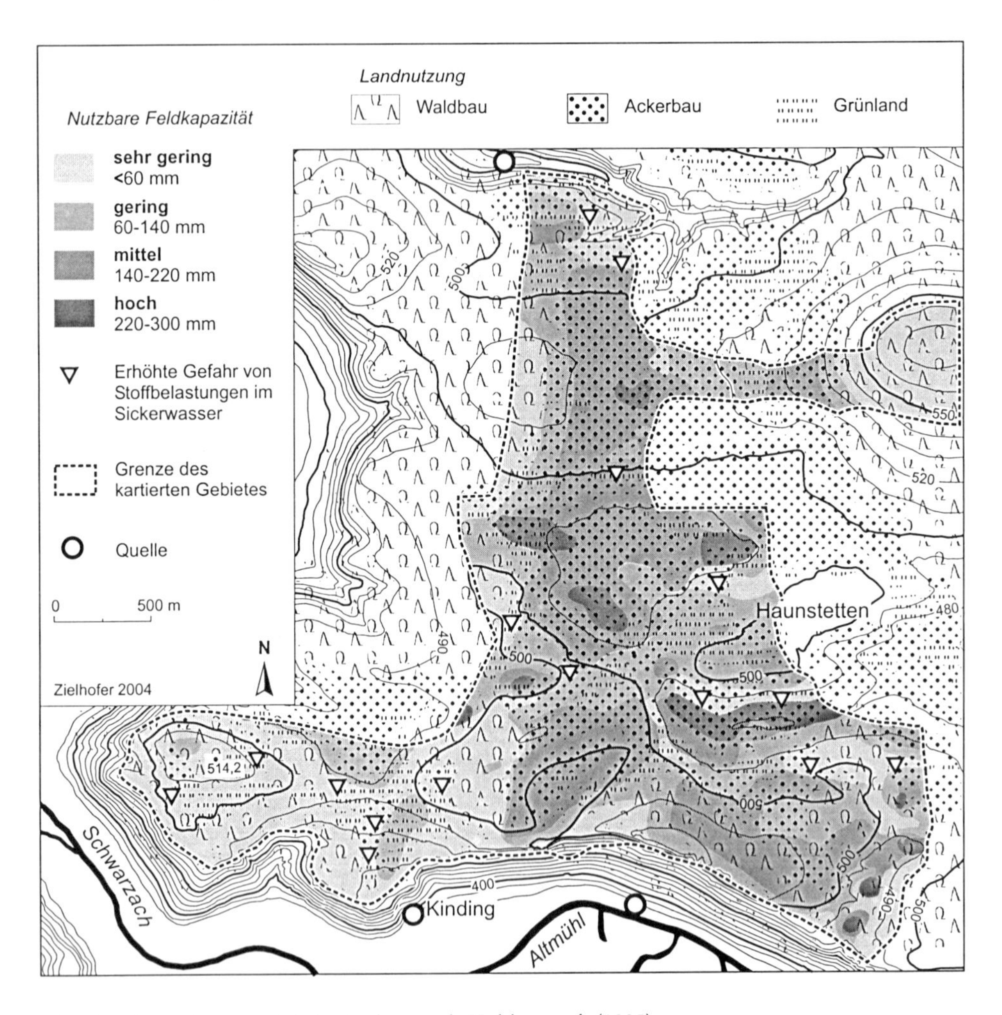

Abb. 17: Schutzfunktion (B) des Bodens nach Hölting et al. (1995)

Die Böden in den Arbeitsgebieten Wassertal und Gut Wittenfeld (Obere Süßwassermolasse) besitzen nutzbare Feldkapazitäten zwischen 140 und 260 mm. Die höchsten Werte erlangen die tonig-schluffigen Kolluvisolen in den Talmuldenbereichen. Bei erodierter Hauptlage und dichten, basenarmen Tonen im Anstehenden liegt die nutzbare Feldkapazität lediglich zwischen gering und mittel. Im gesamten Verbreitungsgebiet der Oberen Süßwassermolasse ist die nutzbare Feldkapazität erheblich von der faziellen Ausprägung des anstehenden Tertiärsediments abhängig. Je geringmächtiger die lößlehmhaltige Hauptlage, desto größer der Einfluss der Molasse. Auf sandig-lehmigen Standorten weisen die wasserdurchlässigen Braunerden (Hofmann, in Streit 1978: 198) teils nur geringe Werte auf. In der pelitschen Fazies (Tonmergel) liegen die Werte höher (Tab. 9), sie sind vergleichbar mit jenen der Arbeitsgebiete Wassertal und Gut Wittenfeld. In den zentralen Beckenpositionen ist die Tertiärüberdeckung von mächtigeren Lößlehmvorkommen überdeckt (Kap. 2.4.2). Orientiert man sich an den Profilbeschreibungen bei Trappe (1998a: 182) oder Jerz et al. (1994) müssen für die extrem schluffreichen und tiefgründigen Standorte nutzbare Feldkapazitäten von hoch bis sehr hoch (>300mm) angenommen werden.

Tab.5: Schutzfunktion (B) des Bodens nach Hölting et al. (1995)

Nutzbare Feldkapazität [mm]	B
>250	750
200-250	500
150-200	250
90-150	125
50-90	50
0-50	10

Im Bereich der Kreideüberdeckung sind sandige und bindemittelarme Böden weit verbreitet (Hofmann, in Streit 1978: 198; Faust 1998: 138). Die nutzbare Feldkapazität der Standorte ist gering (siehe Tab. 9). Ist eine lößlehmhaltige Hauptlage vorhanden, werden Korngrößenzusammensetzung und Porenvolumen der oberkretazischen Grobsande in Richtung eines mittelporenreichen Lehms verschoben. Das dadurch erhöhte Angebot an gespanntem Kapillarwasser bringt eine Vergrößerung der nutzbaren Feldkapazität mit sich (Faust 1988, 1998). In Muldenlage örtlich auftretende tonige Substrate (Hofmann, in Streit 1978: 198) bewirken ebenfalls einen Anstieg der nutzbaren Feldkapazität. Die Verbreitung der bindemittelhaltigen Böden ist allerdings räumlich begrenzt.

3.1.3 Gesteinsspezifische Schutzfunktion

Die Mächtigkeit der Basalen Lage auf der Freien Albhochfläche geht teils über den Einflussbereich der Bodenzone hinaus (Abb. 12). Die tonreiche Auflage wird infolge der Karstdrainung und der zeitweiligen Ausbildung tiefreichender Trockenrisse (Schmidt, in Schmidt-Kaler 1983: 55) allerdings nicht nach Tab. 7 eingestuft, sondern gemäß dem Bewertungsverfahren (Diepolder 1995: 21) wie Tonstein (Tab. 6), mittel geklüftet, berücksichtigt. Lediglich für die mächtigen, kleinräumig auftretenden Spaltenfüllungen der Uvalas kommt der Bewertungsschlüssel nach Tab. 7 zum Zuge. Die Grundwasserschutzfunktion der anstehenden Malm-Schichtfazies erfolgt über Tab. 6 (Kalkstein, stark verkarstet). Pauschal wird eine Mächtigkeit von 100 m angenommen. Die geringe Punktezahl (Tab. 9) korrespondiert mit den kurzen Verweilzeiten im Seichten Karst (vgl. Glaser 1998: 61). Für massige Karbonatgesteine in der Grundwasserüberdeckung postuliert er allerdings ein höheres Wasserrückhaltevermögen. An der Quelle Regelmannsbrunn berechnete Glaser (1998: 61-62) über Tritiummessreihen auffällig lange Verweilzeiten, welche er sich nur über retardierten Sickerwassertransport in der kompakten Massenfazies innerhalb der ungesättigten Zone erklären konnte. Eine quantitative Abschätzung des scheinbar verlangsamten Sickerwasserflusses ist nach dem derzeitigen Forschungsstand nicht möglich. Damit der wissenschaftlich anerkannte Einfluss in den Modellansatz dennoch einfließen kann, werden massige Karbonatgesteine in der Grundwasserüberdeckung nicht mit dem Faktor F=0,3 (stark geklüftet/ verkarstet) sondern mit dem Faktor F=1 (mittel geklüftet/wenig verkarstet) kalkuliert (nach Tab. 6). In diesem Sinne sei auch auf das andersartige Klüftungsverhalten von kompakter Massenfazies im Vergleich zur Schichtfazies verwiesen (Abb. 7 und Turberg et al., in Vorb.).

Im Verbreitungsraum mächtiger postjurassischer Überdeckungen soll die Schutzfunktion der Grundwasserüberdeckung aus methodischen Gründen (siehe dazu Kap. 4.1) nicht für den Hauptgrundwasserleiter im Überdeckten Tiefenkarst abgeschätzt werden, sondern für eingelagerte hängende Grundwasserlinsen. Die Mächtigkeit postjurassischer Überdeckungen im Bereich sekundärer Grundwasservorkommen veranschaulichen exemplarisch die eigenen Befunde der Geländeprofile Gut Wittenfeld und Wassertal aus der Oberen Süßwassermolasse (Abb. 9). Auf Gut Wittenfeld liegen die wasserführenden Schichten 2-5 m unterhalb der Geländeoberkante, im Wassertal wurde der Grundwasserkörper in einer Tiefe von 3 m erbohrt. Aufgrund der artesischen Verhältnisse liegt die Grundwasserdruckfläche teils noch etwas höher. Abb. 18 zeigt gemittelte Temperaturamplituden hängender Grundwasserlinsen (Quelltyp IVc nach Kap.4.1) aus der Mittleren Altmühlalb. Die Temperaturschwankungen der Quellen sind deutlich höher als bei den durch Brunnenbau erschlossenen Sekundärvorkommen im Bereich der Denkendorfer Senke (Abb. 8). Die mittlere Tiefe der Brunnenfilterstrecken im Raum Denkendorf ist bekannt (∅ 11,5m). In Anlehnung an die Bodentemperaturmessungen von Schmidt und Leyst (siehe Abb. 18) und Zambo und Ford (1997: 536) wird die oberflächennahe Lage der zu den Quellen korrespondierenden Grundwasservorkommen klar ersichtlich. Die Mächtigkeit der Überdeckung wird für höhere Grundwasserlinsen im Mittel auf 2 m, für tiefere auf 4 m geschätzt (siehe auch Differenzierung der *Tertiärüberdeckung* in Tab. 9). Die Bewertung der Schutzfunktion der postjurassischen Lockersedimente erfolgt nach Tab. 7.

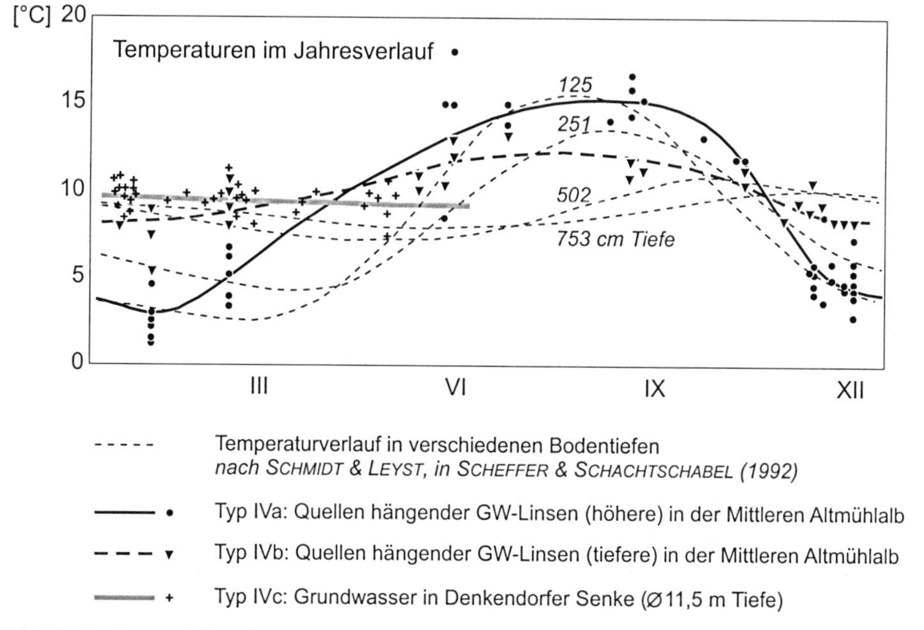

Abb. 18: Boden- und Grundwassertemperaturen im Jahresverlauf

Tab. 6: Schutzfunktion (G=P*F) von Festgesteinen nach Hölting et al. (1995: Auszug)

Gesteinsart	P	Struktur	F
Tonstein	20	ungeklüftet	500
Kalkstein, dolomitische Kalke, Dolomit	5	wenig geklüftet	400
		mittel geklüftet, wenig verkarstet	270
		mittel verkarstet	220
		stark geklüftet/verkarstet	160

Tab. 7: Schutzfunktion (G) von Lockersedimenten nach Hölting et al. (1995: Auszug)

Korngröße	G
Tt	500
Tl, Tu2	400
Tu4, Ts	270
Ut4	220
Ls4, Uls, Ut2, U	160
Sl2	60

3.1.4 Gesamtschutzfunktion der naturräumlichen Einheiten

Die Gesamtschutzfunktion *S* lässt sich aus der boden- und gesteinsspezifischen Schutzfunktion ableiten. Tab. 8 zeigt die fünf Bewertungsstufen nach Hölting et al. (1995: 15). Die Klassifizierung der S-Werte ist mit einer Größenordnung der mittleren Verweildauer in der Grundwasserüberdeckung verknüpft. Kritisch sei zu dem Verfahren von Hölting et al. (1995) angemerkt, dass die Berechnung der Gesamtschutzfunktion *S* fast ausschließlich auf der mittleren Verweildauer des Sickerwassers beruht. Den mikrobiellen Abbau steuernde Größen, wie das

Vorhandensein von Mikroorganismen und deren Nahrungsquellen (vgl. u.a. Seiler und Hartmann 1997) oder das Redoxpotential werden nur in Ansätzen berücksichtigt (vgl. „Gehalt an organischer Substanz im Sediment" bei Diepolder 1995: 21). Die schadstoffunabhängigen Berechnungen nach Hölting et al. (1995) sollen an dieser Stelle ausschließlich als Orientierungsrahmen, bzw. als *Arbeitshypothesen* (vgl. Abb. 2) für die nachfolgenden hydrochemischen Analysen (Kap. 5) verstanden werden.

Tab. 8: Klasseneinteilung der Gesamtschutzfunktion (S) nach Hölting et al. (1995)

Grundwasserschutz-funktion	S-Wert	Verweildauer in der Grundwasserüberdeckung (Größenordnung)
sehr hoch	über 4000	über 25 Jahre
hoch	2000-4000	10-25 Jahre
mittel	1000-2000	3-10 Jahre
gering	500-1000	mehrere Monate bis 3 Jahre
sehr gering	500 und weniger	wenige Tage bis 1 Jahr

Über die Befunde aus der geologisch-bodenkundlichen Geländeaufnahme im Arbeitsgebiet Haunstetten lässt sich die Schutzfunktion *S* (Abb. 19 und Tab. 9) für einen Teilbereich der Freien Albhochfläche berechnen. Infolge der niedrigen Beurteilung des anstehenden Malmkörpers spiegelt die Gesamtschutzfunktion *S* mehr oder weniger das Bodenmuster im Haunstettener Arbeitsgebiet wider. Im Bereich der Uvala-Positionen und Lee-Lagen hebt sich der Schutzcharakter gegenüber den exponierten Standorten ab. Trotz alledem geht die Gesamtbewertung über eine mittelmäßige Schutzfunktion nicht hinaus. Des weiteren muss in den Uvala-Positionen mit lateralen Fließrichtungen gerechnet werden, so dass eine potentielle Schutzfunktion (abgeleitet über den vertikalen Sickerwasserfluss) nicht gänzlich zum Tragen kommt. Im Verbreitungsbereich der lößlehmhaltigen Hauptlage - korrespondierend mit dem Vorkommen des Leitbodens - ist die Gesamtschutzfunktion lediglich als „gering" eingestuft. Auf flachgründigen Rendzina-Standorten und sonstigen exponierten Geländepositionen ist die

Gesamtschutzfunktion sehr gering. Etwas höhere S-Werte werden dabei im Bereich der massigen Karbonatgesteine (Malm δ bis ε) erreicht (vgl. Abb. 19 mit Abb. 6). Die bessere Schutzwirkung anstehender Massenfazies macht sich hier bemerkbar (Kap. 3.1.3).

Die Schutzfunktion der Grundwasserüberdeckung im Bereich hängender Grundwasserlinsen schwankt je nach Mächtigkeit der tertiären Sedimente erheblich (siehe *Tertiärüberbedeckung* in Tab. 9). Allerdings wird bereits durch die mittlere bis hohe nutzbare Feldkapazität der Leitböden eine insgesamt höhere Schutzwirkung als auf der Freien Albhochfläche erreicht. Bezüglich der oberflächennahen hängenden Grundwasserlinsen ist immerhin eine „mittlere" Schutzwirkung zu erwarten, welche bei tieferen Vorkommen bis auf S-Werte um 4000 ansteigt. Die Überdeckungen der sekundären Grundwasserleiter im Bereich der Denkendorfer Senke (Abb. 8) lassen eine hohen Schutzcharakter erwarten.

Die kretazischen Füllungen sind in der Regel sandig (Kap. 2.2). Hohe Durchlässigkeiten und Böden geringer nutzbarer Feldkapazität führen zu einer insgesamt sehr geringen Schutzfunktion (Tab. 9).

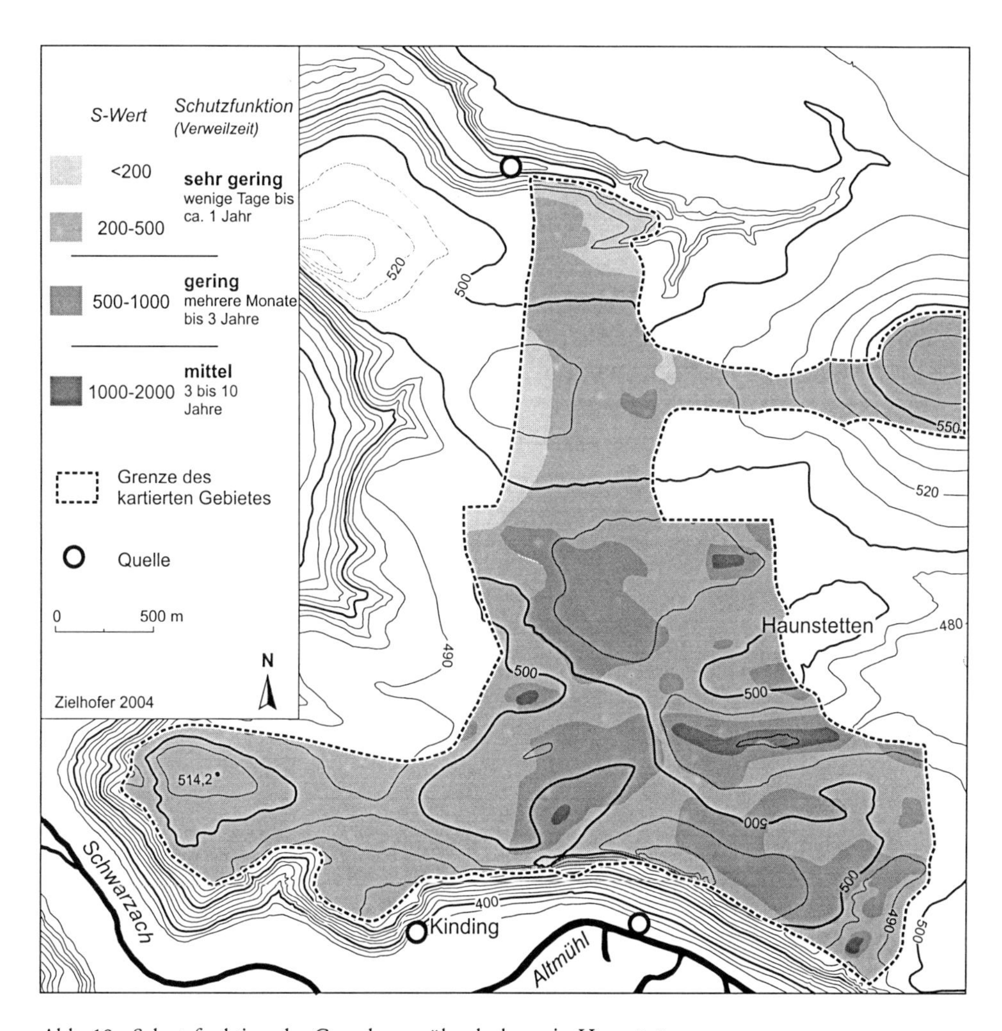

Abb. 19: Schutzfunktion der Grundwasserüberdeckung in Haunstetten

Tab. 9a: Schutzfunktion der Grundwasserüberdeckung und Schadstoffeintragspotential

Naturräumliche Haupteinheit	Subzone	Schutzfunktion (B) Boden: Leitboden nFKWe	Leitboden B	vergesellschaftete Böden nFKWe	vergesellschaftete Böden B	Bodenmuster	Schutzfunktion (G) Gestein: Lockergestein m(*)	Lockergestein G	Festgestein m(*)	Festgestein G	Schutzfunktion (S) insgesamt: S(**)	Bewertung
Freie Albhochfläche	1 Freie Flächenalb	gering bis mittel (H, 8)	125 bis 250 (H, 7)	*konvex* sehr gering gering *konkav* mittel (H, 8)	50 125 250 (H, 7)	weitläufig, diffus (H, 4)	*basale Lage* 1 (H, 9)	20 (7)	100 (H, 9)	1,5 (7)	<500 (7)	sehr gering (7)
Freie Albhochfläche	2 Freie Hügelalb	mittel (H, 8)	250 (H, 7)	*konvex* sehr gering gering *konkav* mittel hoch (H, 8)	50 125 250 500 (H, 7)	kleinräumig (H, 4)	*basale Lage* 2 *Uvalasenke* 4 (H, 1)	20 300 (7)	50 (H, 9)	5 (7)	300 bis 600 (7)	sehr gering bis gering (7)
Freie Albhochfläche	2 Freie Kuppenalb	sehr gering bis gering (H, 8)	50 bis 125 (H, 7)	*konkav und Lößlehmlage vorhanden* mittel (H, 8)	250 (H, 7)	kleinräumig (H, 4)						
Überdeckte Albhochfläche	3 Tertiärüberdeckung	mittel bis hoch (G, 4, 8)	250 bis 500 (G, 4, 7)	*sandige Faz.* gering *pelit. Faz.* mittel *Muldenlage* hoch *mächt. Lößlehml.* sehr hoch (W, G, 4, 6, 8)	125 250 500 750 (W, G, 4, 6, 7)	*Randbereiche* faziesabhängig *Beckenpositionen* flächenhaft (H, 2, 4, 6)	*Höhere GW-Linsen* 2 *Tiefere GW-Linsen* 4 *D'dorf Senke* 11,5 (G, W, Q, 2, 3)	250 250 250 (7)			*Höhere GW-Linsen* 1100 *Tiefere GW-Linsen* 1700 *D'dorf Senke* 4000 (7)	mittel mittel hoch (7)
Überdeckte Albhochfläche	4 Kreideüberdeckung	gering (4, 5)	125 (4, 7)	*sandige Faz.* gering *Muldenlage* mittel *Lößlehm* mittel (4, 5, 8)	125 250 250 (4, 5, 7)	meist weitläufig (4)	*Höhere GW-Linsen* 2 (Q)	60 (7)			<500 (7)	sehr gering (7)

H Arbeitsgebiet Haunstetten
WG Arbeitsgebiete Wassertal und Gut Wittenfeld
Q Eigene hydrochemische Analysen (Quellen)
1 Turberg et al, in Vorbereitung
2 Trappe 1998a
3 Deutsche Bahn AG 1995
4 Hofmann, in Streit 1978
5 Faust 1998
6 Jerz et al. 1994
7 Hölting et al. 1995

Tab. 9b: Schutzfunktion der Grundwasserüberdeckung und Schadstoffeintragspotential

Naturräumliche Haupteinheit	Subzone		Anteil Landwirtschaftlicher Nutzung***	Punktuelle Einleitung	Stoffeintragspotential ins Grundwasser unter Berücksichtigung der Landnutzung: Landwirtschaft***	Stoffeintragspotential ins Grundwasser unter Berücksichtigung der Landnutzung: punktuelle Einleitung
Freie Albhochfläche	Freie Flächenalb	1	++ (H, 9, 10)	o (10, 11)	++ (H, 9, 10)	o (10, 11)
Freie Albhochfläche	Freie Hügelalb / Freie Kuppenalb	2	o (H, 9, 10)	++ (10, 11)	o (H, 9, 10)	++ (10, 11)
Überdeckte Albhochfläche	Tertiärüberdeckung	3	+++ / +++ / +++ (W, G, 9, 10)	--- / --- / --- (10, 11)	+ / o / – (W, G, 9, 10)	--- / --- / --- (10, 11)
Überdeckte Albhochfläche	Kreideüberdeckung	4	-- (9, 10)	--- (10, 11)	-- (9, 10)	--- (10, 11)

8 AG Boden 1994
9 Schmidt-Kaler 1979
10 TK 1:25.000 diverse
11 WWA Ingolstadt 2000

Sonstige Anmerkungen
* Gesamtmächtigkeit des Lockersediments bzw. Festgesteins in der Grundwasserüberdeckung [m]
** bezogen auf den Leitboden
*** bezogen auf die Gesamtfläche der naturräumlichen Einheit

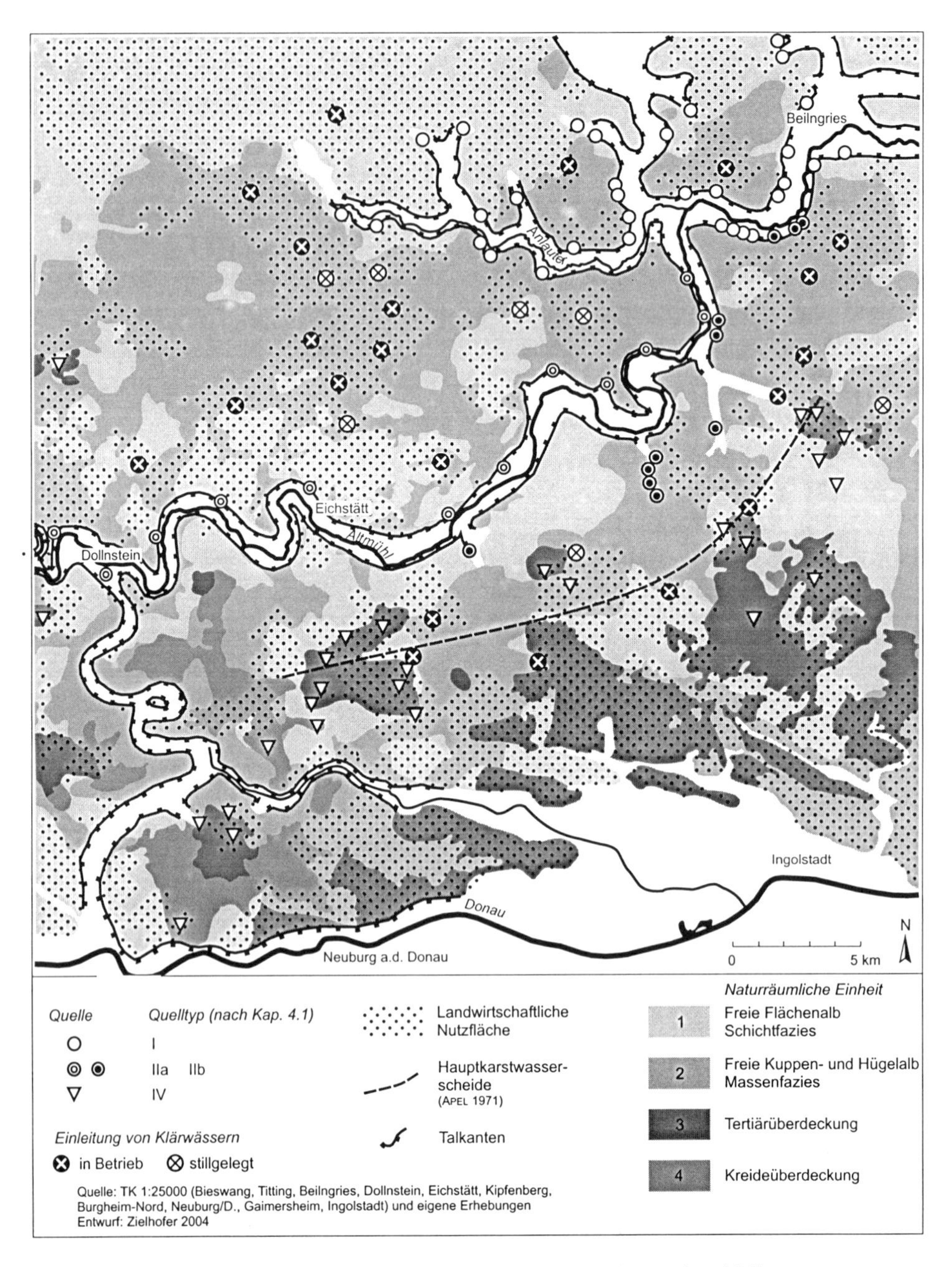

Abb. 20: Grundwasserüberdeckung und Landnutzung auf der Mittleren Altmühlalb

3.2 Landnutzung auf der Mittleren Altmühlalb

Der geogene Charakter des Grundwassers wird durch die Landnutzung im Einzugsgebiet anthropogen verändert. In der vorliegenden Arbeit fällt dabei das Augenmerk auf dauerhafte, bzw. periodisch-saisonale Stoffeinträge. Grundsätzlich muss hierbei zwischen diffusen und punktuellen Stoffquellen unterschieden werden. Anstehendes Gestein, Relief und Verbreitungsmuster der Böden prägen in der heutigen Kulturlandschaft nach wie vor das Landnutzungsgefüge. Das gilt insbesondere für den ländlichen Raum. Die Verbreitung der forst- und landwirtschaftlichen Nutzflächen ist eng an die naturräumliche Ausstattung im Karst gebunden. Ferner bedingt der karstspezifische Mangel an oberflächlichen Vorflutern auf der Freien Albhochfläche punktuelle Einleitungen von Siedlungsabwässern direkt ins Grundwasser. Die enge Kopplung von naturräumlicher Ausstattung und Landnutzung führt zur räumlich differenzierbaren Ableitung eines nutzungsspezifischen Potentials an Schadstoffeintragen. Eine allgemein geringe Grundwasserschutzfunktion wird erst dann zum wasserwirtschaftlichen Problem, wenn Landnutzung und Schutzfunktion der Grundwasserüberdeckung nicht im Einklang zueinander stehen.

Parallel zu den sedimentologischen und bodenkundlichen Geländearbeiten im Raum Haunstetten ist im Frühjahr 1998 eine Landnutzungskartierung durchgeführt worden (Anhang A6). Die landwirtschaftliche Nutzung orientiert sich dabei erwartungsgemäß am Bodenmuster. Flachgründige Böden in Kuppenlagen und auf sonstigen exponierten Geländeerhebungen werden von der Landwirtschaft gemieden und stehen in der Regel unter waldbaulicher Nutzung (Abb. 17). Bei vorhandener Hauptlage und in den kolluvialen Füllungen wird fast ausnahmslos Ackerbau betrieben. Fehlt die Hauptlage, obliegt den Standorten eine heterogene Nutzung: Ist die Hauptlage infolge der Ackernutzung erodiert, herrscht trotz Flurbereinigung auf einigen Parzellen immer noch Getreideanbau vor (persistente Strukturen), selbst bei geringmächtiger oder ebenfalls erodierter Basaler Lage (z.B. südlich von Haunstetten). Teils greifen auch Flächenstillegungsprogramme mit extensiver Grünlandnutzung oder die Flächen werden für die Wildgehege und Pferdekoppeln beansprucht. Bei primär nicht vorhandener Hauptlage und geringmächtiger Basaler Lage steht der Standort unter forstwirtschaftlicher Nutzung. Auch Grünlandnutzung ist hier verbreitet (z.B. Sporn im Westen des Arbeitsgebietes). Innerhalb der Schichtfazies scheint das Nutzungsmuster eher den pedologischen Gegebenheiten zu entsprechen. Extrem flachgründige Standorte werden für die ackerbauliche Nutzung gemieden, auch wenn aus anderen Schichtfaziesbereichen der Mittleren Altmühlalb die Verbreitung skelettreicher Kulto-Rendzinen (Scholz, in Schmidt-Kaler 1976: 101) bekannt ist. Konträr ergeben sich vor allem auf der Schwammrasenfazies im zentralen Bereich des Arbeitsgebiets aufgrund primär kleinräumiger Wechsel des Bodenmusters und reliefinduzierter Bodenerosion immer wieder extrem flachgründige Areale, die - vermutlich persistent - der ackerbaulichen Nutzung unterliegen (Abb. 17).

Mit Blick auf die gesamte Freie Albhochfläche zeigt sich ein ähnliches Verteilungsmuster zwischen forst- und landwirtschaftlicher Nutzung wie im Haunstettener Raum. Das Landnutzungsmuster innerhalb der Schichtfazies ist weitläufiger. Bei vorhandener Hauptlage unterliegen die schwach reliefierten Gebiete nahezu flächenhaft der landwirtschaftlichen, d.h. meist ackerbaulichen Nutzung. Das gilt vor allem für die Schichtfaziesvorkommen nördlich der Anlauter-Linie. Die Massenfazies der freien Kuppen- und Hügelalb steht - ähnlich der Situation in Haunstetten - nur teilweise unter landwirtschaftlicher Nutzung (Abb. 20), wegen lediglich fleckenartiger Verbreitung von Lößlehm und Basaler Lage sowie akzentuierter Reliefunterschiede (Tab. 4).

Gemäß der guten agraren Standorteigenschaften (Tab. 4) werden die Vorkommen mächtiger tertiärer Überdeckungen (Obere Süßwassermolasse) fast ausnahmslos landwirtschaftlich genutzt (Abb. 20). Das gilt insbesondere für die ackerbaulich intensiv bewirtschafteten Beckenpositionen auf der Südabdachung der Mittleren Altmühlalb. Die quartäre Überformung (Kap. 2.4.2) hat in den zentralen Bereichen mächtige Lößlehmvorkommen zur Folge. Die tiefgründigen Böden besitzen die höchsten Bonitäten im Untersuchungsgebiet. Bei geringmächtiger oder fehlender Hauptlage und teils sandigen Faziesbereichen im Anstehenden (Andres 1951; Schnitzer 1956), werden auch innerhalb der Oberen Süßwassermolasse zusammenhängende Flächen forstwirtschaftlich genutzt (z.B. „Neuhau" nördlich von Ingolstadt). Diese Gebiete stellen jedoch eher die Ausnahme dar, fast immer ist die Verbreitung der Oberen Süßwassermolasse mit ackerbaulicher Nutzung verknüpft (vgl. Tab. 9). Die Restvorkommen von Bunter Breccie (Ries-Trümmermassen) im westlichen Bereich des Untersuchungsgebietes sind in ihrer Verbreitung kleinräumig beschränkt. Die tonigen Böden unterliegen forstwirtschaftlicher Nutzung. Die sandigen kretazischen Füllungen im Südwesten der Mittleren Altmühlalb weisen meist basenarme podsolierte Böden auf (Tab. 4). Aufgrund der nährstoffarmen Standorteigenschaften stehen die Böden flächenhaft unter waldbaulicher Nutzung (Abb. 20 und Tab. 9). Lediglich bindemittelreichere Böden unterliegen partiell landwirtschaftlicher Nutzung (z.B. nördlich des Schuttertals bei Biesenhard).

Mangels oberflächlicher Vorfluter werden auf der Freien Albhochfläche Siedlungsabwässer über Dolinen abgeleitet. Von Seiten der Wasserwirtschaft ist man um einen Rückbau der Dolineneinleitung bemüht. Bis heute sind jedoch allein im Landkreis Eichstätt noch 19 Kläranlagen mit Dolineneinleitung aktiv (schriftliche Mitteilung Baumgartner 2000, WWA Ingolstadt). Die meisten Kläranlagen befinden sich im Verbreitungsraum der Massenfazies (Abb. 20), nur hier sind die karstmorphologischen Voraussetzungen (ausgeprägte *shaft flow*-Systeme) für die Einleitung in den Untergrund gegeben.

3.3 Hypothesen für gewässeranalytische Studien

Über die Verschneidung von Landnutzungsmuster und Schutzfunktion der Grundwasserüberdeckung lassen sich räumliche Einheiten verschiedenartiger Schadstoffeintragspotentiale ableiten (Tab. 9), quasi als Hypothesen für das nachfolgende gewässeranalytische Arbeitsprogramm (Kap. 5).

Die Freie Albhochfläche besitzt nur geringmächtige Auflagen, unabhängig von der Verbreitung von Schicht- und Massenfazies. Die Schutzfunktion der Grundwasserüberdeckung ist nach dem Verfahren von Hölting et al. (1995) als sehr gering bis gering einzustufen. Geringe Reliefenergie und das resultierende, weitläufige Bodenmuster führen bei den Schichtkalken zu einer mehr oder weniger flächenhaften Ausdehnung des Ackerbaus, speziell nördlich der Anlauter-Linie. Wegen des hohen landwirtschaftlichen Flächenanteils und der geringen Schutzfunktion der Grundwasserüberdeckung in der Schichtfazies besteht ein hohes Potential an diffusen Stoffeinträgen (Tab. 9). In der Massenfazies nimmt der Anteil an ackerbaulicher Nutzfläche ab, da Reliefenergie und kleinräumig wechselndes Bodenmuster einschränkende Wirkung zeigen (Kap. 3.2). Nach den Untersuchungen von Glaser (1998: 61) kann bei der Massenfazies mit größeren Verweilzeiten in der Grundwasserüberdeckung gerechnet werden. Der geringere Anteil an landwirtschaftlicher Nutzfläche und die höhere Verweildauer in der ungesättigten Zone lässt gegenüber der Schichtfazies auf ein niedrigeres Potential an diffusen Schadstoffeintragen schließen (Tab. 9). Allerdings deuten die Geländebefunde aus Haunstetten darauf hin, dass persistente ackerbauliche Nutzungen auf erodierten Standorten das Stoffeintragspotential lokal wiederum erhöhen (Kap. 3.2).

Die tertiären Vorkommen - im wesentlichen miozäne Obere Süßwassermolasse - werden zum überwiegenden Teil ackerbaulich genutzt. Die quartäre Überformung der tertiären Sedimente mit mächtigen Lößlehmablagerungen (Kap. 2.3) sorgt für höchste Bonitäten im Untersuchungsgebiet (Tab. 4). Die hängenden Grundwasserlinsen innerhalb der Tertiärüberdeckung liegen in verschiedenen Tiefen. Nach Kap. 3.1.3 sind die hängenden Grundwasserlinsen in drei Kategorien eingestuft. Je nach Tiefenlage muss mit unterschiedlichen Verweilzeiten des Sickerwassers in der ungesättigten Zone gerechnet werden. Entsprechend variiert die Schutzfunktion der Grundwasserüberdeckung (Tab. 9). Insgesamt liegen die S-Werte jedoch allesamt höher als auf der Freien Albhochfläche. Trotz des hohen Anteils an ackerbaulicher Nutzung ist das Stoffeintragspotential ins Grundwasser vermutlich beschränkt (Tab. 9). Inwieweit sich diese Beobachtungen in der Qualität des Quellwassers niederschlagen, bleibt den Ergebnissen aus den hydrologischen Analysen vorbehalten. Das dürftige ackerbauliche Nutzungspotential im Bereich der kretazischen Füllungen hat weitgehend Waldbau zur Folge. Entgegen der unbedeutenden Schutzfunktion der Grundwasserüberdeckung (Tab. 9) muss von einem geringen Stoffeintragspotential ins Grundwasser ausgegangen werden. Diffuse Stoffeinträge sind weitestgehend auf die atmosphärische Deposition reduziert.

4 Typisierung der Quelleinzugsgebiete

Die Schutzfunktion der Grundwasserüberdeckung lässt sich mit Hilfe des Verfahrens nach Hölting et al. (1995) über geologisch-bodenkundliche Bewertungskriterien ableiten (Kap. 3). Differenziert nach den naturräumlichen Haupteinheiten der Mittleren Altmühlalb konnten Arbeitshypothesen aufgestellt werden (Kap. 3.3), welche auf der Basis des schadstoffungebundenen Modellansatzes den Schutzcharakter der jeweiligen Grundwasserüberdeckung wiedergeben. Nachfolgend sollen die apriorischen Arbeitshypothesen über chemische Wasseranalysen an 124 Quellen (Anhang A4) stoffspezifisch validiert bzw. revidiert werden.

Umfangreichere Analysen über die stoffliche Zusammensetzung des Grundwassers werden für die Südliche Frankenalb beschrieben bei Glaser (1998). Er konzentrierte sich auf Karstquellen im Gebiet der Östlichen Altmühlalb. Neben Untersuchungen zu Isotopen (^{3}H, ^{18}O) und geogenen Tracern (u.a. Sr^{2+}, Li^{+}) wurden Ionenbilanzen sowie ca. 50 Triazin-Messungen durchgeführt. Bei seinen Ausführungen legt Glaser (1998) den Schwerpunkt eher auf das karsthydrologische Wirkungsgefüge in der gesättigten Zone. Vorliegende Arbeit versucht vielmehr den Einfluss der postjurassischen Auflagen bzw. der ungesättigten Zone auf die stoffliche Zusammensetzung des Grundwassers hervorzuheben. In diesem Sinne sind erstmals sekundäre Aquifere - hängende Grundwasserlinsen - aus der Tertiärüberdeckung in ein hydrochemisches Beprobungsprogramm integriert worden. Die Bewertung der Stoffflüsse im karsthydologischen System kann auf verschiedenen Maßstabsebenen, bzw. geographischen Arbeitsdimensionen erfolgen. Der Stoffeintrag in das Grundwasser führt über das Sickerwasser. Über die direkte Messung des Sickerwasserstroms (Lysimeter, Saugkerzen) und die kombinierte Erfassung gelöster Wasserinhaltsstoffe lassen sich standortspezifische Aussagen in hoher Auflösung herleiten. Rückschlüsse von der topischen Dimension auf größere naturräumliche Einheiten führen allerdings zu methodischen Konflikten und Ungenauigkeiten, wenn der Standort nicht repräsentativ für die Fläche ist (Leser 1991). Die Kartierung der Festgesteinsüberdeckung im Haunstettener Raum (Kap. 2.4.1) und diverse Hangcatenen aus der Oberen Süßwassermolasse (Kap. 2.4.2) geben einen Einblick in die heterogene Ausstattung der postjurassischen Auflagen im Arbeitsgebiet - häufig verbunden mit kleinräumigen Verbreitungsmustern. Hydrologische Analysen im oberflächennahen Sickerwasserstrom sind überdies mit hohen Messauflösungen verbunden, da Stoffkonzentrationen und -frachten vom kurzfristigen Wettergeschehen und jahreszeitlichen Witterungs- und Klimabläufen abhängig sind. Die umfangreichen Tracerversuche des Instituts für Hydrologie (GSF) im Raum der Mittleren Altmühlalb bieten die Gelegenheit, Stoffhaushalte auf der Dimension von karsthydrologischen Einzugsgebieten zu untersuchen. Die Quellstandorte können gewissermaßen als Naturlysimeter bekannter Grundwassereinzugsgebiete herangezogen werden. Eine systematische räumliche Gliederung der Quellen erfolgt dabei erstmals nach hydrologischen Kriterien der gesättigten und ungesättigten Zone. Die Differenzierung in *hydrogeologische Quelltypen* (Kap 4.1) lehnt sich an die Karstzonierung von Villinger (1972). Die Beschaffenheit des Grundwasserraums (v.a. Mächtigkeit) steht dabei im Vordergrund, wichtige hydrologische Eigenschaften wie saisonale Schüttungsschwankungen und mittleres Alter des Quellwassers sind davon abhängig (vgl. Pfaff 1987; Glaser 1998). Die Klassifizierung der Quellen nach der Art der Grundwasserüberdeckung orientiert sich an den vier *naturräumlichen Haupteinheiten*, deren geologische, pedologische und geomorphologische Merkmale zusammenfassend in Tab. 4 dargelegt sind. Für jede einzelne Quelle existiert ein Stammdatensatz, welcher quellspezifische Informationen zum Grundwasserraum und zur Grundwasserüberdeckung enthält (Kap. 4.3). Die Stammdaten können mit den Ergebnissen aus den hydrochemischen Analysen verschnitten werden und erlauben somit eine differenzierte Auswertung nach hydrologisch relevanten Basismerkmalen im Einzugsgebiet (Kap. 5).

Die vier naturräumlichen Haupteinheiten lassen Unterschiede in der Landnutzung erkennen. Je nach Nutzungsformen resultieren daraus verschiedenartige Stoffeintragspotentiale im Quelleinzugsgebiet (Kap. 3.3). Die quellspezifische Stammdatenaufnahme soll eine systematische Differenzierung der Landnutzung im Einzugsgebiet erlauben (Kap. 4.3.4).

4.1 Hydrogeologische Quelltypen in der Mittleren Altmühlalb

Quelltyp I - Seichter Karst

Der geologische Nord-Süd-Schnitt durch die Mittlere Altmühlalb (Abb. 4) zeigt die karsthydrologische Differenzierung des Untersuchungsgebiets. Infolge des Schichtfallens wird der Hauptkarstaquifer nach Süden hin zunehmend mächtiger (Streit 1971; Apel 1971). Nördlich der Anlauter liegen die wasserstauenden Schichten des unteren Weißjura (Mergelzwischenlagen des Malm α) und oberen

Braunjura (Glaukonitischer Ornatenton des Dogger ζ) noch oberhalb des Vorfluterniveaus. Die Mächtigkeit des Karstaquifers ist entsprechend gering. In Anlehnung an Katzer (1909) bezeichnen Apel (1971) und Villinger (1972) diesen karsthydrologischen Raum als Zone des *Seichten Karsts*. Der geringmächtige Grundwasserkörper besitzt kein großes Speicherpotential. Exemplarisch schätzt Glaser (1998: 61) an der Quelle „Sammühle" im Anlautertal (Seichter Karst) die mittlere Verweilzeit des Basisabflusses auf 1 bis 2 Jahre. Der Seichte Karst ist in der Mittleren Altmühlalb fast ausschließlich vertreten durch plattige bis dünnbankige Schichtfaziesvorkommen (Abb. 4). Das gilt für die Grundwasserüberdeckung als auch für den Grundwasserraum selbst. Die geringen Matrixporositäten im Bereich der Schichtkalke (1-3 Vol.-% nach Weiss 1987) verringern zusätzlich das Speicherpotential und somit die Verweildauer im Aquifer (Seiler et al. 1991). Geht man davon aus, dass die Landnutzung im Seichten Karst in den letzten paar Jahren keinen großartigen Änderungen unterlag, dann spiegelt der Stoffaustrag am Quellaustritt den aktuellen Stoffeintrag über das Sickerwasser wider - als Konsequenz der kurzen Verweilzeiten im Untergrund. Die beprobten Auslaufquellen im Seichten Karst (Quelltyp I, Abb. 4) finden sich hauptsächlich entlang des Anlautertals sowie im Bereich der Nord-Süd-verlaufenden Talpforten von Sulz und Schwarzach (Abb. 5). In Anlehnung an die Gliederung der Grundwasserüberdeckung (Tab. 4) entspricht der Seichte Karst der naturräumlichen Haupteinheit *Freie Flächenalb*.

Quelltyp IIa und IIb - Offener Tiefenkarst

Dem Seichten Karst schließt nach Süden die *Tiefenkarst*-Zone an. Im Bereich des Tiefenkarsts taucht der liegende Grundwasserstauer unter das Vorfluterniveau ab. Die Mächtigkeit des Aquifers nimmt nach Süden kontinuierlich zu (Abb. 4). Der Tiefenkarst lässt sich unterteilen in den *Offenen Tiefenkarst* und den *Bedeckten Tiefenkarst* (Villinger 1972). Der Offene Tiefenkarst ist frei von mächtigen postjurassischen Auflagen und gehört entsprechend dem Schema zur Gliederung der Grundwasserüberdeckung (Tab. 4) - wie der Seichte Karst - zur Freien Albhöchfläche. Apel (1971: 293) unterteilt den Offenen Tiefenkarst noch einmal in eine äußere und eine innere Zone. Die äußere Zone entspricht dem Anlauter-Altmühl-Abschnitt, die Mächtigkeit des Karstaquifers ist hier auf ca. 100 m begrenzt (Streit 1971). Die Quellen der äußeren Zone sind bereits überwiegend Überlaufquellen, entgegen den Auslaufquellen im Seichten Karst. Sie werden in

Abb. 4 repräsentiert durch den Quelltyp IIa. Die innere Zone (Quelltyp IIb) ist nach Süden begrenzt durch die Hauptkarstwasserscheide (Abb. 4 und 5). Die Grundwasserfließrichtung erfolgt hier entgegen dem Schichtfallen. Das Karstwasserreservoir erreicht in der inneren Zone bereits Mächtigkeiten von bis zu 150 m (Apel 1971: 294). Gemäß dem zunehmenden Speichervolumen des Grundwasserraums, erhöhen sich auch die Verweilzeiten in der gesättigten Zone des Offenen Tiefenkarsts nach Süden hin. Nach den Berechnungen von Glaser (1998: 59) liegen die mittleren Verweilzeiten des Basisabflusses im Anlauter-Altmühl-Abschnitt (Quelltyp IIa) zwischen ca. 6 und 69 Jahren, im Bereich des Quelltyps IIb werden bereits ca. 70 bis 100 Jahre erreicht. Neben der Mächtigkeit des Grundwasserraums selbst, können sich durch die jeweilige Malmfazies in der gesättigten und ungesättigten Zone Unterschiede hinsichtlich der Verweilzeiten ergeben. Im mittleren Altmühltal liegen grundwasserhemmende Mergelzwischenlagen des Malm γ teilweise auf dem Niveau der Talsohle. Stehen sie oberhalb der Talsohle an, bilden sie in einigen Fällen sogar einen Quellhorizont. Folglich lassen die Quellwässer geringere Verweilzeiten erwarten, als man aus der Gesamtmächtigkeit des Aquifers schließen müsste. Umgekehrt konnte Glaser (1998: 61-62) im gleichen Gebiet einen Anstieg der mittleren Verweilzeiten im Basisabfluss beobachten, wenn massige Karbonatgesteine in der ungesättigten Zone anstehen (Quelle Regelmannsbrunn). Der Massenfazies werden höhere Matrixporositäten zugesprochen (Weiss 1987; Michel, in Seiler 1999), mit einem resultierenden Anstieg des Speichervolumens auch in der ungesättigten Zone (Glaser 1998: 61). Die im Vergleich zum Quelltyp I höheren Verweilzeiten der Quelltypen IIa und IIb müssen aus der Grundüberlegung heraus bereits eine zeitliche Verschiebung von Stoffeintrag über das Sickerwasser und Stoffaustrag über den Quellabfluss zur Folge haben (Glaser 1998: 73-75). Die Stoffgehalte im Quellwasser können nicht zwingend mit den aktuellen Konzentrationen im Sickerwasser gleichgesetzt werden.

Im Offenen Tiefenkarst bilden in der Regel Schichtfaziesvorkommen des mittleren Weißjura die Karstdrainage im Grundwasserraum (Pfaff 1987). Das gilt insbesondere für den Anlauter-Altmühl-Abschnitt (Quelltyp IIa). Die erfolgreiche Durchführung von Tracerversuchen zur Abgrenzung der karsthydrologischen Einzugsgebiete ist meist an Schichtfaziesvorkommen in der gesättigten Zone gebunden (Pfaff 1987; Seiler et al. 1989), da die Matrixdiffusion in der Massenfazies zu hohen mittleren Verweilzeiten des Tracers im Aquifer, d.h. nicht nachweisbaren Konzentrationen am Quellaustritt führt. Bei einem erfolgreichen

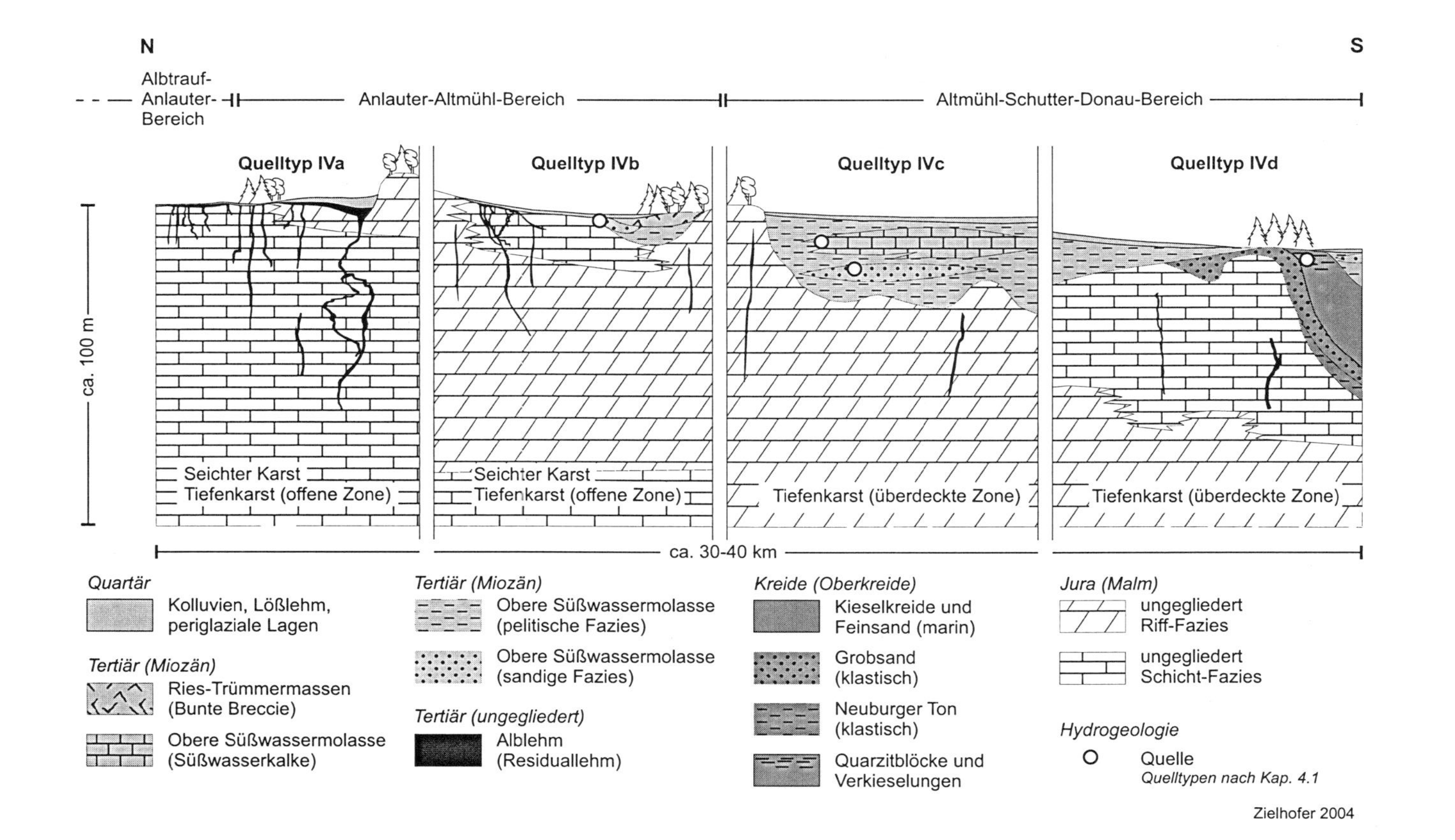

Abb. 21: Postjurassische Auflagen im Nord-Süd-Profilverlauf durch die Mittlere Altmühlalb, Hängende Grundwasserlinsen und Quelltypen (Schematische Übersichtsskizze)

Tracerversuch ist die Möglichkeit zur Abgrenzung der karsthydrologischen Einzugsgebiete gegeben. Aufgrund zahlreicher Tracerarbeiten (u.a. Behrens und Seiler 1981; Pfaff 1987; Glaser 1998) sind für den Offenen Tiefenkarst die karsthydrologischen Einzugsgebiete meist bekannt. Ähnlich der Quellen im Seichten Karst (Quelltyp I) ist somit die methodische Voraussetzung für Naturlysimeter auch beim Quelltyp IIa und eingeschränkt IIb gegeben.

Im Offenen Tiefenkarst zeigt die anstehende Malmfazies in der Grundwasserüberdeckung ein ungleichmäßigeres Bild als in dem durch Schichtfaziesvorkommen dominierten Seichten Karst. Im Offenen Tiefenkarst stehen plattige bis gebankte Kalke der Schichtfazies sowie dickbankige Kalke und variabel dolomitisierte bis dolomitische Karbonatgesteine der Massenfazies oberflächlich an (vgl. Tab. 4). Entsprechend sind im Offenen Tiefenkarst naturräumliche Haupteinheiten von der *Freien Flächenalb* über die *Freie Hügelalb* bis hin zur *Freien Kuppenalb* vertreten.

Quelltyp III - Überdeckter Tiefenkarst

Dem Offenen Tiefenkarst schließt nach Süden der Überdeckte Tiefenkarst (Villinger 1972) an. Hier liegen der Malm-Grundwasserüberdeckung mächtige oberkretazische und miozäne Lockersedimente auf (Kap. 2.2 und Kap. 2.3). Die Mächtigkeit des Hauptkarstaquifers erreicht im Schutter-Donau-Bereich 300m und mehr (Streit 1971; Apel 1971). Die mittleren Verweilzeiten des Basisabflusses liegen bei 70 bis 160 Jahren und >160 Jahren (Glaser 1998). Die räumliche Ausdehnung des Überdeckten Tiefenkarsts ist nicht nur durch die Vorkommen der mächtigen postjurassischen Auflagen vorbestimmt. Nahezu identisch zu der nördlichen Verbreitungsgrenze der flächenhaften Oberen Süßwassermolasse verläuft die Hauptkarstwasserscheide zwischen Altmühltal und Donaubereich. Ohne Ausnahme liegen alle Quellen aus dem Überdeckten Tiefenkarst (Quelltyp III) im Schutter- oder Donautal (Abb. 5). Darüber hinaus befindet sich die Hauptkarstwasserscheide in der Übergangszone von Schichtfazies zu Massenfazies (Abb. 4). Infolge hoher Matrixporosität und einhergehender -diffusion (Seiler et al. 1996) innerhalb der Massenfazies ist eine eindeutige Abgrenzung der Einzugsgebiete im Bereich des Überdeckten Tiefenkarsts nicht ohne weiteres möglich, da Tracerversuche in den meisten Fällen negativ verlaufen (Pfaff 1987). Zudem sind durch das enorme Speichervolumen des Überdeckten Tiefenkarsts die Verweilzeiten im

Aquifer so hoch, dass über Quellwasseranalysen keine Rückschlüsse auf aktuelle Stoffbelastungen im potentiellen Einzugsgebiet gezogen werden können. Der Überdeckte Tiefenkarst überschneidet sich nach dem Schema zur Gliederung der Grundwasserüberdeckung (Tab. 4) mit den naturräumlichen Haupteinheiten *Tertiärüberdeckung* und *Kreideüberdeckung*.

Quelltyp IV - Hängende Grundwasserlinsen

Abgesehen vom Hauptkarstaquifer liegen in der Mittleren Altmühlalb räumlich begrenzte Vorkommen von hängenden Grundwasserlinsen. Die sekundären Grundwasserstockwerke sind an bestimmte Faziesbereiche innerhalb postjurassischer Auflagen gebunden. Abb. 21 zeigt Typen hängender Grundwasserlinsen auf der Albhochfläche: Auf der Freien Albhochfläche besteht die Überdeckung ausschließlich aus Relikten der Rückstandsverwitterung und äolischen Beimengungen (Kap. 2.4.1). Sekundäre Wasservorkommen (*Quelltyp IVa*) treten in Form von kapillarem Haftwasser oder saisonalen Lateralflüssen in der Epikarstzone auf. Perennierende Quellen - ohne das inselhafte Vorhandensein von mächtigeren miozänen Auflagen - sind für das Gebiet der Freien Albhochfläche nicht bekannt.

Im Westen des Untersuchungsgebiets liegen vereinzelt noch Reste von Ries-Auswurfmassen. Die tonige Bunte Breccie plombiert zumeist ältere Reste miozäner Sedimente der Oberen Süßwassermolasse. Die kleinräumigen Vorkommen der Ries-Trümmermassen sind an lokalen Vernässungszonen auszumachen. Vereinzelt finden sich auch kleine Quellen mit ganzjähriger Schüttung. Die raren Vorkommen an perennierenden Quellen auf der Freien Albhochfläche führen selbst bei sehr geringem Abfluss zu Namensgebungen der Quellstandorte. Der Steinbrunnen (<0,05 l/s) nördlich von Bieswang *(Quelltyp IVb)* ist ein Beispiel hierfür. Die Einzugsgebiete des Quelltyps IVb liegen überwiegend unter Wald oder Grünlandnutzung.

Grob lassen sich die Faziesvorkommen der Oberen Süßwassermolasse nach Trappe (1999a) in pelitische Fazies, sandige Fazies und Süßwasserkalke gliedern (vgl. Abb. 8). In den grundwasserstauenden bzw. grundwasserhemmenden Ton-Mergeln und Tonen der pelitischen Fazies sind stellenweise Porengrundwasserleiter (Sandlinsen) und limnogene Kluftgrundwasserleiter eingebettet (Abb. 21). Die Querprofile Gut Wittenfeld und Wassertal (Abb. 9) zeigen zwei typische Beispiele für Quellhorizonte in der Oberen Süßwassermolasse. Je nach Position unterhalb der Geländeoberkante lassen sich die sekundären Grundwasserlinsen der Oberen Süßwassermolasse *(Quelltyp IVc)* in verschiedene Klassen einteilen (Abb. 18). Mit Hilfe der Amplitude der saisonalen Quellwassertemperaturen kann die Position unterhalb der Geländeoberkante grob abgeschätzt werden. Die hängenden Grundwasserlinsen der Oberen Süßwassermolasse weisen die ergiebigsten Schüttungen sekundärer Grundwasservorkommen im Untersuchungsgebiet auf. Für die Bewertung der Grundwasserschutzfunktion im Überdeckten Tiefenkarst kommt dem Quelltyp IVc eine methodische Schlüsselposition zu (siehe unten).

Teilweise sind die Vorkommen an kretazischen Füllungen mit Vernässungszonen und kleineren perennierenden Quellaustritten *(Quelltyp VId)* vergesellschaftet. Die Sickerquellen sind an oberflächennahe, wasserstauende Faziesbereiche gefunden. Die tonige Fazies tritt allerdings gegenüber sandigen Partien in der Verbreitung stark zurück. Von daher sind hängende Grundwasserlinsen im Gebiet der Kreideüberdeckung eher selten und nicht ergiebig.

Methodische Relevanz der hängenden Grundwasserlinsen

Im Überdeckten Tiefenkarst weisen die Quellen hohe mittlere Verweilzeiten im Basisabfluss auf. Der aktuelle Stoffeintag im Einzugsgebiet steht nicht im Gleichgewicht zu den Stoffausträgen im Quellwasser. Bezüglich geogener Stofffrachten (z.B. Magnesium, Strontium) spielen die hohen Verweilzeiten keine Rolle. Für die Bilanzierung anthropogen beeinflusster Stofffrachten (z.B. Nitrat) ist das Konzept „Naturlysimeter" im Überdeckten Tiefenkarst völlig ungeeignet, zumal die Einzugsgebiete mangels positiver Tracernachweise nur nach groben geologischen Kriterien abgeschätzt werden können. Um trotzdem einen Eindruck von den aktuellen Stoffkonzentrationen im Sickerwasser des Überdeckten Tiefenkarsts zu gewinnen, bieten sich die hängenden Grundwasserlinsen (Quelltyp VIc) als beprobbarer Zwischenspeicher an, besonders da Beimengungen alter Grundwasserkomponenten aus dem Hauptkarstaquifer noch gänzlich fehlen.

4.2 Grundwasserneubildung in der Mittleren Altmühlalb

Hydrometeorologische Kennwerte liegen für die Mittlere Altmühlalb aus bundes- bzw. landesweiten Überblicksdarstellungen (Keller et al. 1979; Bayer. LfW 1998) und kleinräumigen Klimastudien (Brennecke et al. 1986; DWD 2001) vor. Datengrundlage der großmaßstäbigen Abhandlungen bilden unterschiedlich lange Messreihen der DWD-Klimastationen Weißenburg, Eichstätt und Flughafen Manching sowie diverse Niederschlagsmessstationen. Im Norden der Mittleren Altmühlalb sind die durchschnittlichen Jahresniederschläge etwas höher als im Süden (Tab. 10), da die Donauniederung im Regenschatten der Alberhebung liegt. Der mittlere Jahresgang des Niederschlags ist auf der Freien Albhochfläche durch ein breites sommerliches Maximum zwischen Mai und August mit einem deutlich hervortretenden Höchstwert im Juni gekennzeichnet (Abb. 22). Ein sekundäres Maximum im Dezember ist nur schwach ausgeprägt. Die niederschlagsärmsten Monate bilden Februar und März.

Tab. 10: Niederschläge [mm/Jahr] in der Mittleren Altmühlalb

	Nord	Süd
Keller et al. 1979	750	700
Bayer. LfW	750	700
Brennecke et al. 1986	816	656
DWD 2001	818	-

Tab. 11: Grundwasserneubildung [mm/Jahr] in der Mittleren Altmühlalb

	Nord		Süd
	Freiland	Wald	
Sauer 2000	220	-	-
DWD 2001	255-271	183-220	-
Keller et al.1979	250		200
Pfaff 1987	277-315		-
Bayer. LfW 1998	230		190
Glaser 1998	265		-

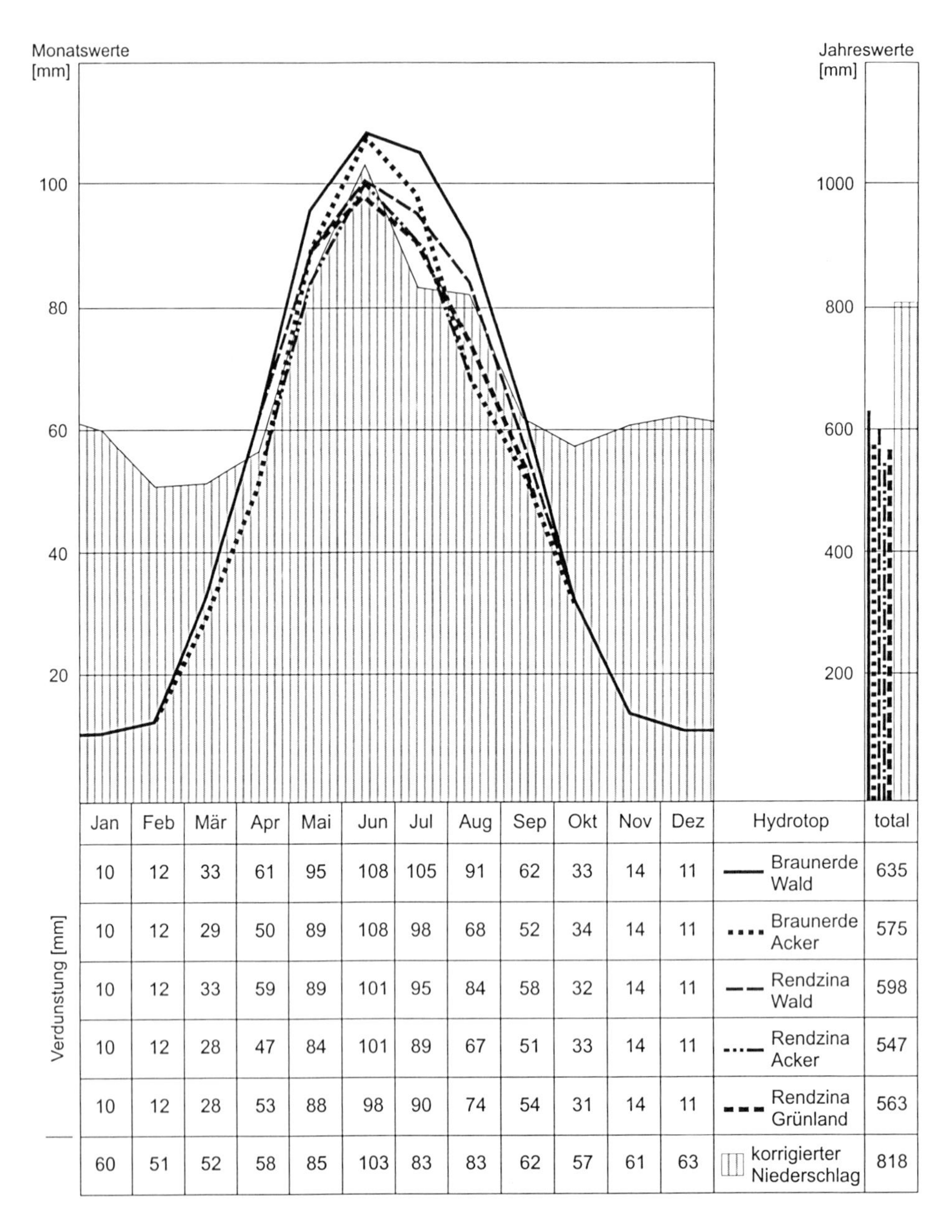

Jan	Feb	Mär	Apr	Mai	Jun	Jul	Aug	Sep	Okt	Nov	Dez	Hydrotop	total
10	12	33	61	95	108	105	91	62	33	14	11	Braunerde Wald	635
10	12	29	50	89	108	98	68	52	34	14	11	Braunerde Acker	575
10	12	33	59	89	101	95	84	58	32	14	11	Rendzina Wald	598
10	12	28	47	84	101	89	67	51	33	14	11	Rendzina Acker	547
10	12	28	53	88	98	90	74	54	31	14	11	Rendzina Grünland	563
60	51	52	58	85	103	83	83	62	57	61	63	korrigierter Niederschlag	818

Abb. 22: Mittlere Monats- und Jahreswerte von Niederschlag und Verdunstung (Pfahldorf)
Quelle: Deutscher Wetterdienst 2001; Zeitreihe 1961 bis 1990 (Entwurf: Zielhofer)

Wissenschaftliche Arbeiten zur Berechnung der Grundwasserneubildung im Untersuchungsgebiet basieren auf Wasserhaushaltsbilanzen (Keller et al. 1979; Pfaff 1987; Paul 1996; Bayer. LfW 1998; Sauer 2000) oder klimatischen Wasserbilanzen (Glaser 1998; DWD 2001). Für das Gebiet der Freien Albhochfläche kann der Abfluss mit der Grundwasserneubildung gleichgesetzt werden, da organisierter Oberflächenabfluss nicht auftritt (vgl. TK 1:25.000 Blatt Titting, Blatt Bieswang). Nach Keller et al. (1979) erreicht die Grundwasserneubildung im Norden ≈250mm und im Süden lediglich 200mm (Tab. 11). Über lokale Wasserhaushaltsbilanzen auf der Dimension von Quelleinzugsgebieten kalkulierte Pfaff (1987) für das Gebiet zwischen Anlauter und Altmühl eine Grundwasserneubildung von 277 bis 315 mm. Klimatische Wasserbilanzen liegen für die Östliche Altmühlalb (265 mm, nach Glaser 1998) und die Freie Albhochfläche der Mittleren Altmühlalb (DWD 2001) vor. Die hydrometeorologische Bewertung des DWD (2001) berücksichtigt, gegliedert nach „Hydrotopen", unterschiedliche pedologische Verhältnisse sowie verschiedene Landnutzungsformen im Arbeitsgebiet (Abb. 22). Je nach Boden- und Nutzungsform schwankt die Grundwasserneubildung zwischen 183 und 271 mm/Jahr. Die hydrometeorologischen Abhandlungen aus dem Arbeitsgebiet weisen leichte Variationen bei der Grundwasserneubildungshöhe auf (Tab. 11). Neben verschiedenartiger Bestimmungsmethoden lassen sich die Arbeiten infolge unterschiedlicher Beobachtungszeiträume und -intervalle nicht unmittelbar miteinander vergleichen. Für die nachfolgenden Berechnungen zum Chlorid- und Sulfathaushalt (Kap. 5.2.2 und 5.2.4) wird für das Gebiet der Mittleren Altmühlalb mit einer einheitlichen Grundwasserneubildungshöhe von 250 mm/Jahr im nördlichen und 200 mm/Jahr im südlichen Teil kalkuliert. Die Stickstoffbilanz (Kap. 5.2.3) basiert auf detaillierteren Angaben zur Grundwasserneubildung und zwar differenziert nach der Landnutzung im Einzugsgebiet. Auf Waldflächen ist die Grundwasserneubildung nach einer hydrometeorologischen Bewertung des DWD (2001) etwa 20% niedriger als auf landwirtschaftlichen Nutzflächen (Abb. 22).

4.3 Stammdatenaufnahme zu den Quelleinzugsgebieten

Abgrenzung der Einzugsgebiete

Nach den Untersuchungen von Behrens und Seiler (1981) besitzt jede Karstquelle ihr eigenes Einzugsgebiet, auch wenn ein großräumig zusammenhängender Grundwasserkörper vorliegt. Für die Karstquelltypen I und II waren die hydrogeologischen Voraussetzungen zur erfolgreichen Durchführung von Markierungsversuchen in der Regel gegeben (Kap. 4.1). Im Bereich des Anlauter-Altmühl-Abschnitts sowie zwischen Altmühl und Hauptkarstwasserscheide (Quelltyp II - siehe auch Abb. 5) sind die Quelleinzugsgebiete durch grundlegende Tracerarbeiten (u.a. Behrens und Seiler 1981; Pfaff 1987) mittlerweile bekannt. Markierungen im Seichten Karst der Mittleren Altmühlalb (Quelltyp I) sind nördlich der Anlauter und nördlich von Kinding durchgeführt worden (Behrens und Seiler 1981; Hartmann 1994: 121). Die Markierungsversuche erlauben grundsätzlich noch keine endgültige Positionierung der Außengrenzen der Einzugsgebiete. Nach der Methode von Pfaff (1987: 27-29) ist die Festlegung der Gebietsgrenzen über Quellschüttung, Grundwasserneubildungsrate und resultierender Einzugsgebietsgröße sowie über die Berücksichtigung von Fazieswechsel möglich. Bei der Positionierung der Karstwasserscheiden im Anlauter-Altmühl-Abschnitt orientierte sich Pfaff (1987: 27) an den oberflächlich anstehenden Massenfaziesvorkommen, welche die „Berandung" der karstdränierenden Wannenfazies bilden. Im Überdeckten Tiefenkarst (Quelltyp III) ist eine Abgrenzung der Einzugsgebiete über Tracerarbeiten nicht möglich (vgl. 4.1). In Anlehnung an Pfaff (1987) können über Schüttung und Faziesverteilung die Einzugsgebietsgrenzen abgeschätzt werden.

Die Quellen hängender Grundwasserlinsen (Quelltyp IV) besitzen meist nur kleinräumige Einzugsgebiete. Deren Grenzen wurden über Schüttung sowie geologische Situation und Relief im Umkreis der Quelle abgeschätzt. Aussagen zur genauen räumlichen Verteilung der wasserführenden Schichten sind aus den Geländebefunden jedoch nicht immer gänzlich möglich.

Angaben zum Grundwasserraum

Für jedes Quelleinzugsgebiet liegen über eine Stammdatenerhebung (Anlage A7) Angaben zum Grundwasserraum vor. Neben der stratigraphischen Einordnung lässt sich aus vorhandenen geologischen Aufnahmen auch auf fazielle Unterschiede - Massenfazies vs. Schichtfazies oder Dolomit vs. Kalk - und auf den hydrogeologischen Quelltyp (nach Kap. 4.1) rückschließen. Die Klassifizierung der Grundwasserräume erlaubte auch eine Zuordnung der hydrogeologischen Quelltypen (nach Kap. 4.1 und Tab. 12). Bei den hängenden Grundwasserlinsen kann die fazielle Ausprägung des Grundwasserleiters nicht immer über die vorhandenen geologischen Blätter abgelesen werden. Oberflächlich ausstreichende Süßwasserkalke oder ergänzende Sondierungen in der Nähe der Quelle ließen in den meisten Fällen eine Unterscheidung zwischen Süßwasserkalk und sandiger Fazies zu.

Angaben zur Grundwasserüberdeckung

Ähnlich den Angaben zum Grundwasserraum enthält der Stammdatensatz differenzierte Beschreibungen zur Grundwasserüberdeckung im Quelleinzugsgebiet. Über die Verschneidung mit hydrochemischen Analysen sollen potentielle Zusammenhänge zwischen Stoffkonzentrationen im Quellwasser und geologisch-pedologischer Charakteristik der Grundwasserüberdeckung aufgezeigt werden. Hierbei sind Rückschlüsse auf eine eventuelle Grundwasserschutzfunktion oder auf verschieden hohe Stoffeinträge infolge unterschiedlichen Landnutzungspotentials möglich. Für die räumliche Klassifizierung der Grundwasserüberdeckung nach Quelleinzugsgebieten eignet sich die Zuweisung der hydrogeologischen Quelltypen nur bedingt, da vom Quelltyp nicht hinreichend auf die Grundwasserüberdeckung geschlossen werden kann und umgekehrt. Die räumliche Klassifizierung der Quelleinzugsgebiete nach der Art der Grundwasserüberdeckung findet über die Zuordnung der naturräumlichen Haupteinheiten statt (Tab. 4 und 13).

Tab. 12: Angaben zum Grundwasserraum nach Quelltypen (eigene Erhebung)

Quelltyp	Stratigraphie	Fazies	Gestein	n
I	Malm α bis β	Schichtfazies	Kalk	16
IIa	Malm γ bis δ	Schichtfazies	Kalk	26
(IIa) + IIb	Malm γ bis δ	Schichtfazies, teils Mischfazies	Kalk, teils dolomitisiert	26
III	Malm δ bis ζ	Massenfazies, teils Mischfazies	Dolomit, dolomit. Kalke	9
IVb	Miozän (Ries)	variabel	variabel	2
IVc	Miozän (OSM)	sandige Fazies	Sand	25
IVc	Miozän (OSM)	Süßwasserkalk	Kalk	8
IVd	Oberkreide	sandige Serien	Sand	2

Tab. 13: Grundwasserüberdeckung im Einzugsgebiet

Naturräumliche Haupteinheit		Fazies	Gestein	n
1	Freie Flächenalb	Schichtfazies	Kalk	16
1 + 2	Freie Albhochfläche	Mischfazies	Kalk	1
1 + 2	Freie Albhochfläche	Mischfazies	Karbonatgestein, teils dolomitisiert	19
2	Freie Hügel- und Kuppenalb	Massenfazies	Karbonatgestein, teils dolomitisiert	16
2	Freie Hügel- und Kuppenalb	Massenfazies	Dolomit	18
3	Tertiär-überdeckung	pelitische Fazies	Tone und Tonmergel	45
4	Kreide-überdeckung	sandige Serien	basenarme Sande	2

Eingangsgrößen zur Landnutzung

Die Geländearbeiten zur Landnutzung beruhen auf den Kriterien im Stammdatenblatt zur Quellenerhebung (Anhang A7). Von besonderer Bedeutung für die Durchführung und Interpretation von Stoffbilanzen sind die unterschiedlichen Anteile [%] an Ackerfläche, Grünland und Wald. Sind Größe und Grenzen des Einzugsgebiets bekannt, lassen sich die Angaben zur Landnutzung aus vorhandenen topographischen Karten und aus Geländebegehungen leicht ableiten. Schwierigkeiten ergeben sich teilweise bei ungenauer Kenntnis zur Lage des Einzugsgebiets. Das gilt insbesondere für die hängenden Grundwasserlinsen (Quelltyp IV). Aufgrund der meist geringen Quellschüttungen (<0,5 l/s) ist die Größe der Einzugsgebiete jedoch auf wenige Hektare beschränkt. Liegen die Quellen sekundärer Grundwasservorkommen in größeren homogenen Landschaftseinheiten, können selbst bei ungenauem Kenntnisstand zum Einzugsgebiet klare Angaben zur Landnutzung gemacht werden.

Die jeweilige naturräumliche Haupteinheit im Einzugsgebiet hat verschiedenartige Landnutzungen zur Folge (Kap. 3.2). Auf der Freien Flächenalb nimmt der Ackerbau 69% der Fläche ein, wohingegen auf der Freien Hügel- und Kuppenalb nur 30% ackerbaulich genutzt werden (Tab. 14). Die überwiegend tiefgründigen

Böden im Bereich der Tertiärüberdeckung unterliegen vornehmlich der ackerbaulichen Nutzung, lediglich sandige Faziesbereiche weisen flächenhafte Waldvorkommen auf. Die wenigen aufgenommenen Quellen aus der Kreideüberdeckung besitzen ausschließlich forstwirtschaftlich genutzte Einzugsgebiete.

Tab. 14: Landnutzung im Einzugsgebiet aufgenommener Quellstandorte (ungesättigte Zone)

Naturräumliche Haupteinheit		Fazies	Landnutzung [%] Wald	Grünland	Acker
1	Freie Flächenalb	Schichtfazies	27	4	69
1 + 2	Freie Albhochfläche	Mischfazies	45	6	49
2	Freie Hügel- und Kuppenalb	Massenfazies	64	6	30
3	Tertiär- überdeckung	v.a. pelitische Fazies	25	8	67
4	Kreide- überdeckung	sandige Serien	100	0	0

Neben diffusen Einträgen besteht die Möglichkeit der Stoffzufuhr über punktuelle Einleitungen auf der Albhochfläche. In der Mittleren Altmühlalb existieren nach wie vor Dolinenstandorte mit unmittelbarer Einleitung von Klärwässern ins Karstgrundwasser. Einen Überblick über die aktuellen und stillgelegten Klärwassereinleitungen auf der Albhochfläche gibt Abb. 20. Die meisten Dolineneinleitungen liegen im Bereich der Massenfazies. Von den erfassten Karstquellen im Untersuchungsgebiet weisen 36% Klärwassereinleitungen im Einzugsgebiet auf.

4.4 Hydrologische Parameter zur flächenhaften Quellenbeprobung

Aus hydrogeologischer Sicht richtet sich die Beprobungshäufigkeit nach der Verweildauer des Grundwassers in der gesättigten und ungesättigten Zone. Der DVWK (1992: 18) empfiehlt für hydrogeologische Gegebenheiten wie sie in der Mittleren Altmühlalb vorherrschen einen vierteljährlichen bis jährlichen Beprobungszyklus, um die natürliche Schwankungsbreite des Grundwassers hinreichend genau zu erfassen. Nach den Beobachtungen von Glaser (1998: 79) können bei Karstquellen kurzfristige Schwankungen der Temperatur und der Leitfähigkeit auftreten. Die Schwankungen beruhen auf schnell fließenden Abflusskomponenten nach größeren Niederschlagsereignissen. Abgesehen von diesen - teilweise auf wenige Stunden beschränkten - Zeiträumen unterliegen die physikalischen Parameter (nach Glaser 1998) einer weitgehenden Konstanz. Lediglich im Seichten Karst treten manchmal leichte saisonale Schwankungen auf (Glaser 1998: 79). Um eine Vergleichbarkeit der hydrologischen Analysen zu gewährleisten, wurden die flächenhaften Probennahmen möglichst auf Basisabflüsse beschränkt. Die Beprobungshäufigkeiten nach hydrogeologischen Quelltypen sind in Tab. 15 wiedergegeben. Für die hängenden Grundwasserlinsen (Quelltyp IV) liegen bisher keine Erfahrungen über saisonale Schwankungen im Quellenchemismus vor. Sie sind aufgrund des teilweise sehr geringen Flurabstands der Grundwasseroberfläche jedoch zu erwarten. Grundsätzlich mussten die Probennahmen aus organisatorischen Gründen auf halb- bis vierteljährliche Messintervalle beschränkt bleiben. An exemplarischen Quellaustritten (Quelltyp IVc) sind während des Winterhalbjahrs 2000/2001 Messkampagnen in ein- bis zweiwöchigen Intervallen gelaufen, um ein besseres Verständnis über potentielle Variationen im Quellenchemismus zu erhalten (Kap. 5.2.3). Dabei wurden möglichst tief liegende hängende Grundwasserlinsen ausgewählt (Kriterium: Schwache saisonale Amplitude der Quellwassertemperatur). Außer den eigenen Wasseranalysen finden einige Rohdaten aus früheren Arbeiten in der Datenbank zur flächenhaften Quellenbeprobung Berücksichtigung (Tab. 15).

Tab. 15: Beprobungszyklus und Analyseprogramm zur flächenhaften Quellenbeprobung

Quell-typ	Eigene Analysen/Jahr	Ergänzende Datensätze
I	2-4 (Base flow)	Glaser 1998, Apel 1971, Apel in Schmidt-Kaler 1983, WWA 1988-1999
II	2-4 (Base flow)	
III	2 (Base flow)	
IV	2-4 (Base flow) 2-4 (Ereignis)	

5 Geogene und anthropogene Stoffe im Quellwasser

5.1 Geogene Indikatoren der Quellwässer

5.1.1 Physikalische und hydrographische Indikatoren des Aquifers

Während des Basisabflusses unterliegen die Leitfähigkeits-, Temperatur-, pH- und Sauerstoffwerte in den Karstquellen nur sehr geringen Schwankungen. Die konstanten Leitfähigkeitswerte deuten auf ein ausgeglichenes hydrochemisches Gleichgewicht im Aquifer hin. Je nach Quellstandort variieren die Werte zwischen 600 und 800 µS/cm. Die Temperaturwerte steigen vom Seichten Karst (≈9°C) über den Offenen Tiefenkarst (≈10°C) zum bedeckten Tiefenkarst (≈11°C) leicht an. Neben 1-1,5°C höheren mittleren Jahrestemperaturen im südlichen Arbeitsgebiet (≈8,5°C nach Brennecke et al. 1986), führt der höhere geothermische Einfluss im Donaubereich zu einem Temperaturanstieg des Quellwassers nach Süden hin (Glaser 1998). Der geothermische Gradient liegt im Arbeitsgebiet bei ca. 3°C pro 100m (Bader 1969). Im Gegensatz zu den Karstquellen besitzen die hängenden Grundwasserlinsen einen erkennbaren Jahresgang im Temperaturverlauf. Über die saisonalen Schwankungen ließ sich eine Abschätzung der Tiefenlage des Aquifers unterhalb der Geländeoberkante vornehmen (Kap. 3.1.3).

Die gelösten Sauerstoffgehalte bewegen sich im unbedeckten Karst knapp unterhalb des Sättigungsbereich (≈90%). Im Überdeckten Tiefenkarst (Quelltyp III) liegen die Werte mit 40-70% deutlich niedriger (Abb. 28, oben Mitte). Möglicherweise zeigt sich hier eine Korrespondenz zu den hängenden Grundwasserlinsen der Tertiärüberdeckung, welche im Mittel ebenfalls niedrigere Sauerstoffsättigungen aufweisen. Die Sauerstoffzehrung wäre demnach zumindest teilweise auf Prozesse innerhalb der Grundwasserüberdeckung zurückzuführen und nicht ausschließlich auf die hohen Verweilzeiten im Überdeckten Tiefenkarst.

Im Untersuchungsgebiet zeigt sich eine klare räumliche Variation hinsichtlich der mittleren Quellschüttung. Die Einzugsgebiete sind im Seichten Karst wesentlich kleiner als im Tiefenkarst. Entsprechend fallen die mittleren Schüttungsmengen im Seichten Karst deutlich niedriger aus (Tab. 16), obwohl die Grundwasserneubildung infolge der höheren Niederschläge im Norden der Mittleren Altmühlalb etwas größer ist (Kap. 4.2). Die sekundäre Bedeutung der hängenden Grundwasserlinsen zeigt sich besonders eindrucksvoll an den geringen Schüttungsmengen (∅ 0,3 l/s). Vergleichbar mit dem Temperaturverlauf zeichnen sich die meisten Quellen aus hängenden Grundwasserlinsen durch einen ausgeprägten Jahresgang im Schüttungsverhalten aus. Allerdings bilden hier einige Quellen mit recht konstanter Abflussmenge eine Ausnahme (u.a. Schönbrunn, Wassertal bei Denkendorf, Gut Wittenfeld, Hofstetten-West, Schelldorf-Weihergraben). Die ebenfalls niedrigen saisonalen Temperaturamplituden deuten in diesem Fall auf tiefliegendere Grundwasserlinsen hin (ca. 4-6 m unter Flur). Bis auf die Quelle Gut Wittenfeld (sandige Fazies) besteht der Grundwasserraum dieser Quellen aus limnogenen Süßwasserkalken. Für die Interpretation hydrochemischer Analysen sind Quellen mit geringer Schüttungs- und Temperaturamplitude besonders interessant, da trotz weitmaschiger Beprobungsintervalle die Analysen ein repräsentatives Bild zum Quellchemismus abgeben.

Tab. 16: Mittlere Schüttungsmenge [l/s] nach hydrogeologischen Quelltypen

Quelltyp		n	l/s
I	Seichter Karst	36	9
II	Offener Tiefenkarst	22	68
III	Bedeckter Tiefenkarst	8	84
IV	Hängende Grundwasserlinsen	33	0,3

Für die wenigen aufgenommenen Quellen aus dem Bereich der Kreideüberdeckung sind diese Voraussetzungen nicht gegeben. Bei den Sickerquellen geringer Schüttung handelt es sich um sehr oberflächennahe Aquifere, deren Wässer ungesättigte Zwischenabflüsse (Leitfähigkeit <100 µS/cm) saurer Waldböden (pH<6) darstellen. Spätestens in der Kontaktzone zum liegenden Malm verändert sich die gelöste Stofffracht im Sickerwasser. Die Bewertung von hydrochemischen Stoffflüssen über die Beprobung hängender Grundwasserlinsen ist für das Gebiet der Kreideüberdeckung methodisch nicht durchführbar. Alle statistischen Auswertungen zur Hydrochemie hängender Grundwasserlinsen beziehen sich ausschließlich auf den Verbreitungsraum der flächenhaften Tertiärüberdeckung (Quelltyp IVc der Oberen Süßwassermolasse).

5.1.2 Kalzium-, Magnesium- und Strontiumgehalte

Einfluss der Grundwasserüberdeckung auf das Ca^{2+}/Mg^{2+}-Molverhältnis und Sr^{2+}-Gehalte

In den Karstquellen der Mittleren Altmühlalb bilden die Erdalkali-Kationen Ca^{2+} und Mg^{2+} über 95% der Kationensumme. Dabei wird das Ca^{2+}/Mg^{2+}-Molverhältnis im Quellwasser nicht vom hydrogeochemischen Milieu in der gesättigten Zone, sondern vermutlich von der Malmfazies innerhalb der Grundwasserüberdeckung bestimmt (vgl. Häring 1971: 28; vgl. Glaser 1998: 91). In Abb. 23 sind die Ca^{2+}/Mg^{2+}-Molverhältnisse in Abhängigkeit zur Fazies in der gesättigten (links) und ungesättigten (rechts) Zone aufgetragen. Enge Ca^{2+}/Mg^{2+}-Molverhältnisse können auch auftreten, wenn der Grundwasserraum im reinen Kalkstein ausgebildet ist (links). Eindeutige Korrelationen ergeben sich lediglich beim Vergleich des Ca^{2+}/Mg^{2+}-Molverhältnisses mit der Grundwasserüberdeckung. Stehen dolomitische Kalke oder Dolomite an der Oberfläche an, ist das Ca^{2+}/Mg^{2+}-Molverhältnis zugunsten des Magnesiums verschoben (rechts). Das Ca^{2+}/Mg^{2+}-Molverhältnis gilt quasi als geogener Tracer für die ungesättigte Zone. Ähnlich verhält es sich mit den Strontiumgehalten im Quellwasser. Dolomitische Kalke und Dolomite sind arm an Strontium, da das Erdalkalimetall beim Prozess der Dolomitisierung abgereichert wird (Flügel und Wedepohl 1967). Vor allem die Strontiumgehalte der Schichtkalke im unteren Malm sind gegenüber den dolomitischen Partien deutlich erhöht (Abb. 7 sowie Koch und Bausch 1989). Quellen mit Dolomiten und dolomitischen Kalken in der Grundwasserüberdeckung weisen ausnahmslos Sr^{2+}-Gehalte unter 80 µg/l auf. Bei Schichtkalken in der ungesättigten Zone liegen die Sr^{2+}-Gehalte in der Regel zwischen 80 und 110 µg/l (Abb. 23). Bereits Glaser (1998: 93) hat vermutet, dass die hohen Sr^{2+}-Gehalte in den Quellen des Überdeckten Tiefenkarsts auf den Einfluss der Oberen Süßwassermolasse in der Grundwasserüberdeckung zurückzuführen sind. Die Beprobung der hängenden Grundwasserlinsen kann die Vermutung bestätigen. Die Konzentrationen an Strontium liegen hier meist über 110 µg/l (Abb. 23). Abb. 24 schafft einen Überblick zur räumlichen Verteilung der Sr^{2+}-Gehalte im Untersuchungsgebiet. Auffällig ist die enge räumliche Kopplung hoher Sr^{2+}-Gehalte an die hängenden Grundwasserlinsen sowie an die Tiefenkarstquellen in der überdeckten Zone. Der Einfluss der strontiumreicheren Schichtkalke im unteren Malm zeigt sich an den Quellwässern im Seichten Karst im nördlichen Untersuchungsgebiet. Der überwiegende Teil der gelösten Stoffe in den Karstaquiferen erklärt sich folglich aus der Karbonatkorrosion in der Grundwasserüberdeckung. Wenn reine Dolomite in der Grundwasserüberdeckung anstehen, liegt das Ca^{2+}/Mg^{2+}-Molverhältnis - entsprechend der Kristallstruktur des Dolomits - im Bereich von 1 oder knapp darüber (Abb. 23, rechts). Das Sickerwasser ist dem gemäß an Karbonaten fast gesättigt, wenn es aus der Karbonatverwitterungszone im Epikarst (Abb. 3) in die tiefere vadose Zone bzw. den Karstgrundwasserraum übertritt. Ungesättigte Sickerwässer müssten im liegenden Kalksteinaquifer zusätzliches Kalzium aufnehmen. Da Magnesiumionen gegenüber Kalziumionen eine bessere Löslichkeit besitzen (Jennings 1985: 25), bleibt das Magnesium selbst im reinen Kalksteinaquifer vollständig in Lösung.

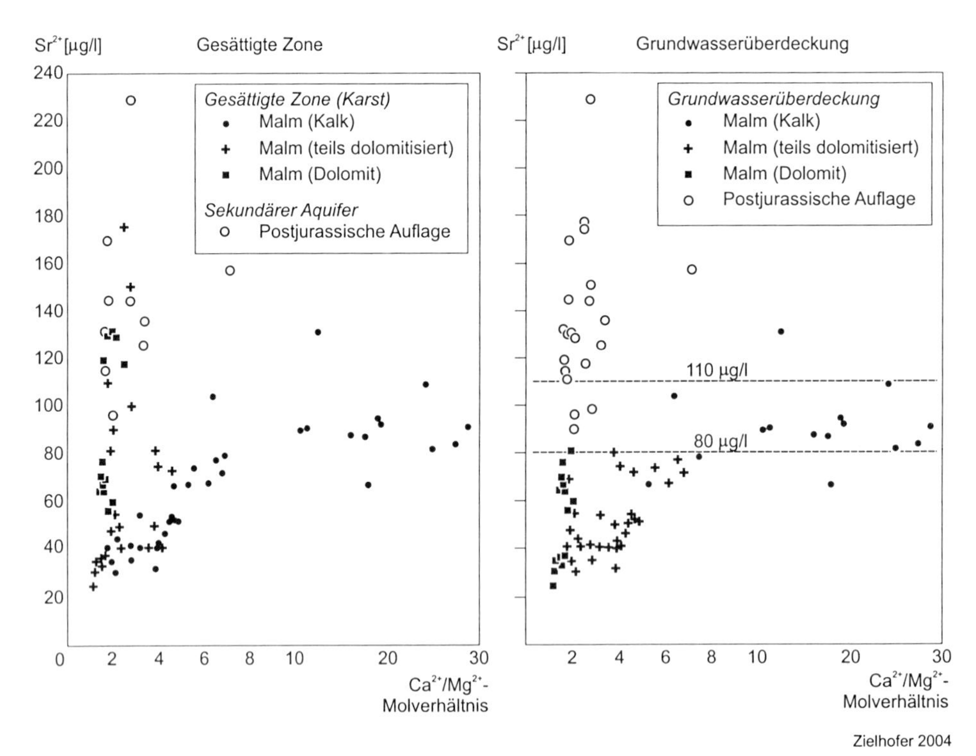

Abb. 23: Erdalkalien im Karstwasser

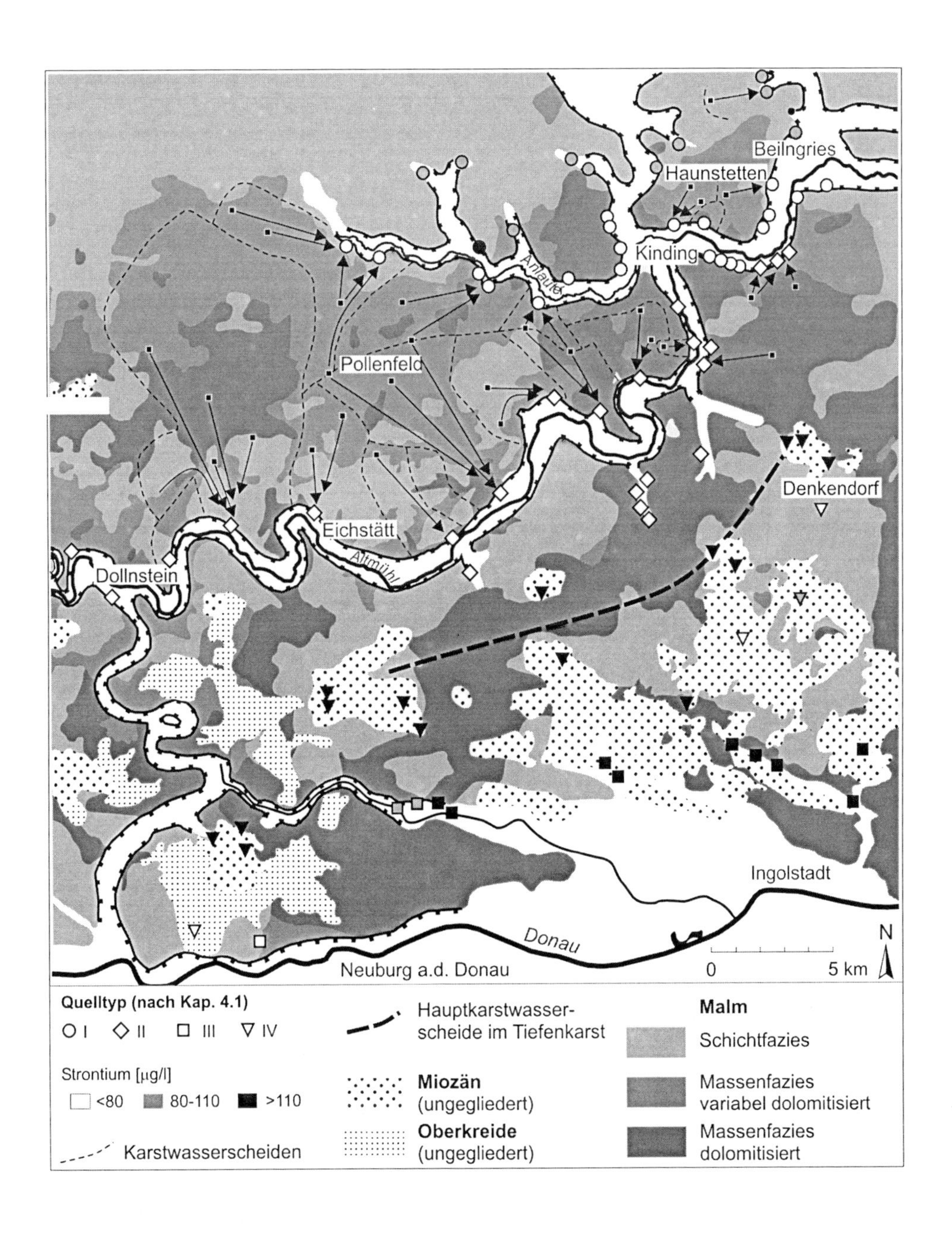

Abb. 24: Mittlere Altmühlalb - Strontiumgehalte der Quellwässer

Karbonatlösungsfrachten

Wenn die Karbonatgehalte im Quellwasser überwiegend aus der Korrosion im oberflächennahen Untergrund erklärt werden müssen (siehe auch Kap. 6.8), kann aus der Kalkulation der geogenen Stofffrachten die Intensität der aktuellen karstmorphologischen Lösungsprozesse abgeschätzt werden. Unter der vereinfachten Annahme einer einheitlichen Grundwasserneubildung von 250 mm/Jahr (Tab. 11) lassen sich aus den Stoffkonzentrationen im Quellwasser die Frachten an gelösten Karbonaten und zugehörige Massenverluste in der Verwitterungszone berechnen. Die jährlichen Massenverluste liegen bei anstehenden Schichtkalken im Mittel bei 85,5 g/m². Der Durchschnitt in den dolomitischen Quelleinzugsgebieten bewegt sich mit 81,3 g/m² knapp darunter. Über die Gesteinsdichte (Tröger 1967) von Kalkstein (2,715 g/cm³) und von Dolomit (2,87 g/cm³) ergeben sich jährliche Abtragsleistungen von 0,0327 bzw. 0,028 mm. Die berechneten Werte lassen sich mit Ergebnissen aus anderen Untersuchungsräumen der gemäßigten Breiten vergleichen (Tab. 17). In Anlehnung an die Bilanzierungen von Miotke (1975: 114) ist der effektive Abtrag in der Schichtfazies etwas höher als in der Massenfazies, trotz fehlendem bzw. schwach entwickeltem Karstformenschatz. Für den Verlauf des Holozäns haben die Werte einen mittleren Abtrag von ca. 30 cm zur Folge, die aktuellen Klimabedingungen vorausgesetzt. Insbesondere in der Massenfazies verläuft die Karbonatkorrosion nicht flächenhaft, sondern konzentriert entlang der Hauptklüftungslinien (Kap. 2.4.1), d.h. die Abtragsleistungen sind punktuell noch weit höher einzuordnen. In der Konsequenz zeigt sich eine potentielle warmzeitliche Umlagerung der periglazialen Lagen. Eine Gliederung der quartären Lagen in Anlehnung an die Periglazialstratigraphie von Semmel (1964, 1968) wird für den Karst dadurch erschwert.

Die Karbonatkorrosion ist bei vorhandener Bodendecke intensiver als auf dem nackten Fels (Tab. 17). Wegen der Anreicherung von CO_2 in der Bodenluft besitzt das Sickerwasser ein höheres Karbonatlösungspotential (Jennings 1985: 85). Die CO_2-Produktion findet bei höchster mikrobiologischer Aktivität vor allem im Oberboden statt. Sie unterliegt starken saisonalen Schwankungen mit einem Maximum im Sommer (Zambo und Ford 1997: 539). Die Schwankungen nehmen allerdings mit der Tiefe rasch ab, so dass bei mächtigeren Überdeckungen ein ganzjährig vorhandenes Sickerwasser mit ausgeglichenem Untersättigungsniveau in der Verwitterungszone beobachtet werden kann (Zambo und Ford 1997: 539). Die eigenen Geländebefunde aus Haunstetten bescheinigen der Freien Hügel- und Kuppenalb ein kleinräumiges Bodenmuster mit größeren Partien geringmächtiger Auflagesedimente (Kap. 2.4.1.3 und 2.4.1.6). In der Regel werden die geringmächtigen Standorte waldbaulich genutzt. Indirekt kann somit über die Landnutzung näherungsweise auf das Vorhandensein einer mächtigeren Festgesteinsüberdeckung rückgeschlossen werden. Für die Mittlere Altmühlalb sind die Lösungsfrachten in Einzugsgebieten mit überwiegend ackerbaulicher Nutzung größer als in Waldeinzugsgebieten (Abb. 25) - ein Hinweis auf allgemein geringmächtigere Sedimentauflagen in der Freien Hügel- und Kuppenalb.

Tab. 17: Karbonatverwitterung im Karst (Eigene Erhebungen und Vergleichsdaten)

	Mittlere Altmühlalb		Craven, UK Sweeting 1966	Clare, IR Williams 1966	NSW, AUS Jennings 1985	Arnsberg, D Gérôme-K. 1984
Methode	Naturlysimeter		Kalksockel unter Findlingen	Kalksockel unter Findlingen	micro-erosion meter	Kalk-plättchen
Gestein	Kalk	Dolomit	Kalk	Kalk	Kalk	Kalk
mit Bodendecke	31,6	28,3	42	10	29	-
ohne Bodendecke	-	-	-	-	9	3,5-5

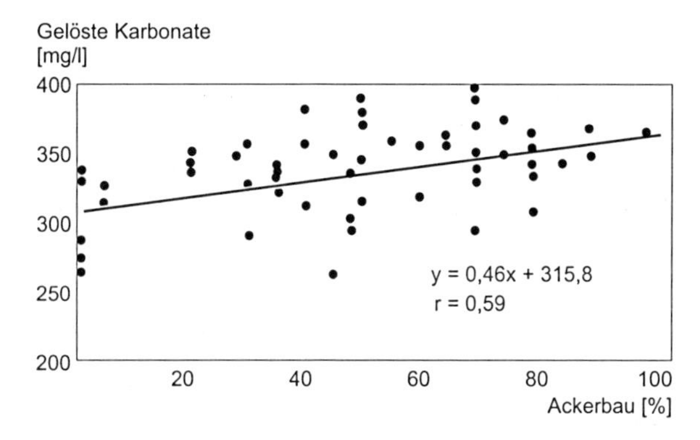

Abb. 25: Karbonatkorrosion in der Mittleren Altmühlalb

5.2 Anthropogene Belastungen im Quellwasser durch diffuse Einträge

5.2.1 Natrium- und Kaliumgehalte

Nach den Erdalkalien Kalzium und Magnesium sind die Alkalien Natrium und Kalium die häufigsten Kationen im Karstgrundwasser. Abb. 26 zeigt die Gehalte an Natrium und Kalium nach verschiedenen hydrogeologischen Quelltypen. Selbst in anthropogen wenig belasteten Karsteinzugsgebieten liegen die Gehalte an Natrium und Kalium selten unter 2,5 bzw. 0,5 mg/l. Im Seichten Karst und im Offenen Tiefenkarst stellen diese Werte die geogenen Grundgehalte dar. Die hängenden Grundwasserlinsen weisen gegenüber den Karstquellen etwas höhere Gehalte an Alkalimetallen auf. Die geogenen Grundgehalte variieren zwischen 3 und 6 mg/l beim Natrium sowie zwischen 1 und 2 mg/l beim Kalium. Die höheren Grundgehalte innerhalb der Tertiärüberdeckung machen sich auch bei den Karstquellen aus dem Überdeckten Tiefenkarst bemerkbar. Trotz mittlerer Verweilzeiten des Speicherabflusses von >100 Jahren (Glaser 1998) liegen die Natrium- und Kaliumkonzentrationen über den Werten der jüngeren Wässer aus dem Offenen Tiefenkarst (Tab. 18).

K^+-Bilanz

Durch Wirtschafts- und Mineraldünger sind die K^+-Einträge in den letzten Jahrzehnten stark angestiegen. In Deutschland liegt die mittlere K^+-Zufuhr über Mineraldünger bei 73,9 kg/ha (BML 1990: 72) bzw. 72 kg/ha (Köster et al. 1988). Zusätzlich kalkulieren Köster et al. (1988) eine K^+-Zufuhr über die tierische Produktion mit 23 kg/ha. Unter Berücksichtigung der jährlichen K^+-Abfuhr aus der pflanzlichen Produktion (26 kg/ha) ergibt sich daraus ein jährlicher K^+-Überschuss auf den landwirtschaftlichen Flächen von 69 kg/ha (Köster et al. 1988). Bei einer durchschnittlichen Grundwasserneubildung in der Mittleren Altmühlalb von ≈250 mm/Jahr (vgl. Tab. 11) beträgt die mittlere K^+-Auswaschung über das Grundwasser gerade mal ≈6 kg/ha, einschließlich der geogenen Grundfracht. Der weitaus größte K^+-Anteil verbleibt in der Bodenzone. Kalium wird im Boden spezifisch adsorbiert. Vor allem die K^+-Fixierung durch Dreischichtton-minerale hat zu einer hohen K^+-Anreicherung in der Ackerkrume geführt (Scheffer und Schachtschabel 1992: 244). Ungefähr die Hälfte der K^+-Düngung erfolgt über KCl-Salze (BML

1990: 72). Abb. (26, rechts) zeigt das Verhältnis von Kalium- zu Chloridionen im Grundwasser. Während die konservativen Cl^--Ionen über das Sickerwasser ausgetragen werden, verbleiben die K^+-Ionen im karsthydrologischen System. Das mittlere K^+/Cl^--Molverhältnis liegt bei den Quellen im Untersuchungsgebiet bei 0,07.

Tab. 18: Natrium- und Kaliumgehalte nach Quelltypen

	Quelltyp	n	Std.-Abw.	Na^+ [mg/l]	Std.-Abw.	K^+ [mg/l]
I	Seichter Karst	30	3,7	7,2	1,7	2,3
II	Offener Tiefenkarst	26	3,1	6,4	1,1	1,4
III	Bedeckter Tiefenkarst	8	2,0	6,6	0,9	2,2
IV	Hängende Grundwasserlinsen	25	12,9	15,9	4,3	3,7

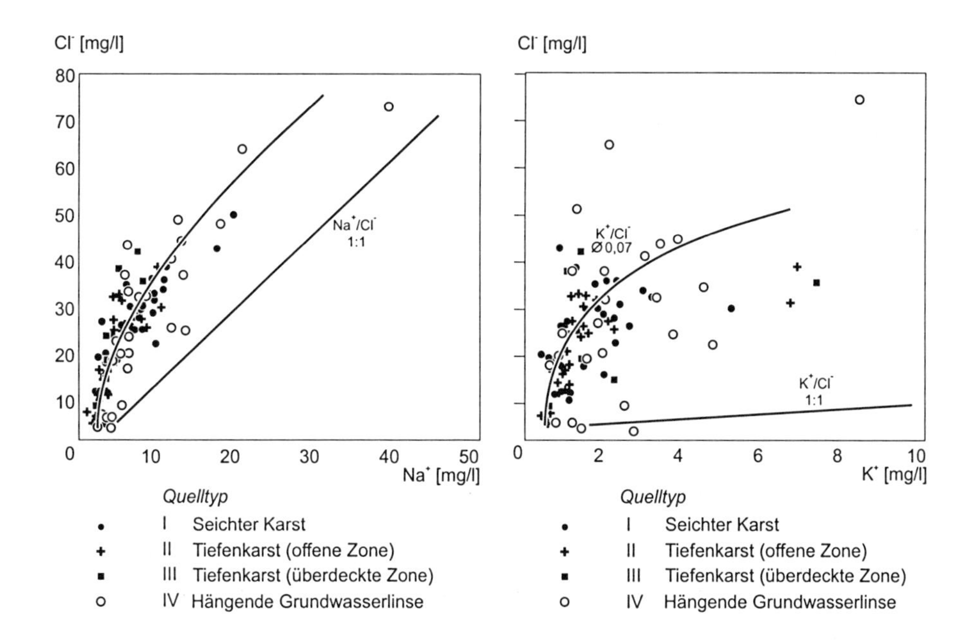

Abb. 26: Alkali- und Chloridgehalte im Karst der Mittleren Altmühlalb

Na^+-Bilanz

Natrium gelangt in erster Linie über die winterliche Straßensalzung ins Grundwasser. Im Gegensatz zum Kalium wird Natrium nicht spezifisch adsorbiert. Auch die unspezifische Adsorption des Natriums ist geringer als die der Erdalkalimetalle Kalzium und Magnesium. Ähnlich den konservativen Cl-Ionen, werden auch die Na^+-Ionen mit dem Sickerwasser großteilig wieder ausgetragen (Scheffer und Schachtschabel 1992: 245). Der Natriumeintrag über den Winterdienst kann über die mittleren Streumengen abgeschätzt werden. Für das Straßennetz im Landkreis Eichstätt (1209 km^2) liegen die mittleren Na^+-Streumengen zwischen 1991 und 2000 bei 1695 t/Jahr (schriftliche Mitteilung Böhm 2001, Landratsamt Eichstätt). Unter Voraussetzung einer weitgehend homogenen Straßendichte und einer mittleren Grundwasserneubildung von 250 mm/Jahr ergeben sich dadurch potentielle Na^+-Austräge über das Sickerwasser von 5,5 mg/l. Einschließlich geogener Grundgehalte von ≈2,5 mg/l müssten - bei nahezu vollständiger Na^+-Abfuhr - die Karstquellen mit überwiegend jungen Grundwasserkomponenten mittlere Na^+-Gehalte von ca. 8 mg/l aufweisen. Nach Tab. 18 bestätigen die Konzentrationen im Seichten Karst obige Kalkulation annähernd. Die relativ hohen Na^+-Gehalte im Überdeckten Tiefenkarst erklären sich womöglich aus dem geogenen Einfluss der Oberen Süßwassermolasse in der Grundwasserüberdeckung. Mit steigenden Na^+-Konzentrationen nähert sich das Na^+/Cl-Molverhältnis dem Wert 1 an (Abb. 26), d.h. der zunehmende Einfluss der NaCl-Salzstreuung überlappt sonstige Chlorideinträge im Quelleinzugsgebiet. In der Regel liegt das Na^+/Cl-Molverhältnis jedoch deutlich unter 1, infolge der dominanten Chlorideinträge aus der Landwirtschaft (Kap. 5.2.2).

5.2.2 Chlorid als konservativer Tracer anthropogener Verunreinigungen

Die natürlichen Chloridgehalte im Karstaquifer der Mittleren Altmühlalb können über Quelleinzugsgebiete mit ausschließlicher Waldnutzung und fehlender Straßensalzung abgeschätzt werden. Die wenigen unbelasteten Quellstandorte liegen südwestlich des Kindinger Talknotens (Quelle Grösdorf, Quelle Ilbling) und westlich von Unteremmendorf. Die Chloridgehalte bewegen sich um die 4 mg/l und stellen unter Berücksichtigung der Grundwasserneubildung (250 mm/Jahr) die mittleren jährlichen Einträge über die atmosphärische Deposition (10 kg/ha*Jahr) dar. Eine merkbare, geogene Lösungsfracht ist folglich nicht zu erwarten - zumindest für die Quellen im Seichten Karst (Quelltyp I) und im Offenen Tiefenkarst (Quelltyp II). Für die hängenden Grundwasserlinsen der Oberen Süßwassermolasse (Quelltyp IVc) und den Überdeckten Tiefenkarst (Quelltyp III) müssen etwas höhere natürliche Grundgehalte angenommen werden. Sie dürften die Marke von 10 bis 15 mg/l jedoch kaum übersteigen. Eine Angabe genauerer Werte erweist sich als schwierig mangels repräsentativer, bzw. unbelasteter Quellstandorte. Mög-liche Anzeichen lässt ein Vergleich zwischen Quelltyp II (Offener Tiefenkarst) und Quelltyp III (Überdeckter Tiefenkarst) erkennen. Die Chloridgehalte im Überdeckten Tiefenkarst liegen im Mittel über den Werten des Offenen Tiefenkarsts (Tab. 19), obwohl in der überdeckten Zone mit höheren Verweilzeiten und somit geringerer anthropogener Belastung zu rechnen ist. Ferner zeigt eine Abwägung der Wasseranalysen von Apel (1971) mit den hiesigen Daten, dass die Chloridgehalte im Überdeckten Tiefenkarst in den letzten 30 Jahren einem geringeren Anstieg unterlagen als in der offenen Karstzone.

Cl-Eintrag

Bei mittleren Chloridgehalten im Untersuchungsgebiet zwischen meist 20 bis 40 mg/l (Abb. 27, links) ist der überwiegende Anteil anthropogen verursacht. Chlorid gelangt durch Straßensalzung (NaCl) und Düngemittel (u.a. KCl) ins Grundwasser. Für den Landkreis Eichstätt liegt der durchschnittliche Chlorideintrag des winterlichen Streudiensts bei 21,6 kg/ha*Jahr (schriftliche Mitteilung Böhm 2001, Landratsamt Eichstätt). Die Chlorideinträge über Kalidünger bewegen sich im Bundesdurchschnitt bei etwas unter 100 kg/ha*Jahr (BML 1990: 72; Scheffer und Schachtschabel 1992: 243, 291) - bezogen auf die ackerbauliche Nutzfläche. Der Eintrag über chloridhaltige Pflanzenschutzmittel ist zu vernachlässigen (BML 1992: 74). Unter Berücksichtigung des Anteils an ackerbaulicher Nutzfläche schwankt der gesamte Chlorideintrag zwischen 71,2 im Offenen Tiefenkarst und 104,5 kg/ha*Jahr im Bereich der hängenden Grundwasserlinsen (Tab. 19). Hierbei ist zu beachten, dass die Chlorideinträge aus der Landwirtschaft im Mittel deutlich über dem Einfluss der Streusalzung liegen (Tab. 19).

Tab. 19: Chloridkonzentrationen und -frachten

Quelltyp	I Seichter Karst	II Offener Tiefenkarst	III Überdeckter Tiefenkarst	IV Hängende GW-Linse
Grundwasser-überdeckung	Schicht-fazies	Misch- und Massenfazies	Tertiär-überdeckung	Tertiär-überdeckung
		Grundlagen für Kalkulation Cl⁻-Einträge		
Ackerfläche [%]	61,8	40,7	61,6	75
		Chlorideinträge [kg/ha Jahr]		
Niederschlag*	~ 10	~ 10	~ 10	~ 10
Tausalz	21,6	21,6	21,6	21,6
Düngung**	~ 60	~ 40	~ 60	~73
insgesamt	91,6	71,6	91,6	104,6
		Grundlagen für Kalkulation Cl⁻-Austräge		
GW-Neubildung [mm/Jahr]***	~ 250	~ 250	~ 200	~ 200
Cl⁻-Gehalte im Quellwasser	21,6	21,6	21,6	21,6
		Chloridausträge [kg/ha Jahr]		
Pflanzen	k.A.	k.A.	k.A.	k.A.
Quellwasser	~ 67,5	~ 53,3	~ 60	~ 70

* Glaser 1998, Sauer 2000

** Scheffer und Schachtschabel 1992: 291 und BML 1990: 72

*** Tab. 11

Je nach hydrogeologischem Quelltyp zeigen die Karstwässer unterschiedliche Cl-Konzentrationen. Die mittleren Chloridgehalte (Tab. 19) nehmen vom Seichten Karst (27 mg/l) zum Offenen Tiefenkarst (21,4 mg/l) ab und steigen im Überdeckten Tiefenkarst (30 mg/l) wieder an. Im Bereich der hängenden Grundwasserlinsen der Oberen Süßwassermolasse können im Durchschnitt die höchsten Cl-Gehalte (35 mg/l) gemessen werden. Nach den Untersuchungen von Glaser (1998:

87) ist der Rückgang der Werte im Offenen Tiefenkarst auf den größeren Anteil alter Abflusskomponenten zurückzuführen. Er bezieht sich auf das noch nicht im Gleichgewicht stehende Verhältnis von Stoffein- zu -austrag. Überraschend zeigen die hiesigen Werte allerdings wieder einen klaren Anstieg der Konzentrationen im Bedeckten Tiefenkarst. Neben dem Einfluss unterschiedlich alter Grundwasserkomponenten scheinen weitere Faktoren für den Chloridgehalt im Aquifer verantwortlich zu sein: a) Die Grundwasserneubildung in der bedeckten Zone verringert sich gegenüber der Freien Albhochfläche um ca. 20% (Tab. 19; Keller et al. 1979; Bayer. LfW 1998). Durch die reduzierte Grundwasserneubildung steigen in der überdeckten Zone die Cl-Konzentrationen um ≈6 mg/l gegenüber den Werten im Offenen Tiefenkarst an. b) Unterschiedlich hohe Anteile an Ackerfläche im Einzugsgebiet lassen den gesamten Cl-Eintrag je nach Quelltyp um ca. 30% variieren. c) In der überdeckten Zone sind höhere geogene Lösungsfrachten zu erwarten.

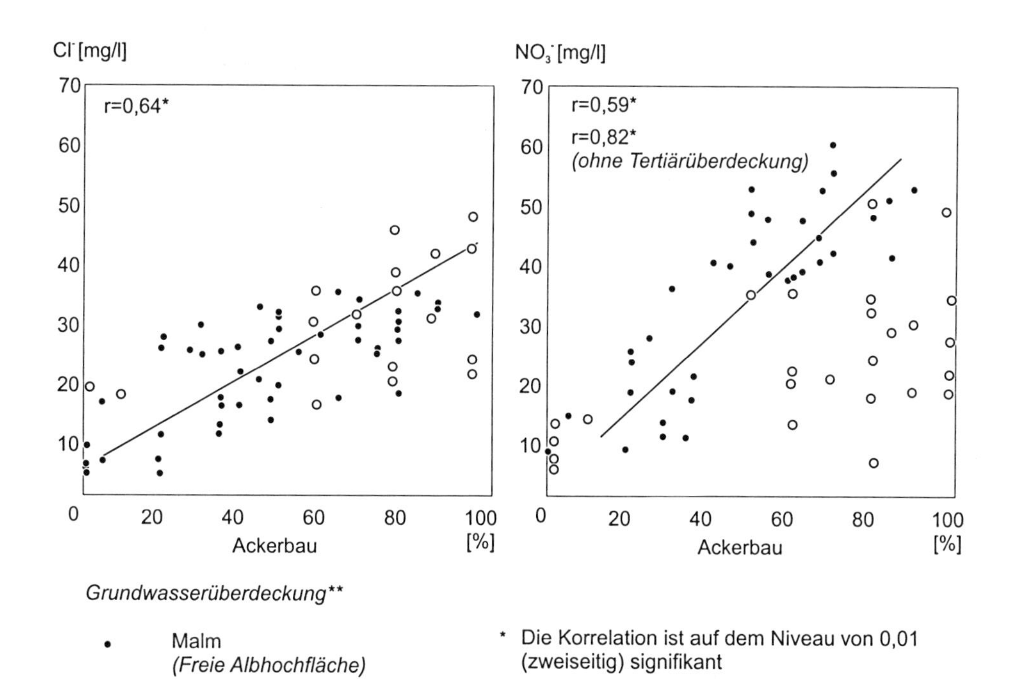

Abb. 27: Chlorid- und Nitratgehalte nach ackerbaulicher Nutzung im Einzugsgebiet

Vergleich von Cl-Austrag zu Cl-Eintrag

Die Übertragbarkeit des bundesweiten Durchschnittswerts zum landwirtschaftlichen Cl-Eintrag auf das Gebiet der Mittleren Altmühlalb birgt gewisse Unsicherheiten. Selbst kleinere Abweichungen führen zu problematischen Differenzen in der Gesamtbilanz. Allerdings machen obige Bilanzkomponenten bereits deutlich, dass die Chloridkonzentrationen sich nicht hinreichend genau über die mittlere Verweildauer im Aquifer interpretieren lassen. Vielmehr lässt sich der Einfluss der landwirtschaftlichen Nutzung auf die Chloridkonzentration im Quellwasser belegen: Abb. 27 zeigt die Abhängigkeit der Chloridgehalte vom Anteil an ackerbaulicher Nutzung im Einzugsgebiet. Dargestellt sind Quellen aus dem Seichen Karst (Quelltyp I), dem Offenen Tiefenkarst (Quelltyp II) sowie aus der postjurassischen Überdeckung (Quelltyp IV). Die Cl-Gehalte sind von der Landnutzung im Einzugsgebiet abhängig (Korrelationskoeffizient r=0,55 und 2-seitiges Signifikanzniveau von 0,01). Die Streuung der Werte lässt sich unter Beseitigung des Streusalzeinflusses noch verringern (r=0,64; Cl-Ionen aus der Straßensalzung werden über NaCl-Salze eingetragen, wohingegen Cl-Ionen aus der Landwirtschaft über KCl-Düngung ins Sickerwasser gelangen. Kalium wird im Boden überwiegend adsorbiert, Natrium ist dagegen sehr mobil [Kap. 5.2.1]. Unter Berücksichtigung einer geogenen Na-Lösungskonzentration von ≈2,5 mg/l kann der NaCl-entstammende Chloridanteil über den überschüssigen Natriumanteil abgeschätzt werden).

Die hohen Cl-Gehalte in den hängenden Grundwasserlinsen spiegeln sich auch in Abb. 27 wider. Deutlich korrespondieren die Werte mit entsprechend hohen Anteilen an Ackerfläche im Einzugsgebiet.

Einfluss der postjurassischen Auflagen (Tertiärüberdeckung)

Die Cl-Einträge werden vom agraren Landnutzungspotential der postjurassischen Auflagen entscheidend gesteuert, denn der überwiegende Anteil des Chlorids gelangt über den Ackerbau ins Grundwasser. Mit steigender Bonität des Bodens vergrößert sich der Anteil an ackerbaulicher Nutzung. Darüber hinaus führen hohe nutzbare Feldkapazitäten zu geringeren Grundwasserneubildungsraten, welche wiederum die Konzentrationen an konservativen Cl-Ionen im Sickerwasser erhöhen. Geht die Grundwasserüberdeckung mit wertvollen Ackerstandorten einher, sind hohe Chloridkonzentrationen im Sickerwasser zu erwarten.

5.2.3 Nitratbelastung und Stickstoffbilanz

In der Bodenzone liegt ein Großteil des pflanzenverfügbaren anorganischen Stickstoffs als Nitrat vor (Scheffer und Schachtschabel 1992: 260). NO_3^- bildet sich durch mikrobielle Aktivität im aeroben Milieu. Unter Wald wird der notwendige Stickstoff durch den Zersatz der Streuauflage freigesetzt. Die weitaus größere N-Zufuhr auf landwirtschaftlichen Flächen erfolgt in erster Linie über anorganische Mineraldünger und organische Wirtschaftsdünger. Eine landwirtschaftliche Intensivierung im Einzugsgebiet führt häufig zu empfindlichen Erhöhungen der NO_3^--Konzentrationen im Grundwasser (u.a. Hardwick und Gunn 1999; Libra und Hallberg 1999: 74; Xueyu und Zisheng 1999: 66), insbesondere wenn bei geringmächtigen Böden hohe Auswaschungspotentiale vorhanden sind (Hölting 1992; Semmel 1994; Diepolder 1995; Coxon 1999). Auch im Karstaquifer der Mittleren Altmühlalb stellt die Nitratbelastung heute ein bedeutendes wasserwirtschaftliches Problem dar. Der zulässige EU-Grenzwert von 50 mg NO_3^-/l kann von den Trinkwasserversorgern nicht immer eingehalten werden. Unter erheblichem finanziellen Aufwand werden aktuell Trinkwasserbrunnen versetzt, um den hohen Nitratkonzentrationen auszuweichen.

N-Einträge

Stickstoff gelangt überwiegend durch atmosphärische Deposition und landwirtschaftliche Produktion in den Wasserkreislauf. Die N-Einträge aus der Atmosphäre sind überwiegend anthropogen bedingt (Verkehr, Kraftwerke, etc.), können aber auch natürlicher Ursache sein (Blitzschläge). Nach den Analysen von Sauer (2000: 75) und des BML (1997) ergeben sich für die Mittlere und Östliche Altmühlalb atmosphärische N-Einträge von 8,2 bis 13,7 kg/ha*Jahr (Tab. 20). Dabei liegen die Einträge in den Waldgebieten nur unwesentlich höher. Für die Mittlere Altmühlalb wird allgemein ein mittlerer atmosphärischer N-Eintrag von 10 kg/ha*Jahr kalkuliert (Tab. 20). Der weitaus größere Teil an Stickstoff gerät über die landwirtschaftliche Produktion in den Grundwasserraum. Mineraldünger und Wirtschaftsdünger aus der Viehzucht bilden neben der N-Fixierung durch Leguminosen die wichtigsten Eintragsquellen. Die Angaben nach Wendland et al. (1993) beruhen auf Gemeindestatistiken (Tab. 20). Eingangsgrößen bilden Viehbesatz, landwirtschaftlich genutzte Fläche (LF) und Art der Feldfrüchte. Die N-Einträge wurden über N-Gesamtbedarf und N-Fixierung der Feldfrüchte, den mittleren Stickstoffanfall aus der Viehhaltung sowie den tatsächlichen Verbrauch an Düngern auf Bundesebene abgeschätzt. Detailberechnungen zum Stickstoffeintrag im Raum der Mittleren Altmühlalb liegen über die Arbeit von Sauer (2000) vor. Für die Gemarkung Haunstetten und die Gemarkung Pfahldorf lässt sich auf der Basis von Landnutzungskartierungen (Sauer 2000: 73) und Angaben zum Viehbesatz die Stickstoffzufuhr berechnen. Die Werte von Sauer (2000) liegen etwas unter den kalkulierten Zahlen nach Wendland et al. (1993). Im Rahmen der N-Bilanz für die Mittlere Altmühlalb werden für Waldgebiete mittlere N-Zufuhren von 10 kg/ha*Jahr und für landwirtschaftlich genutzte Flächen von 190 kg/ha*Jahr angenommen (Tab. 22).

Tab. 20: N-Einträge im Gebiet der Altmühlalb [kg/ha*Jahr]

	Mittlere Altmühlalb				Östliche Altmühlalb	
	Sauer 2000		Wendland et al. 1993		BML 1997	
	Wald	LF**	Wald	LF**	Wald	LF**
Atmosphärische Deposition	11,8	9,7-13,7	~ 30 (10-65*)	~ 30 (10-65*)	12,3	8,2
Mineraldünger (inkl. Leguminosen)	0	113-117	0	140-170	0	k.A.
Wirtschaftsdünger	0	4-43	0	60-80 (60 OSM)	0	k.A.

* in Anlehnung an Bufe 1984 ** LF: Landwirtschaftlich genutzte Fläche

Tab. 21: N-Austräge über das Erntegut im Gebiet der Altmühlalb [kg/ha*Jahr]

	Mittlere Altmühlalb			Solling
	Landwirtschaftlich genutzt Fläche			Wald
	Sauer 2000	Wendland et al. 1993	Bach 1987	Ulrich et al. 1992*
N-Austräge über das Erntegut [kg/ha·J]	108-112	130-160	110-130	< 14

* in Scheffer und Schachtschabel 1992

N-Austräge über das Erntegut

Über das Erntegut, das gasförmige Entweichen infolge Denitrifikation und Auswaschung gelangen Stickstoffverbindungen aus dem karsthydrologischen System. Der Stickstoffaustrag über das Erntegut und die Nitratauswaschung stellen dabei erfassbare Größen im Stickstoffkreislauf dar. Die große Unbekannte bilden Stickstoffverluste durch Denitrifikation. Nicht zuletzt ist die Intensität der Denitrifikation die Schlüsselkomponente zur NO_3^--bezogenen Bewertung der Schutzfunktion der Grundwasserüberdeckung. Auf der Ebene von Quelleinzugsgebieten können die NO_3^--N-Auswaschungsverluste über die Konzentrationen in den Quellwässern und die Höhe der Grundwasserneubildung abgeleitet werden. Eine wichtige Komponente bildet dabei auch die Verteilung von forst- und landwirtschaftlicher Nutzfläche im Einzugsgebiet.

Die Stickstoffverluste über das Erntegut können aus den Arbeiten von Bach 1987 und Wendland et al. 1993 abgelesen werden. Für die Mittlere Altmühlalb liegen die N-Ernteverluste zwischen 110-150 kg/ha*Jahr (Tab. 21). Die Berechnungen für die Gemarkungen Pfahldorf und Haunstetten bewegen sich im Bereich von 110 kg N/ha*Jahr (Sauer 2000: 78). Für die N-Bilanz (Tab. 22) wird auf landwirtschaftlich genutzten Flächen mit einem mittleren N-Ernteenzug von 140 kg/ha*Jahr gerechnet. Die N-Ernteausträge aus der forstwirtschaftlichen Nutzung sind weitaus geringer. Nach Ulrich et al. (in Scheffer und Schachtschabel 1992: 360) führt der jährliche Zuwachs an Biomasse zu einer N-Akkumulation von 14 kg/ha*Jahr. Wird die Hälfte des jährlichen Zuwachses an Waldbiomasse dem System durch Holzeinschlag wieder entzogen, lässt sich nach vorsichtigen Schätzungen ein jährlicher N-Entzug durch die Forstwirtschaft von 5-10 kg/ha*Jahr kalkulieren (Tab. 22).

N-Austräge über Auswaschung

Grundlage für die Berechnung der N-Austräge über das Sickerwasser bilden die Nitratgehalte der Quellwässer im Untersuchungsgebiet. Differenziert nach den verschiedenen hydrogeologischen Quelltypen schwanken die mittleren Konzentrationen zwischen 17,8 und 38,5 mg/l (Tab. 22). Die niedrigsten Konzentrationen liegen im Bereich des Überdeckten Tiefenkarsts vor, wohingegen der Seichte Karst die höchsten Werte aufweist. In ähnlicher Weise zeigt das

Streudiagramm in Abb. 28 (oben Mitte) Unterschiede im Nitratgehalt hinsichtlich des hydrogeologischen Quelltyps. Alle Quellen aus dem Überdeckten Tiefenkarst (Quelltyp III) kennzeichnen sich durch Werte unter 35 mg NO_3^-/l. Die Quellen des Seichten Karsts (Quelltyp I: Ø 38,5 mg NO_3^-/l) weisen höhere Nitratgehalte auf als die Quellen im Offenen Tiefenkarst (Quelltyp II: Ø 25,6 mg NO_3^-/l). Nach Glaser (1998: 90) sind diese Unterschiede - insbesondere unter Berücksichtigung der niedrigen Werte im Überdeckten Tiefenkarst - auf das zeitlich nicht ausgewogene Verhältnis von Stoffeintrag zu -austrag zurückzuführen. In der räumlichen Darstellung (Abb. 29) scheint sich diese Hypothese auf den ersten Blick auch zu bestätigen. Quellen mit >35mg NO_3^-/l treten vor allem im Anlautertal und im Bereich des Kindinger Talknotens auf, d.h. bei Karstquellen besonders niedriger mittlerer Verweilzeiten. Anderseits können teils auch im Offenen Tiefenkarst vergleichbar hohe Nitratgehalte an den Quellen nachgewiesen werden (z.B. Quelle Eichstätt), wenn das Einzugsgebiet überwiegend ackerbaulich genutzt wird. Inwieweit muss nicht auch das heterogene Landnutzungsmuster mit in Erwägung gezogen werden? Ungeklärt sind bisher auch die niedrigen Nitratwerte in den erstmals aufgenommenen hängenden Grundwasserlinsen (Abb. 28, oben Mitte, Quelltyp IV).

Chlorid und Nitrat besitzen in der Mittleren Altmühlalb eine ähnlich gelagerte Eintragsfunktion: Der übergeordnete Einfluss der landwirtschaftlichen Nutzung im Einzugsgebiet auf den Stoffgehalt des Grundwassers konnte anhand des Chlorids bereits gezeigt werden (Abb. 27). Auch Stickstoffverbindungen gelangen überwiegend durch den diffusen Eintrag auf landwirtschaftlichen Flächen in das karsthydrologische System (Tab. 22). Nach Abb. 27 korrespondieren die Chloridgehalte mit den Anteilen an ackerbaulicher Fläche im Einzugsgebiet. Mit Ausnahme des Überdeckten Tiefenkarsts (Quelltyp III) konnte selbst für den Offenen Tiefenkarst kein signifikanter Hinweis auf einen retardierten Cl^--Austrag infolge längerer Verweilzeiten nachgewiesen werden. Die Nitratgehalte in den Karstquellen der Freien Albhochfläche (Quelltyp I und II) zeigen ein vergleichbares Austragsverhalten (Abb. 27, rechts, *r*= 0,82). Allerdings deutet sich bei den hängenden Grundwasserlinsen ein Unterschied an. Die Nitratwerte sind in den Quellwässern der Tertiärüberdeckung wesentlich niedriger. Unter Berücksichtigung einer verminderten Grundwasserneubildung in Waldgebieten (DWD 2001) berechnen sich für die jeweiligen hydrogeologischen Quelltypen die N-Frachten am Quellaustritt (Tab. 22). Ähnlich den $N0_3^-$-Konzentrationen zeigen auch die

Frachten je nach Quelltyp Unterschiede. Über die Quellen der hängenden Grundwasserlinsen wird - im Vergleich zur Situation im Seichten Karst - nur etwa die Hälfte an Stickstofffracht (10,8 kg N/ha*Jahr) ausgetragen. Auch im Offenen Tiefenkarst (13,5 kg N/ha*Jahr) fallen die Frachten merklich niedriger aus als im Seichten Karst (20,9 kg N/ha*Jahr).

Tab. 22: Stickstoffbilanz in der Mittleren Altmühlalb (Eigene Berechnungen)

	Quelltyp			
	I Seichter Karst	II Offener Tiefenkarst	III Überdeckter Tiefenkarst	IV Hängende GW-Linse
Grundwasser-überdeckung	Schicht-fazies	Misch- und Massenfazies	Tertiär-überdeckung	Tertiär-überdeckung
Ackerfläche [%]	61,8	40,7	61,6	75
	N-Einträge in Waldgebieten [kg/ha·Jahr]			
Atmosphäre*	~ 10	~ 10	~ 10	~ 10
	N-Einträge in landwirtschaftlichen Gebieten [kg/ha·Jahr]			
Atmosphäre*	~ 10	~ 10	~ 10	~ 10
Düngung*	~ 180	~ 180	~ 180	~ 180
	Grundlagen für Kalkulation N-Einträge			
Grundwasserneubildung LF [mm]**	250	250	200	200
Grundwasserneubildung Wald [mm]**	220	220	180	180
Jährlicher N-Ernte-Entzug [kg/ha·J]	140	140	140	140
Jährlicher N-Entzug Wald [kg/ha·J]	5-10	5-10	5-10	5-10
Anzahl gemessener Quellen [n]	36	27	8	27
Nitrat im Quellwasser [mg/l]	38,5	25,6	17,8	24,3
	N-Austräge [kg/ha·Jahr]			
Pflanzen	89,4	61,4	89,0	106,9
Quellwasser	20,9	13,5	7,8	10,8
	N-Bilanz [kg/ha·J]			
Eintrag	121,2	83,3	120,7	145,0
Austrag (ohne Denitrifikation)	110,3	74,9	96,8	117,8
Denitrifikation	11,0	8,3	23,9	27,4
Anteil am Stickstoffüberschuss	34%	38%	75%	72%

* nach Tab. 20 ** nach Tab. 11

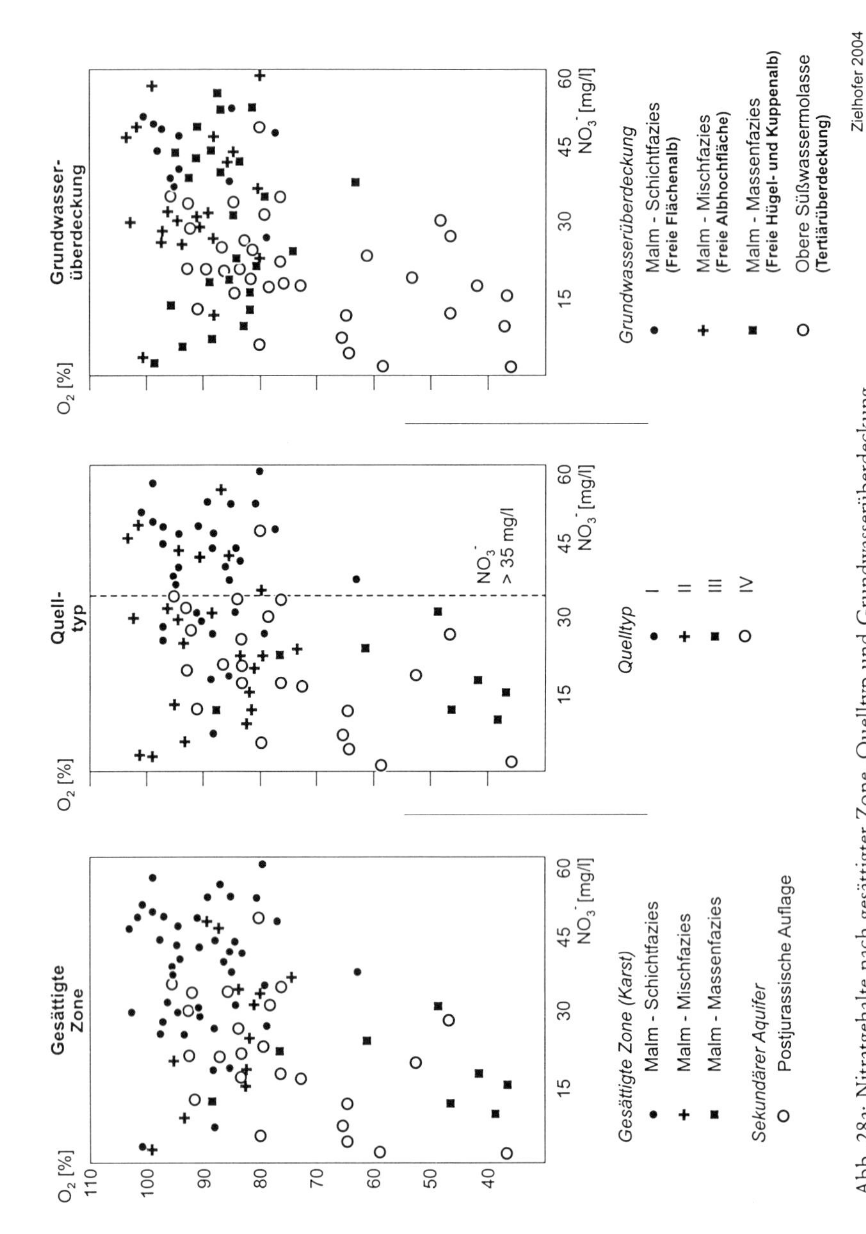

Abb. 28a: Nitratgehalte nach gesättigter Zone, Quelltyp und Grundwasserüberdeckung

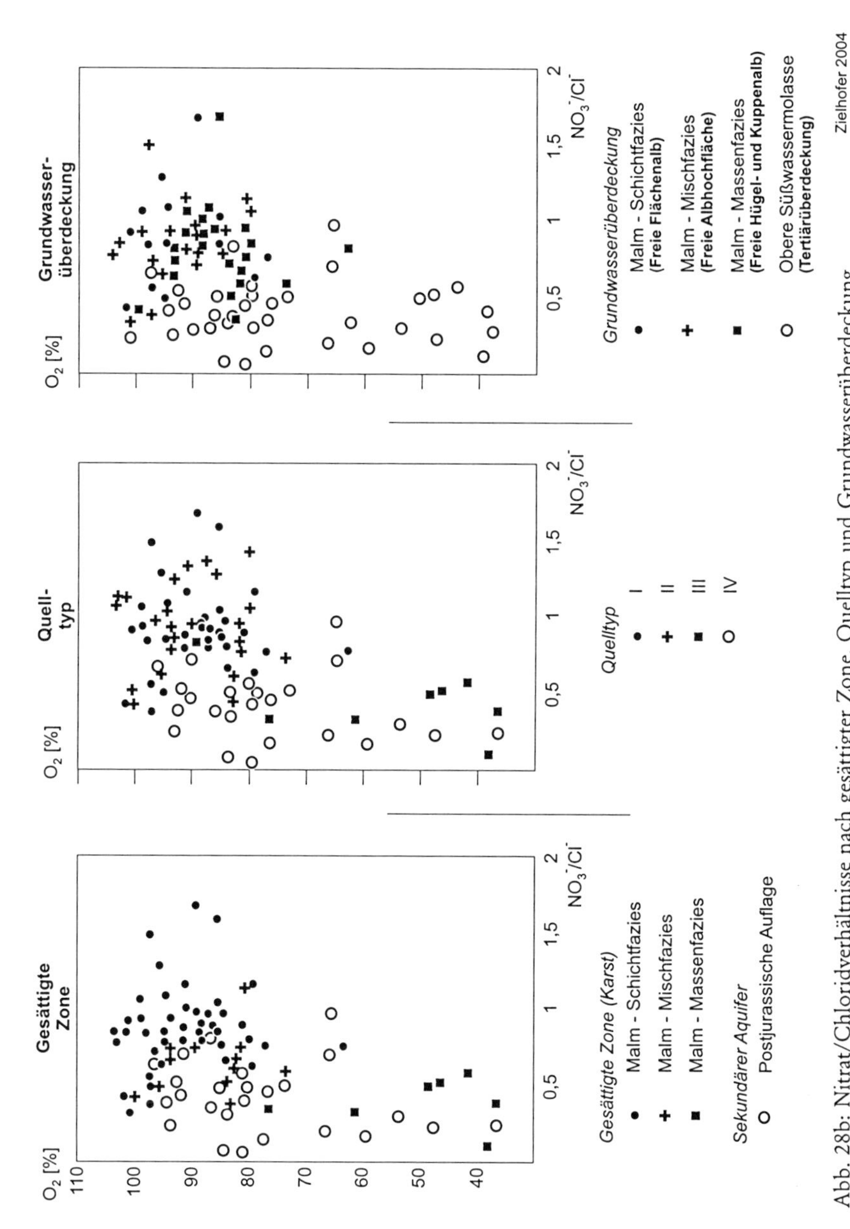

Abb. 28b: Nitrat/Chloridverhältnisse nach gesättigter Zone, Quelltyp und Grundwasserüberdeckung

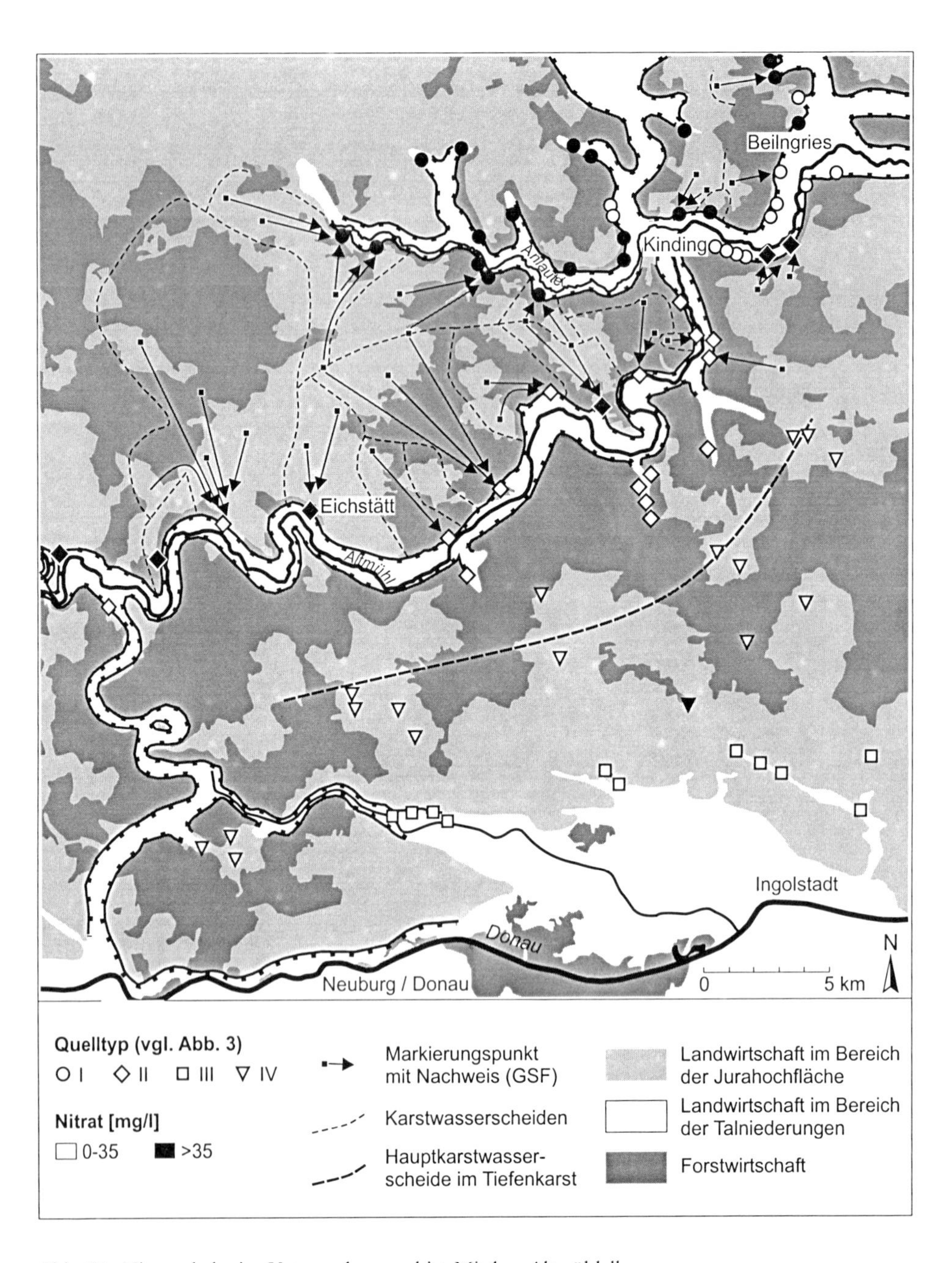

Abb. 29: Nitratgehalte im Untersuchungsgebiet Mittlere Altmühlalb

N-Bilanz und resultierende N-Austräge über Denitrifikation

Stickstoffausträge erfolgen neben der NO_3^--Auswaschung durch Denitrifikation in der ungesättigten und gesättigten Zone (Schulte-Kellinghaus 1998). Die Denitrifikation ist abhängig von Nitrat-Gehalt, Wassersättigung, verfügbarem Kohlenstoff, Temperatur und pH-Wert (Benckiser 1996; Wendland et al. 1993; Scheffer und Schachtschabel 1992: 265). Neben der Wassersättigung und dem Vorhandensein an organischer Substanz betont Benckiser (1996: 90) den Einfluss der Bodenart. Er konnte auf Parabraunerden 2-4fach höhere Denitrifikationsraten beobachten als auf sandigen Braunerden. Hohe Denitrifikationsraten finden speziell unter anaeroben Verhältnissen statt (Köhne und Wendland 1992). In den Böden Mitteleuropas sind gute Voraussetzungen zur Denitrifikation auf wenige Wochen im Frühjahr und Herbst beschränkt (Benckiser 1996; Hack 1999). Hohe Wassersättigung und Bodentemperaturen noch über 10°C können gasförmige N-verluste von 1 bis 2 kg N/ha pro Tag zur Folge haben (Hack 1999: 221). Dagegen ist die Denitrifikation bei Temperaturen unter 5°C und pH-Werten unter 6 stark gehemmt. In der gesättigten Zone ist der limitierende Faktor der Denitrifikation die Verfügbarkeit von organischem Material (Schulte-Kellinghaus 1988).

Die Denitrifikation ist ein mikrobiologischer Prozess. Manche Bakterien (u.a. *Pseudomonas* oder *Achromobacter*) sind fähig bei O_2-Mangel den Nitrit- oder Nitratsauerstoff als Elektronenakzeptor zu verwerten. Die Reduktion von Nitrat führt über Nitrit (NO_2^-) zu den gasförmigen Produkten in der Folge $NO \rightarrow N_2O \rightarrow N_2$. Als Energiematerial (Elektronendonator) dient dabei mikrobiell verfügbarer, organischer Kohlenstoff, wie er in Pflanzenrückständen, Wurzelausscheidungen u. a. enthalten ist. Die Denitrifikation erfolgt erst dann, wenn der Sauerstoffgehalt lokal nahezu vollständig verbraucht ist. Sie ist besonders hoch in schlecht drainierenden und dicht lagernden Böden, kann aber auch in gut durchlüfteten Böden stattfinden, wenn die Sauerstoffdiffusion dem Sauerstoffverbrauch im Bereich der Mikroporen nicht nachkommt (Houzim et al. 1986: 102; Scheffer und Schachtschabel 1992: 265). Auf dem Maßstab von Quelleinzugsgebieten kann der Gasverlust durch Denitrifikation nicht direkt ermittelt werden. Aus dem Saldo aller bekannten Werte zum Stickstoffhaushalt (Tab. 22) resultiert der N-Verlust durch Denitrifikation. Die relativ niedrigen Lösungsfrachten im Offenen Tiefenkarst (Quelltyp II) können an dieser Stelle nicht unbedingt auf höhere Denitrifikation zurückgeführt werden, vielmehr sind die Stickstoffeinträge aufgrund des geringen

Ackeranteils primär beschränkt. Deutliche Unterschiede bei der Denitrifikation ergeben sich zwischen dem unbedeckten Karst (Quelltyp I und II) und der überdeckten Zone (Quelltyp III und IV). Die N-Bilanz ist im Überdeckten Tiefenkarst (Quelltyp III) aus methodischen Gründen problematisch, da N-Eintrag und N-Austrag infolge hoher Verweilzeiten im Aquifer nicht im Gleichgewicht stehen. Jedoch weist die N-Bilanz für die hängenden Grundwasserlinsen (Quelltyp IV) auf hohe Denitrifikationsleistungen im Bereich der Tertiärüberdeckung hin. Die Denitrifikation stellt hier etwa ¾ des N-Austrags im Untergrund dar (Tab. 22).

NO_3^-/Cl^--Verhältnis als Denitrifikationszeiger

Nach den Ergebnissen aus der N-Bilanz besitzt die Tertiärüberdeckung hohe Denitrifikationsleistungen und somit eine messbare Schutzfunktion gegenüber Grundwasserverunreinigungen durch Nitrat. Eine zusätzliche Option zur Abschätzung des Selbstreinigungsvermögens bietet sich über das NO_3^-/Cl^--Molverhältnis an. Nach Abb. 27 besitzen die Cl^-- als auch die NO_3^--Konzentrationen im Quellwasser einen signifikanten Zusammenhang zum Anteil an Ackerfläche im Einzugsgebiet. Beide Anionen unterliegen demzufolge einer vergleichbaren Eintragsfunktion in räumlicher Hinsicht. Auch die zeitliche Komponente des Stoffeintrags ist ähnlich, wenngleich die N-Düngung in Deutschland etwa ein- bis zwei Jahrzehnte später einsetzte (Hölting 1992: 332). Bei mehr oder weniger übereinstimmender Eintragsfunktion stellt das NO_3^-/Cl^--Molverhältnis einen Zeiger für die Intensität von Nitratabbauprozessen in hydrologischen Systemen dar. Voraussetzung sind lediglich geringe geogene Chloridgehalte im Aquifer (Nach Kap. 5.2.2 sind in den hängenden Grundwasserlinsen etwas erhöhte geogene Chloridgehalte [ca. 8-10 mg/l] zu erwarten, die Konzentrationen sind jedoch im Vergleich zur anthropogenen Stofffracht nach wie vor gering.). Der vorliegende Stammdatensatz erlaubt eine Differenzierung der NO_3^-/Cl^--Molverhältnisse nach hydrogeologischen Quelltypen oder der Art der Grundwasserüberdeckung. Gegliedert nach hydrogeologischen Quelltypen (Abb. 30, links) verringert sich das NO_3^-/Cl^--Molverhältnis vom Seichten Karst (0,93) über den Offenen Tiefenkarst (0,69) zum Überdeckten Tiefenkarst (0,43). Entsprechend der zunehmenden mittleren Verweildauer im Grundwasserraum könnte die Verschiebung in Richtung des Chlorids auf Denitrifikationsprozesse innerhalb der gesättigten Zone schließen (u.a. nach Wendland et al. 1993). Berücksichtigt man das NO_3^-/Cl^--Molverhältnis der hängenden Grundwasserlinsen, dann muss neben dem Nitratabbau in der gesättigten Zone auch von Denitrifikationsprozessen in der Grundwasserüberdeckung ausgegangen werden. Die Quellen aus hängenden Grundwasserlinsen zeigen vergleichbare NO_3^-/Cl^--Verhältnisse wie der Überdeckte Tiefenkarst (Abb. 30, links), d.h. der niedrige Wert aus dem Bedeckten Tiefenkarst (0,43) kann auch über Abbauraten innerhalb der Tertiärüberdeckung (0,45) erklärt werden. Eine nitratspezifische Schutzfunktion der Tertiärüberdeckung ist somit offensichtlich.

Massenfaziesvorkommen in der ungesättigten Zone verlängern die Verweildauer des Sickerwassers (Glaser 1998). In Form einer Arbeitshypothese (Kap. 3.1.3) wird der Massenfazies in der ungesättigten Zone eine gegenüber der Schichtfazies leicht erhöhte Grundwasserschutzfunktion zugesprochen. Die NO_3^-/Cl^--Molverhältnisse nach der Art der Grundwasserüberdeckung (Abb. 30, rechts) zeigen auch einen Unterschied zwischen Schicht- (0,88) und Massenfazies (0,76). Für eine signifikante Aussage ist die Differenz allerdings nicht ausreichend. Lediglich im Bereich der Tertiärüberdeckung ist der Wert (0,42) merklich niedriger. Die Variation der Grundwasserüberdeckung führt zu Unterschieden im Nitratabbaupotential. Welche Rolle spielt hier wiederum die eigentliche Bodenzone?

Denitrifikationszonen in der Grundwasserüberdeckung

Die Ergebnisse großräumiger Untersuchungen zum Stickstoffhaushalt zeigen Bilanzlücken von bis zu 100 kg N/ha pro Jahr (Bach 1987b; Öster. UBA 1996). Die fehlenden Stickstoffmengen können lediglich über gasförmige Stickstoffverluste interpretiert werden, da sonstige N-Pfade lückenlos erfassbar sind. Dementsprechend fallen bei großräumigen N-Bilanzen die Stickstoffverluste durch Denitrifikation häufig relativ hoch aus. Die landesweite Stickstoffbilanz des Öster. UBA (1996) ergab über das Ausschlussprinzip einen gasförmigen N-Verlust von 25-30% der gesamten Stickstoffzufuhr, bzw. ca. 60% vom Stickstoffüberschuss. Die geschätzten N-Verluste durch Denitrifikation liegen nach der vorliegenden N-Bilanz für die Mittlere Altmühlalb in einer teils vergleichbaren Größenordnung (Tab. 22). Auch direkte Messungen gasförmiger N-Verluste in der Bodenzone - v.a. über die ^{15}N-Methode - bewegen sich teilweise in Größenordnungen von 10-20% (Goulding et al. 1993; Watson et al. 1992), partiell sogar 25-50% (Olson 1980; Jagnow und Söchtig 1983; Capelle und Baeumer 1985) der gesamten Stickstoffzufuhr. Allerdings kommen zahlreiche Forschungsarbeiten, in denen gasförmige N-

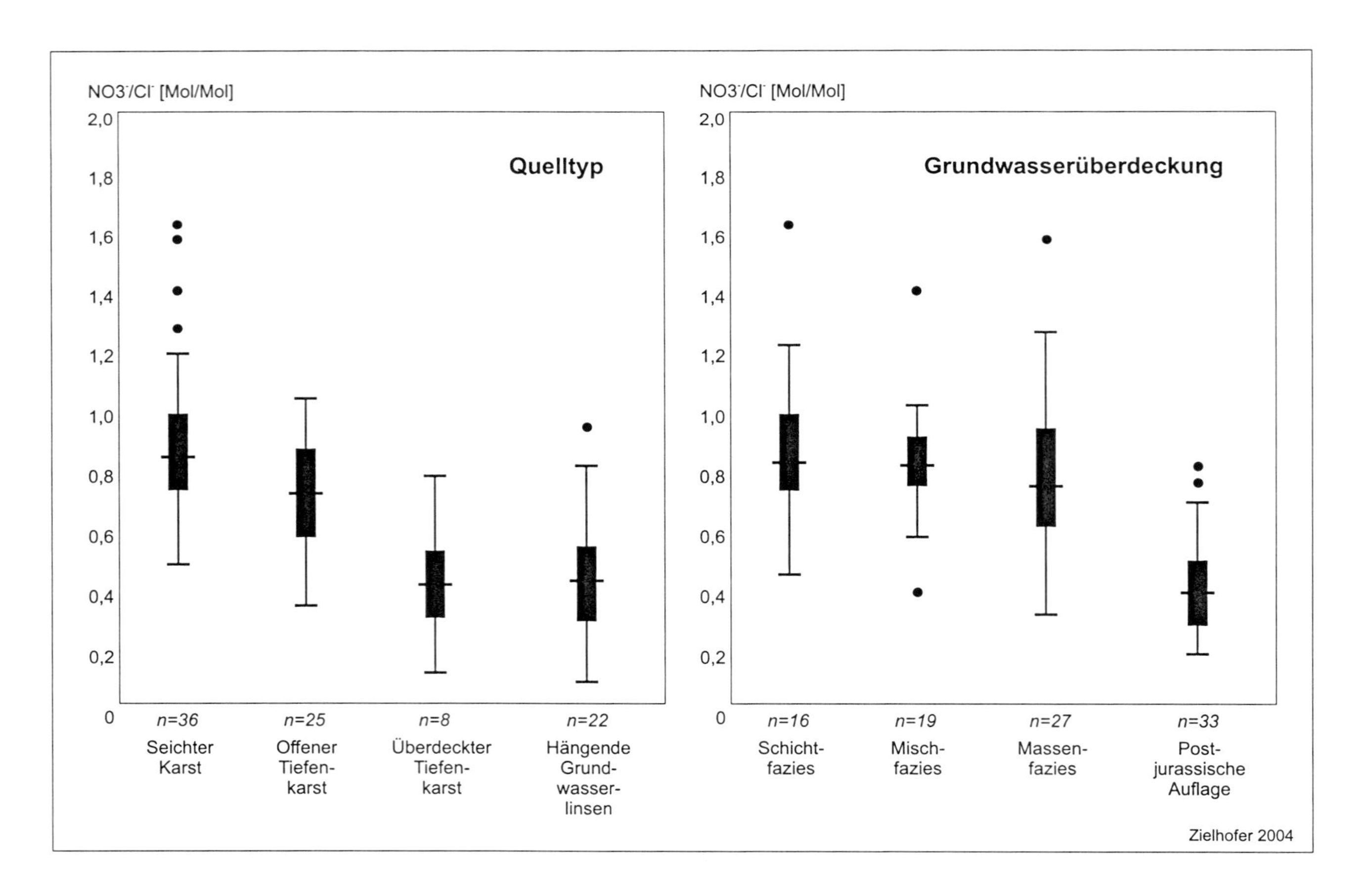

Abb. 30: Nitrat/Chloridverhältnisse nach Quelltypen und Grundwasserüberdeckung

Verluste über die Acetylen-Inhibierungs-Technik (AIT) erfasst wurden, zu wesentlich geringeren Werten. Insbesondere bei grundwasserfernen Böden liegen die Stickstoffverluste meist unter 5-10% des Stickstoffüberschusses (u.a. Ryden et al. 1979; Benckiser et al. 1986, 1987; Benckiser 1996: 90; Hack 1999). Bereits Becker et al. (1990a: 25-30; 1990b: 59-64) kritisieren die AIT-Methode, da kurze Messzeiten und nicht berücksichtigte Prozesse bei der Gasdiffusion - insbesondere in feinporenreichen Böden - zu einer Unterschätzung der Denitrifikationsraten führen können. Selbst über die ^{15}N-Methode sind Unterschätzungen der tatsächlichen Denitrifikationsraten möglich, wenn der bodeneigene Stickstoff nicht in die Berechnungen mit einbezogen wird, sondern nur der ^{15}N-geimpfte Mineraldünger (Becker 1990: 31-36). So fordert Benckiser (1996: 94) als Ziel zukünftiger Denitrifikationsforschungen primär methodische Verbesserungen bei der Erfassung der gasförmigen N-Verluste.

Direkte Messungen zum gasförmigen N-Verlust (AIT-Methode, ^{15}N-Messung) konzentrieren sich auf die Denitrifikation in der Bodenzone. Nach dem bisherigen Kenntnisstand liegt hier der Schwerpunkt im Bereich der Ackerkrume bzw. des Wurzelraums (Scheffer und Schachtschabel 1992: 270; Benckiser 1996: 90). Allerdings zeigen in der Mittleren Altmühlalb vor allem die N-Bilanzen aus der Tertiärüberdeckung höhere Denitrifikationsleistungen an, als grundsätzlich nach direkten Messungen innerhalb der Bodenzone angenommen werden kann. Zwar können den Bodentypen der miozänen Grundwasserüberdeckung (Parabraunerden und Pseudogleyen) höhere Nitratabbauleistungen zugesprochen werden als ihren Vertretern auf der freien Albhochfläche (Köhne und Wendland 1992; Wendland et al. 1993), für eine Denitrifikationsleistung von ca. 75% des Stickstoffüberschusses (Tab. 22) reichen die günstigen Bedingungen in der Bodenzone jedoch nicht aus. Innerhalb der miozänen Grundwasserüberdeckung können auch den Bereichen unterhalb der Bodenzone günstige Denitrifikationsbedingungen zugesprochen werden. Die O_2-Messungen aus den hängenden Grundwasserlinsen bescheinigen dem Milieu einen niedrigen O_2-Partialdruck (Abb. 28, unten). Aussagen zur Intensität und zeitlichen Variabilität des mikrobiellen Nitratabbaus sind dagegen schwierig und können auch nach Ergebnissen aus anderen Arbeitsgebieten nicht genau quantifiziert werden (u.a. Krumholz 2000: 6).

Das Vorhandensein an organischer Substanz fördert das Denitrifikationspotential in der Grundwasserüberdeckung (Diepolder 1995; Chapelle 2000: 45). Die DOC-

Analysen (z.B. Quelle Gut Wittenfeld: ∅ 2,8 mg/l) und Messungen zum $KMnO_4$-Verbrauch (∅ 1,6 mg/l) bescheinigen den Aquiferen aus der Tertiärüberdeckung vergleichsweise hohe Konzentrationen an organischem Material. Neben der oberflächennahen Lage der hängenden Grundwasserlinsen können die erhöhten organischen Frachten auch auf organisches Material in den Sedimenten selbst (Kap. 2.3) zurückgeführt werden.

Fallbeispiele Gut Wittenfeld und Denkendorfer Tertiärsenke

Insbesondere im Winter und Frühjahr, in Zeiten verstärkter Grundwasserneubildung und verminderter mikrobieller Aktivität, gelangt das Nitrat in den Aquifer. Je nach Retentionsvermögen des Aquifers kann demnach mit saisonalen Schwankungen beim Nitratgehalt gerechnet werden (Coxon 1999: 48). Besonders hohe Schwankungen im Nitratgehalt sind bei den Quellen im Bereich der Tertiärüberdeckung zu vermuten, denn die saisonalen Variationen bei den Wassertemperaturen (Kap. 3.1.3) deuten bereits auf die oberflächennahe Lage der hängenden Grundwasserlinsen hin. Aus zahlreichen Saugkerzen- und Lysimeterversuchen ist bekannt, dass die Nitratgehalte im oberflächennahen Untergrund starken Veränderungen unterliegen. Hohe Konzentrationen im Winter können dabei im Vergleich zum gesamten Jahresverlauf von kurzer Dauer sein, sie sind in Kombination mit hohen Sickerwasserraten jedoch verantwortlich für den überwiegenden Teil der eingetragenen Stofffracht (u.a. Strebel und Rengler, in Scheffer und Schachtschabel 1992: 271; Ramsbeck, in Klotz und Seiler 1999: 103-106). In jüngeren Arbeiten wird dabei immer wieder die Bedeutung von Makroporen- bzw. Bypass-Flüssen hervorgehoben (u.a. Seiler et al., in Klotz und Seiler 1999: 19-28; Brümmer et al. 2000).

Für die Quellen aus hängenden Grundwasserlinsen existieren bisher keine Erfahrungen über saisonale Schwankungen im Nitratgehalt. Aus diesem Grunde wurden im hydrologischen Jahr 1999/2000 drei Quellen aus dem Gebiet der Tertiärüberdeckung ein- bis zweimonatlich auf ihre Ionengehalte hin untersucht (Abb. 31). Während der Wintermonate waren die Beprobungsintervalle teilweise noch enger, speziell nach längeren Niederschlagsphasen sind zusätzliche Analysen durchgeführt worden. Für die hängenden Grundwasserlinsen im Wassertal bei Denkendorf sowie auf Gut Wittenfeld sind die hydrogeologischen Gegebenheiten bereits in Kap. 2.4.2 dargelegt. Im Wassertal besteht der Grundwasserleiter aus

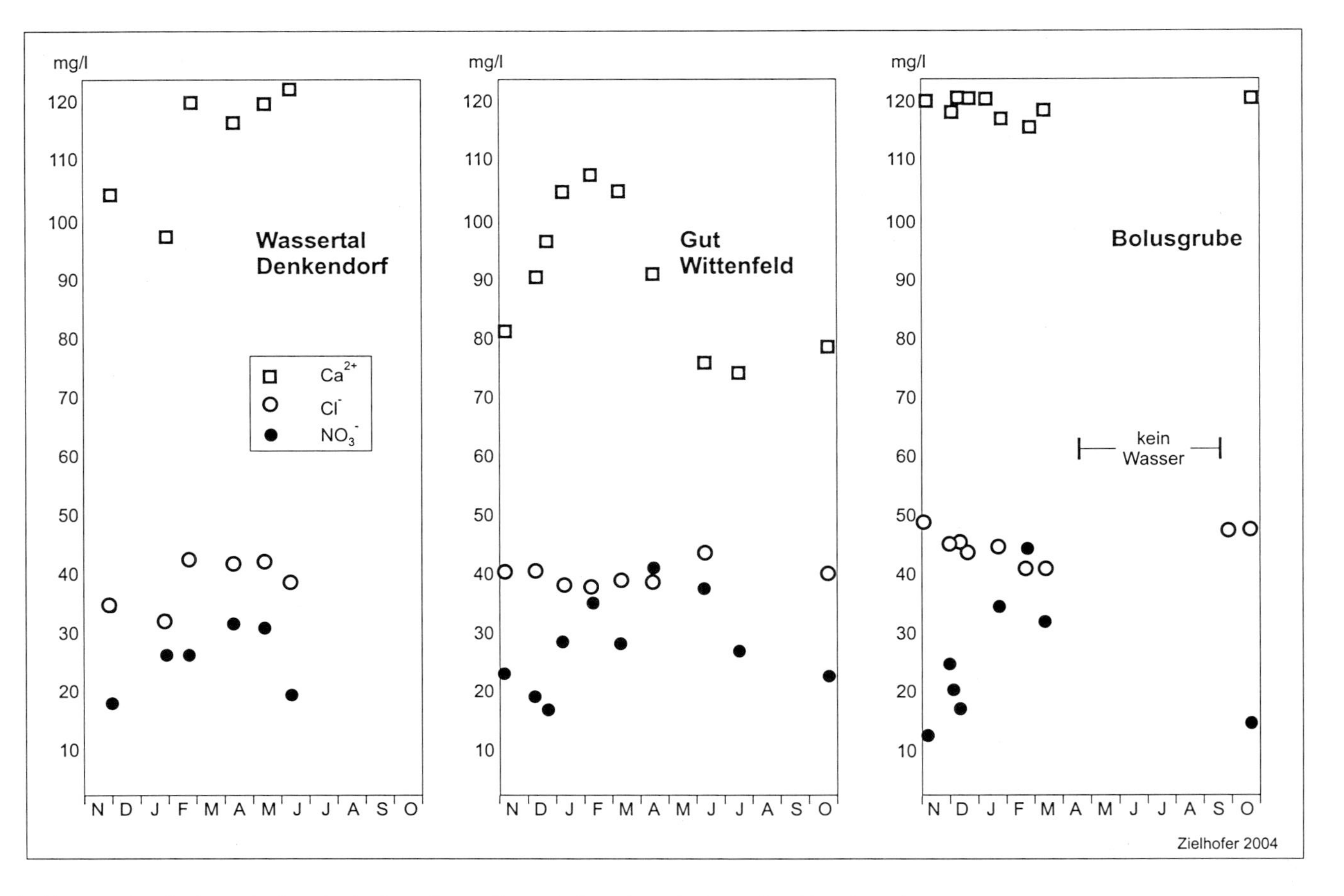

Abb. 31: Oberflächennahe hängende Grundwasserlinsen (saisonale Variationen im Chemismus)

miozänen Süßwasserkalken, auf Gut Wittenfeld bildet die sandige Fazies der Oberen Süßwassermolasse einen sekundären Aquifer. Die Bolusgrube (Abb. 31) bei Adelschlag ist ein Ponor (Schluckloch). Ein natürlicher Bachlauf entwässert ein flachmuldenartiges Einzugsgebiet innerhalb der Oberen Süßwassermolasse, bevor er mit zunehmender Eintiefung an der Kontaktzone zum Malm in das karsthydrologische System eintritt. Die Einzugsgebiete der drei ausgewählten hängenden Grundwasserlinsen sind ausschließlich unter ackerbaulicher Nutzung. Darüber hinaus wurde bei der Auswahl darauf geachtet, dass die Grundwasserlinsen möglichst tief unter der Geländeoberfläche liegen, d.h. dass Temperaturverlauf (vgl. auch Abb. 18) und Schüttung vergleichsweise geringe Schwankungen aufweisen, um temporäre Einwirkungen von Makroporenflüssen zu vermeiden. Selbst bei hohen Sickerwasserraten im Winter fallen die Quelltemperaturen im Wassertal und auf Gut Wittenfeld nicht unter 8 bzw. 5 °C. Aus den Bohrungen im Verlauf der geologisch-pedologischen Geländearbeiten (Kap. 2.4.2) ist bekannt, dass die Grundwasseroberflächen teilweise bis 5 m unterhalb der Geländeoberkante liegen. Die wasserführenden Schichten der Bolusgrube liegen oberflächennäher. Im Sommer fällt der Ponor trocken. Die chemischen Analysen zeigen bei den hängenden Grundwasserlinsen insgesamt höhere Konzentrationsschwankungen als sie von den Quellen des Hauptkarstaquifers bekannt sind. Indessen konnten nach längeren Niederschlagsphasen im Herbst oder angehendem Frühjahr keine sprunghaften Anstiege des Nitrats beobachtet werden. Auch fallen höhere NO_3^--Konzentrationen nicht unmittelbar mit hohen Sickerwasserraten zusammen. Vielmehr konnten in der Tendenz die höchsten Nitratgehalte retardiert im März bis Mai beobachtet werden (Abb. 31). Die Nitratkonzentrationen stehen mit dem jahreszeitlichen Witterungsverlauf nicht unmittelbar in Zusammenhang, vermutlich bereits eine Folge des relativ großen Flurabstands (vgl. auch Knappe et al., in Klotz und Seiler 1999: 32). So konnten u.a. auch Strebel und Renger (1982) bei mächtigen Lößböden nur eine langsame Tiefenverlagerung der Nitratfront beobachten mit gering ausfallenden Konzentrationsschwankungen im unteren Profilbereich.

Im Bereich der Tertiärüberdeckung liegen die Nitratgehalte der saisonal beprobten hängenden Grundwasserlinsen auch in Zeiten hoher Sickerwasserraten mit ca. 25 bis 40 mg/l deutlich unter den Werten aus dem Seichten Karst. Neben den eigenen chemischen Untersuchungen an hängenden Grundwasserlinsen liegen über die Sondierungsarbeiten im Rahmen der ICE-Neubautrasse Nürnberg-München

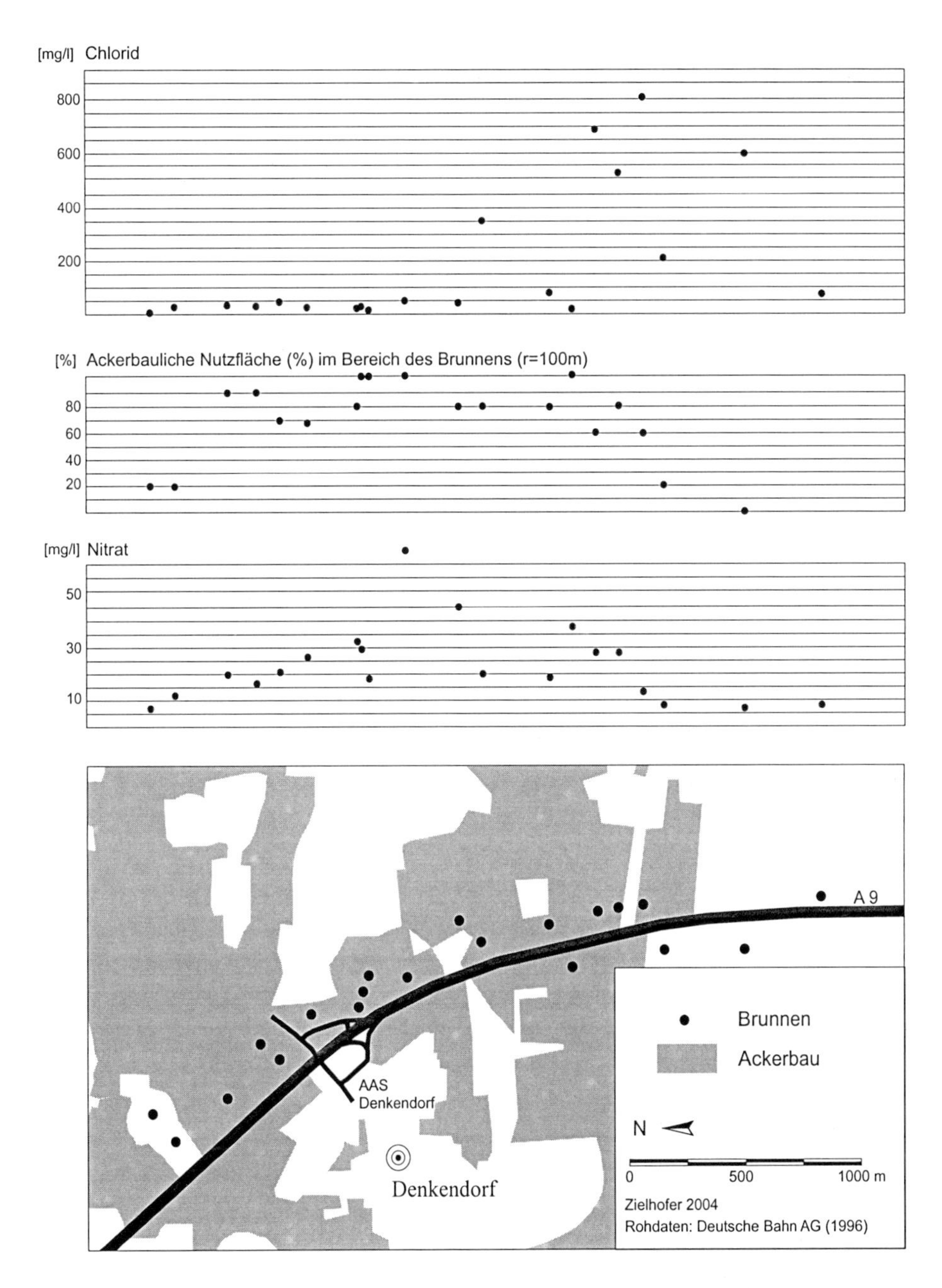

Abb. 32: Landnutzung und Belastung des Grundwassers im Raum der Denkendorfer Tertiärsenke

einige Analysen der Deutschen Bahn AG vor. Bei den beprobten Standorten im Bereich der Denkendorfer Tertiärmulde (Abb. 8) handelt es sich um Brunnen, deren Filterstrecken im Mittel 11,5 m unter Flur liegen (Kap. 3.1.3). Die Brunnen wurden nur ein- bis zweimal im Jahr beprobt, jedoch sind die aufgenommenen Nitratgehalte stabil. In Abb. 32 sind die mittleren NO_3^--Gehalte der Brunnen in Abhängigkeit zur Landnutzung im Einzugsgebiet dargestellt (im Radius *r*=100m um den Brunnenstandort). Einerseits zeigt sich ein Anstieg der NO_3^--Gehalte mit zunehmendem Anteil des Ackerbaus, andererseits liegen die NO_3^--Gehalte auch hier unter den Werten der Karstquellen in der unbedeckten Zone. Die extrem hohen Chloridkonzentrationen im Süden der Denkendorfer Tertiärmulde stehen in Zusammenhang mit der winterlichen Autobahnsalzung.

5.2.4 Schwefelhaushalt

Im aeroben und neutralen Milieu liegen mobile Schwefelverbindungen in der Form von gelösten Sulfatanionen vor. Die in der Regel hohen Sauerstoffsättigungen und neutralen pH-Bedingungen im Karstaquifer erlauben eine Beschränkung der Schwefelbilanz auf die Sulfatmessung. Feste Schwefelverbindungen werden dem System über Düngemittel und atmosphärische Trockendeposition zugeführt, sie gelangen jedoch nur über Sulfationen ins Grundwasser. Auch ohne anthropogene Einflüsse ist Sulfat bereits in höheren Konzentrationen in den Quellwässern der Mittleren Altmühlalb nachweisbar als Chlorid und Nitrat. Durch menschliche Aktivität nur wenig beeinflusste Quellwässer aus dem Tiefenkarst weisen Sulfat-Konzentrationen zwischen 8 und 35 mg/l auf (Abb. 33). Diese Werte stehen entsprechend für die geogene Grundfracht im Einzugsgebiet.

S-Einträge

Über Düngemittel und erhöhte atmosphärische Deposition sind die Schwefeleinträge in den landwirtschaftlich als auch forstwirtschaftlich genutzten Flächen anthropogen beeinflusst. Für die Mittlere Altmühlalb kalkuliert Sauer (2000: 75) aktuelle S-Einträge über die Atmosphäre von 7,6 bis 9,3 kg S/ha*Jahr. Wobei die atmosphärische Deposition in den Waldgebieten etwas höher liegt als im Freiland (Tab. 23). Die Ergebnisse sind vergleichbar mit den Daten der Waldklimastation Riedenburg in der Östlichen Altmühlalb (BML 1997). Erhöhte S-Einträge in Waldbeständen sind auf Auskämmeffekte zurückzuführen (u.a. Gisi 1990). Auf den landwirtschaftlichen Flächen ist S-Düngung vor allem für Rapskulturen bedeutsam. Über den flächenhaften Anteil der Rapskulturen in der Gemarkung Haunstetten und Pfahldorf, sowie über Mitteilungen des örtlichen Bauernverbands (Bogner, in Sauer 2000) berechnete Sauer (2000: 76) S-Düngeeinträge auf Ackerflächen zwischen 2 und 5,5 kg/ha*Jahr. Zur Vereinfachung wird ein mittlerer S-Eintrag über Düngemittel von 3 kg/ha*Jahr kalkuliert (Tab. 21). Somit sind die S-Einträge in waldbaulichen und landwirtschaftlichen Gebieten in Anlehnung an Sauer (2000) annähernd gleich hoch (Tab. 23). Für die Mittlere Altmühlalb wird ein mittlerer S-Eintrag von 10 kg/ha*Jahr angenommen.

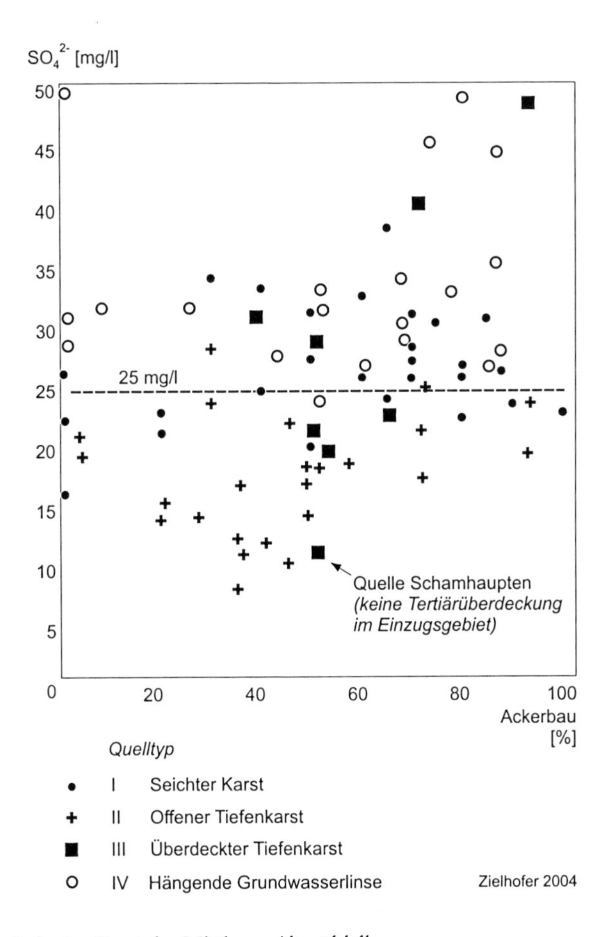

Abb. 33: Sulfatgehalte im Karst der Mittleren Altmühlalb

Tab. 23: S-Einträge [kg/ha*Jahr] in der Mittleren und Östlichen Altmühlalb

	Mittlere Altmühlalb Sauer 2000		Östliche Altmühlalb BML 1997	
	Böhming Wald	Haunstetten Freiland	Riedenburg Wald	Riedenburg Freiland
Atmosphärische Deposition	9,3	7,6	10,4	6,7
Düngung	0	~ 3	0	k.A.

Sulfatausträge

Bei den S-Bilanzen nach Quelltypen schwanken die mittleren Sulfat-Konzentrationen im Arbeitsgebiet zwischen 18 und 32 mg/l (Tab. 24). Dabei weisen die Quellen aus dem Offenen Tiefenkarst im Durchschnitt die niedrigsten, die Quellen der hängenden Grundwasserlinsen die höchsten Gehalte auf. Unter der Annahme einer mittleren Grundwasserneubildung von 200 bis 250 mm/Jahr (Tab. 11 und Tab. 24) entsprechen die Sulfat-Konzentrationen mittleren SO_4^{2-}-S-Austrägen zwischen 15 und 22,5 kg S/ha*Jahr. Einschließlich der S-Austräge über die Pflanzen (Erntegut, forstwirtschaftliche Nutzung) bewegen sich je nach Quelltyp die Gesamt-S-Austräge zwischen ca. 21 und 28,5 kg/ha*Jahr. Dass die Sulfat-Gehalte in den Quellwässern mehr oder weniger unabhängig von der Landnutzung im Einzugsgebiet zu betrachten sind, deutet das Streudiagramm in Abb. 33 an. Trotz unterschiedlich hohen Anteils an ackerbaulicher Nutzung zeigt das Diagramm keine zwingende Zu- oder Abnahme der Sulfatwerte. Vielmehr lassen sich unterschiedlich hohe S-Frachten und S-Gehalte über die differenzierte Betrachtung nach der Art des Quelltyps bzw. der Grundwasserüberdeckung ableiten (siehe unten).

S-Bilanz

Zumindest für den Seichten Karst (Quelltyp I) und die hängenden Grundwasserlinsen der Tertiärüberdeckung (Quelltyp IV) kann von einem ausgeglichenen Verhältnis anthropogener S-Einträge und S-Austräge ausgegangen werden, da die mittleren Verweilzeiten des Grundwassers auf wenige Jahre beschränkt sind (Kap.

Tab. 24: Sulfatbilanzen in der Mittleren Altmühlalb

Quelltyp	I Seichter Karst	II Offener Tiefenkarst	III Überdeckter Tiefenkarst	IV Hängende GW-Linse
Grundwasser-überdeckung	Schicht-fazies	Misch- und Massenfazies	Tertiär-überdeckung	Tertiär-überdeckung
	Einträge Sulfat-S [kg/ha·J]			
Mittlerer Eintrag*	~ 10	~ 10	~ 10	~10
	Grundlagen für Kalkulation Austräge von Sulfat-S			
Grundwasser-neubildung [mm]**	~ 250	~ 250	~ 200	~ 200
Mittlere Sulfat-konzentration im wasser [mg/l]	27	18	28	32
	Austräge Sulfat-S [kg/ha·J]			
Pflanzen***	~ 6	~ 6	~ 6	~ 6
Quellwasser	22,5	15	18,8	21,3
	Sulfat-S [kg/ha·J]			
Mittlerer Eintrag	~ 10	~ 10	~ 10	~ 10
Mittlerer Austrag	28,5	21,0	24,8	27,3
	Geogene Fracht			
Fracht [kg/ha·J]	18,5	k.A.	k.A.	17,3
Anteil [%]	65	k.A.	k.A.	63

* nach Tab. 23 ** nach Tab. 11

*** nach Ullrich et al. (1979) beträgt im Wald der Sulfat-Entzug durch Pflanzenaufnahme 12-13 kg S/ha·J. In der Landwirtschaft ca. 3 kg S/ha·J (Sauer 2000). Zur Vereinfachung geht in die Kalkulation ein mittlerer Wert von 6 kg S/ha·J ein.

4.1). Zudem sind Sulfatanionen in gelöster Form sehr mobil und unterliegen nur äußerst schwacher spezifischer bzw. unspezifischer Adsorption (Scheffer und

Schachtschabel 1992: 108-109). Eine längerfristige Zwischendeposition im Aquifer ist somit auszuschließen (vgl. Bottrell et al. 2000). Stellt man für den Seichten Karst und die hängenden Grundwasserlinsen den S-Eintrag und S-Austrag gegenüber, dominieren nach wie vor die geogenen Anteile am Gesamtaustrag mit ca. 60 bis 65% (Tab. 24). Die Erhöhung der Sulfat-Konzentrationen im Quellwasser infolge anthropogen bedingter S-Zufuhr liegt im Bereich von ≈10 mg SO_4^{2-}/l.

Einfluss der Grundwasserüberdeckung

Die Grundwasserüberdeckung ist für die geogene Sulfatfracht von besonderer Bedeutung. Die anthropogen wenig beeinflussten Quellen aus dem Überdeckten Tiefenkarst weisen durchschnittliche Sulfat-Konzentrationen von 28 mg/l auf. Die Gehalte liegen damit über den Werten im Offenen Tiefenkarst (∅ 18 mg/l). Gegebenenfalls zeigt sich hier der Einfluss der Tertiärüberdeckung. Die Sulfatgehalte in den Quellen aus hängenden Grundwasserlinsen liegen in der Regel über 25 mg/l (Abb. 33). In siliziumreichen, klastischen Sedimenten wie der Oberen Süßwassermolasse treten gehäuft Sulfat- oder S-haltige Minerale auf (u.a. Baryt, Coelestin - mündl. Mitteilung Trappe). Nach Tab. 25 lässt sich ein Unterschied im Sulfatgehalt aufgrund verschiedenartiger Malmfazies in der Grundwasserüberdeckung vermuten: Wird die Grundwasserüberdeckung von massigen Karbonatgesteinen gebildet, sind die Sulfatgehalte im Grundwasser auffällig niedrig. Der Sulfat-Schwellenwert von 25 mg/l führt zu einem erkennbaren räumlichen Verteilungsmuster im Untersuchungsgebiet (Abb. 34). Hohe Sulfatgehalte bei Schichtfaziesvorkommen liegen möglicherweise in den zahlreichen Mergellagen begründet, diese sind in der Regel reich an sulfidischen Mineralen (Eisensulfide, Zinkblende).

Tab. 25: Mittlere SO_4^{2-}-Gehalte nach der Art der Grundwasserüberdeckung

Grundwasserüberdeckung	n	Std.-Abw.	SO_4^{2-} [mg/l]
Postjurassische Auflage (OSM)	30	3,07	35,6
Malm - Schichtfazies	17	1,67	26,9
Malm - Mischfazies	31	1,66	23,8
Malm - Massenfazies	13	1,69	18,2

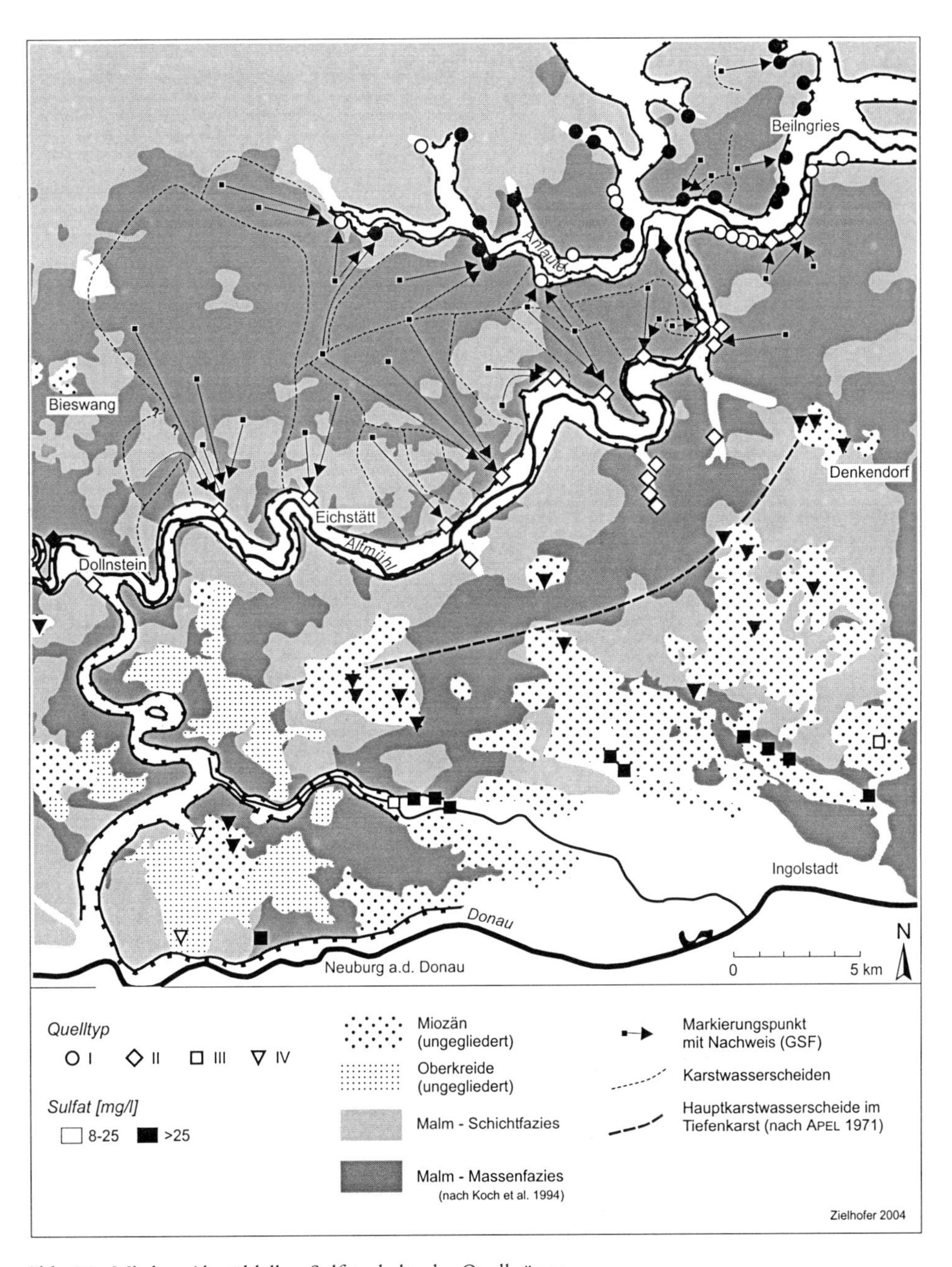

Abb. 34: Mittlere Altmühlalb - Sulfatgehalte der Quellwässer

5.2.5 Pflanzenschutzmittel im Grundwasser

Wegen des niedrigen Adsorptionspotentials der teils sehr geringmächtigen Böden und des häufigen Auftretens von Makroporenflüssen können Karstlandschaften sensibel auf die Anwendung von Pflanzenschutzmitteln reagieren (Milde et al. 1988; Coxon 1999: 49). Neben der Grundwassergefährdung durch diffuse Pestizid-einträge wird in der angewandten Hydrologie auch die Möglichkeit des punktuellen Eintrags von Pflanzenschutzmitteln diskutiert (Pasquarell und Boyer 1996). In diesem Zusammenhang sei auf Kap. 5.3 verwiesen. Der Kenntnisstand zu Pestizidverunreinigungen im Karstgrundwasser ist bei weitem rudimentärer als der zur Nitratbelastung. Die zeit- und geräteaufwendige Analytik sowie das breite Spektrum an Agrochemikalien und deren Abbauprodukte (Metabolite) erschweren die Möglichkeit einer konkreten Bewertung. Zur Zeit sind weltweit 300 bis 400 Wirksubstanzen auf dem Markt (Perkow und Ploss 1996). Die im Rahmen der vorliegenden Arbeit mittels HPLC nachweisbaren 40 Pflanzenschutzmittel und Metabolite gehören ausschließlich zur Produktgruppe der Herbizide (Tab. 26). Die Auswahl der untersuchten Herbizide richtet sich primär nach den methodischen Möglichkeiten des Analyseverfahrens. So konnten z.B. spezielle Herbizidanwendungen im Hopfenanbau nicht berücksichtigt werden. Da über die toxische Wirkung von Pestiziden wenig bekannt ist, orientieren sich die Grenzwerte in der Europäischen Union gleichsam an der analytischen Nachweisgrenze, d.h. bereits kleinste Konzentrationen führen zu Überschreitungen des Trinkwassergrenzwertes von 0,1 µg/l. Pestizide sind nicht nur wegen ihres niedrigen Grenzwerts ein wasserwirtschaftliches Problem, insbesondere ihr heterogenes Mobilitäts- und Abbauverhalten hat schwer kalkulier- und prognostizierbare Probleme im Trinkwassermanagement zur Folge (Coxon 1999).

Nachgewiesene Pflanzenschutzmittel

Zwischen Sommer 1998 und Frühjahr 2000 wurden an den Quellen der Mittleren Altmühlalb mit landwirtschaftlicher Nutzung im Einzugsgebiet teilweise mehrmals Herbizid-Screenings durchgeführt. Von 40 analysierten Wirkstoffen und Metaboliten konnten 14 im Quellwasser nachgewiesen werden (Tab. 26). Die 149 Messungen verteilten sich auf 83 Quellstandorte. Lediglich an drei Quellen mit landwirtschaftlicher Nutzung im Einzugsgebiet sind keine Belastungen mit Herbiziden aufgetreten. Die Analysen belegen die nach wie vor präsente Atrazin-

Tab. 26: Untersuchte Pestizide und Nachweise mittels HPLC (Sommer 1998 bis Frühjahr 2000)

Herbizide (und Metabolite)	Nachweis-grenze [µg]	Anzahl Messungen [n]	Nachweise [n]
Desethylatrazin	0,01	149	145
Atrazin	0,01	149	134
Terbuthylazin	0,01	149	22
Simazin	0,01	149	22
Desethylterbuthylazin	0,02	149	14
Desethylsimazin	0,02	149	13
Chloridazon	0,01	149	7
Isoproturon	0,02	149	4
Metazachlor	0,03	149	4
Diuron	0,02	149	4
Pendimethalin	0,03	149	4
Propazin	0,01	149	3
Metolachlor	0,03	149	1
Metamitron	0,02	149	1

Metoxuron, Carbetamid, Bromacil, Cyanazin, Metabenzthiazuron, Chlortoluron, Desmetryn, Monolinuron, Metobromuron, Sebuthylazin, Terbutryn, Diflbenzuron, Fluroxypyr-MHE, Ethidimuron, Imidacloprid, Metribuzin, Metalaxyl, Pirimicarb, Terbumetron, Triadimenol, Linuron, Propyzamid, Ethofumesast, Tebutam, Flurochloridon und Prosulfocarb konnten in allen Proben nicht nachgewiesen werden.

problematik im Untersuchungsgebiet. Trotz des endgültigen Atrazinverbots seit 1992, bilden in der Mittleren Altmühlalb Atrazin und das Abbauprodukt Desethylatrazin knapp 80% der Nachweise an Pflanzenschutzmitteln. Untergeordnet konnten weitere Herbizide im Grundwasser nachgewiesen werden. Hier bilden wiederum Atrazinnachfolge- bzw. -alternativpräparate den größten Anteil. Die stichprobenartig durchgeführten Herbiziduntersuchungen können den quantitativen Stoffaustrag nicht wiedergeben, denn Konzentrationen an Pflanzenschutzmitteln unterliegen im Quellwasser häufig größeren Schwankungen. Applikationszeitpunkt, Witterung und das stoffspezifische Abbau- und Sorptionsverhalten steuern die Komplexität potentieller Durchgangskurven. Allerdings lassen sich zumindest für Atrazin und Desethylatrazin über die stichprobenartigen Analysen folgende Regelmäßigkeiten bzw. Auffälligkeiten herausarbeiten: a) Außerhalb der base flow-Zeiten konnten keine Konzentrationen an Atrazin und Desethylatrazin gemessen werden, welche über jenen innerhalb der base flow-Zeiten lagen. Die aktuellen Gehalte an Atrazin und Desethylatrazin sind nicht auf junge Applikationen zurückzuführen, sondern müssen als Altlast einer langjährigen Anwendung interpretiert werden. Ansonsten wäre nach größeren Niederschlagsereignissen mit erhöhten Atrazin-Konzentrationen zu rechnen (Larsson und Jarvis 2000: 134). b) Im Gegensatz zu aktuellen Herbiziden sind Atrazin und Desethylatrazin zu allen Jahreszeiten nachweisbar. Vor allem während der base flow-Zeiten unterliegen die Gehalte einer auffälligen, über den Untersuchungszeitraum prognostizierbaren Konstanz. Ein Indiz für die Herkunft des Atrazins aus dem Karstspeichersystem (Kap. 6.8).

Pestizid-Leaching ins Grundwasser

Nur ein sehr geringer Teil der ausgetragenen Pflanzenschutzmittel gelangt ins Grundwasser. Normalerweise sind Pestizide im Oberboden an organische Substanz und Tonminerale fest gebunden und werden dort mineralisiert (Scheffer und Schachtschabel 1992: 353; Felding 1997: 64-66; Vanderheyden et al. 1997: 237; Businelli et al. 2000: 186). Allerdings können Pflanzenschutzmittel über temporäre Makroporenflüsse aus dem Oberboden ausgewaschen werden (Bärlund 1998; Brown et al. 2000: 83). Je kleiner dabei die Adsorptionsfreudigkeit (k_{oc}-Wert) des Pestizids, desto größer ist die Gefahr der Grundwasserkontamination über Makroporenflüsse (Baskaran et al. 1996: 333; Brown et al. 2000: 92; Larsson und Jarvis 2000: 133). Die über hiesiges HPLC-Verfahren nachweisbaren 40 Herbizide besitzen aus methodischen Gründen allesamt mittlere k_{oc}-Werte. Das vermehrte Auftreten eines bestimmten Herbizids im Quellwasser kann demnach nicht auf geringeres Sorptionsverhalten zurückgeführt werden, sondern steht eher in Verbindung mit Häufigkeit und Menge der Applikation (mündl. Mitteilung Hagenguth, Bayer. LfW). Makroporenflüsse sind aktiv, wenn nach stärkeren oder andauernden Niederschlägen das Bodenwasser die Feldkapazität übersteigt (Bärlund 1998; Larsson und Jarvis 2000: 134), daher ist gerade nach Niederschlagsereignissen mit erhöhten Austrägen an aktuell applizierten Pflanzenschutzmitteln zu rechnen. Die Analysen der Quellwässer können diese Hypothese nicht zwingend belegen. Jedoch gelang der Nachweis von Neuapplikationen nur, wenn die Quelle einen Anschluss an das *shaft flow system* (Abb. 3) besitzt und die Probeentnahme unmittelbar während der Spritzzeiten - vor allem im Frühjahr - stattfand. Bei Neuapplikationen können Spitzenwerte von bis zu 2 µg/l im Quellwasser auftreten, wohingegen die Gesamtgehalte an Atrazin und Desethylatrazin - von zwei Proben abgesehen - unter 1 µg/l liegen. Wenn Pflanzenschutzmittel aus aktuellen Anwendungen nur episodisch im Quellwasser nachweisbar sind, reichern sie sich im Speichersystem des Karstaquifers nicht an. Dagegen ist Atrazin im Basisabfluss nachweisbar. Es wurde demnach während der früheren Anwendung nicht vollständig mineralisiert bzw. ausgetragen.

Abbau- und Abreicherungsverhalten von Atrazin im Aquifer

Atrazin wird durch hydrolytische Abspaltung des Chlorids vom Triazinring und/oder durch Abtrennung der Aminoalkylgruppen metabolisiert (Perkow und Ploss 1996). Bei der Abtrennung der Aminoalkylgruppen entsteht überwiegend Desethylatrazin, welches nach Zerfall des Triazinringes in Ammonium und Kohlendioxid vollständig mineralisiert werden kann. Der Abbau findet in erster Linie über mikrobiologische Aktivität statt (u.a. Comber 1999: 697; Hoyle und Arthur 2000: 93). Die Metabolisierung hin zum Desethylatrazin erfolgt dabei relativ schnell, die Halbwertzeit des Atrazins schwankt im Oberboden zwischen ein paar Wochen bis hin zu mehreren Monaten (Scheffer und Schachtschabel 1992: 354; Vanderheyden et al. 1997: 237). Der eigentliche Zerfall des Triazinringes durch Mikroorganismen kann allerdings wesentlich länger dauern. Die hohe mikrobiologische Aktivität im Oberboden bedingt eine nahezu vollständige Mineralisierung des Atrazins (Vanderheyden et al. 1997: 237). Wird Atrazin indes aus der Oberbodenzone ausgewaschen, so können lediglich Degradationsprozesse im Unterboden bzw. in der ungesättigten Zone eine Grundwasserkontamination verhindern. Möglicherweise kann im Unterboden ein Potential zur Metabolisierung und zur Mineralisation des Atrazins vorhanden sein. Der Prozess verläuft dabei jedoch erheblich gehemmt und wesentlich langsamer (Vanderheyden et al. 1997: 237). Issa et al. (1997: 102) haben unter Laborbedingungen (25°C) nach 3 Monaten Inkubationszeit teilweise noch Atrazin-Rückstandsraten von über 90% im Unterbodenmaterial nachweisen können, dem gegenüber standen nur 0-22% im Oberboden. Ein chemischer Abbau war grundsätzlich nicht zu beobachten. In einer ähnlichen Studie zeigten Issa und Wood (1999: 542-543), dass nach 6 Monaten Inkubationszeit in ungesättigter, kretazischer Schreibkreide bis zu 40%

des Atrazins metabolisiert wurde. Die Studie erfolgte ebenfalls unter Laborbedingungen (25°C). Im tatsächlichen Temperaturmilieu muss ein langsamerer Metabolisierungsprozess angenommen werden. Allerdings sind keine Langzeitstudien zum Abbauverhalten des Atrazins unter natürlichen Bedingungen bekannt.

Ähnlich obliegt auch das Abbaupotential in der gesättigten Zone einem gehemmten Metabolisierungsprozess, da die Menge der *microbial communites* sowie der organischen Nährstoffe gegenüber der Bodenzone wesentlich geringer sind (Grigg et al. 1997: 212; Vanderheyden et al. 1997: 237). Die noch wenigen wissenschaftlichen Studien zum Abbauverhalten des Atrazins in der gesättigten Zone haben Hoyle und Arthur (2000) zusammengetragen und diskutiert. Die 14 Untersuchungen lassen sich nur schwer miteinander vergleichen, da geologisches Substrat, Inkubationszeiten und Temperaturmilieu je nach Laborversuch erheblich voneinander abweichen. Unter grundwasserähnlichen Temperaturbedingungen konnten keine Biotransformationsprozesse festgestellt werden, wobei die Beobachtungszeiträume zwischen 22 und 539 Tagen variierten (Hoyle und Arthur 2000). Unter günstigeren Laborbedingungen erfolgte der Nachweis von *microbial communites* im Grundwassermilieu, welche zur Metabolisierung bzw. selbst zur vollständigen Mineralisation des Atrazins imstande sind. Grundsätzlich muss von sehr langen Halbwertzeiten des Atrazins im Grundwasser ausgegangen werden, kalkulierbare Aussagen zum mikrobiellen Abbau in der gesättigten Zone sind nicht möglich (Hoyle und Arthur 2000). Der abiotische Abbau von Atrazin ist im Grundwasser bei pH-Werten über 4 vernachlässigbar (Comber 1999: 696).

Neben den flächenhaften Herbizid-Screenings zwischen Sommer 1998 und Frühjahr 2000 liegen für 16 Altmühlquellen (Quelltyp II) längerfristige Pflanzenschutzmittel-Messreihen vor. Das WWA Ingolstadt beprobt seit 1994 die Quellen im etwa halbjährlichen Turnus. Es handelt sich überwiegend um Quellen aus dem Offenen Tiefenkarst mit landwirtschaftlicher Nutzung im Einzugsgebiet. In Abb. 35 sind die Herbizid-Messreihen in Form von *box plots* dargestellt. Für einen Zeitraum von nun mehr 6 Jahren lassen sich signifikante Verschiebungen oder Trends weder im Atrazin/Desethylatrazin-Verhältnis noch im Herbizid-Gesamtgehalt beobachten. Beim Atrazin/Desethylatrazin-Verhältnis liegt der Medianwert etwa bei 0,7, der Gesamtgehalt an Atrazin und Desethylatrazin bewegt sich um 0,4 µg/l. Die Messreihen geben kein hinreichendes Indiz für kurz- oder mittelfristige Veränderungen. Ein Abbau- oder Abreicherungsverhalten im

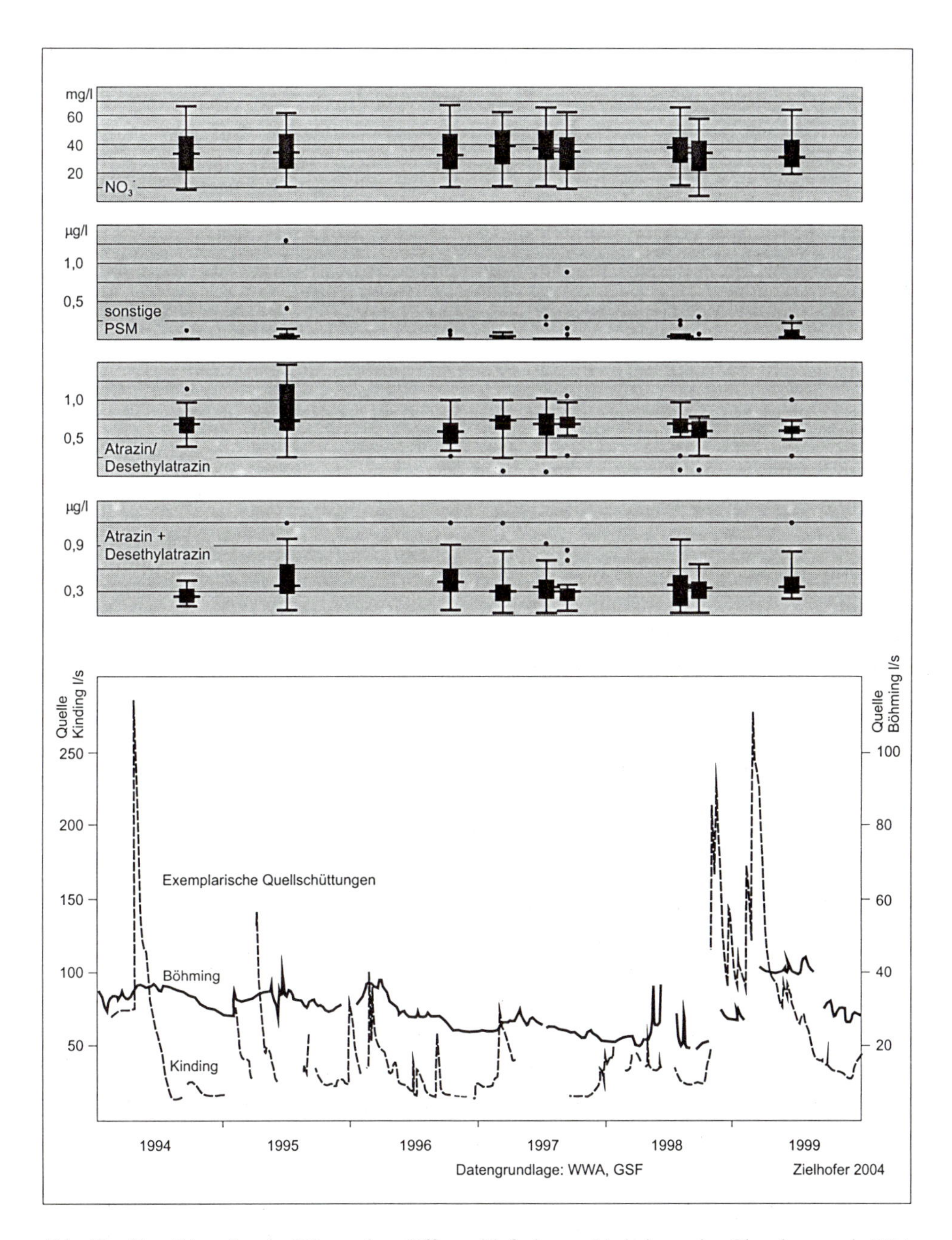

Abb. 35: Altmühlquellen (n=24) aus dem Offenen Tiefenkarst - Variationen im Chemismus seit 1994

Karstaquifer kann nicht festgestellt werden. Die box plots zu den *sonstigen* Pflanzenschutzmitteln zeigen ein anderes Bild. Nachweise sind meist negativ, der Median liegt allgemein unter 0,1 µg/l. Über die Punkte sind Ausreißer dargestellt, d.h. temporär auftretende Spitzenkonzentrationen, welche keiner zeitlichen Konstanz unterliegen und nicht an bestimmte Quellstandorte gebunden sein müssen. Eine Anreicherung im Karstspeichersystem durch sonstige, analysierte Pflanzenschutzmittel findet nicht statt, da keine positiven Nachweise in reinen base flow-Zeiten möglich sind.

Atrazinausträge nach Quelltypen und Art der Grundwasserüberdeckung

Mit der räumlichen Gliederung nach hydrogeologischen Quelltypen (Kap. 4.1) sind unterschiedlich lange Verweilzeiten im Aquifer verbunden. Entsprechend ändert sich das Mischalter des Grundwassers am Quellaustritt. Ungeachtet des Abbauverhaltens der Pflanzenschutzmittel im karsthydrologischen System sind die Konzentrationen im Quellwasser abhängig von der Durchgangsfunktion im Aquifer. Werden Pflanzenschutzmittel, wie Atrazin und Desethylatrazin, mit dem base flow ausgetragen, sind sie Bestandteil des Speichersystems (Abb. 3). Über die mittleren Verweilzeiten im Karstspeicher sind für die Mittlere Altmühlalb Kenntnisse vorhanden (Apel 1971; Pfaff 1987; Glaser 1998; siehe Kap. 4.1). Neben dem Stofftransport bildet der Stoffeintrag die entscheidende Einflussgröße auf die Stoffkonzentration im Quellwasser. Die Gehalte an Atrazin und Desethylatrazin sollten demnach auch einen Zusammenhang mit der Landnutzung im Einzugsgebiet erkennen lassen. Abb. 36 (links) zeigt die Gesamtgehalte an Atrazin und Desethylatrazin in Abhängigkeit von hydrogeologischem Quelltyp und Landnutzung im Einzugsgebiet. Unabhängig vom Quelltyp können nur dann hohe Konzentrationen im Quellwasser nachgewiesen werden, wenn der Anteil an ackerbaulicher Nutzfläche entsprechend hoch ist. Umgekehrt kann allerdings nicht vom Anteil der ackerbaulichen Fläche auf die Gesamtgehalte an Atrazin und Desethylatrazin geschlossen werden. Die Werte zeigen eine deutliche Abhängigkeit vom jeweiligen Quelltyp. Sie steigen von den hängenden Grundwasserlinsen über den Seichten Karst zum Offenen Tiefenkarst auffällig an (siehe auch Tab. 27). Angesichts der hohen Komponente an sehr altem Grundwasser (Kap. 4.1) fallen die Atrazin- und Desethylatrazingehalte im Überdeckten Tiefenkarst erwartungsgemäß wieder. Unter Beachtung des seit 10 Jahren bestehenden Atrazinverbots lässt sich aus Tab. 27 und dem linken Streudiagramm in Abb. 36 folgende

Schlussfolgerung ziehen: In den hängenden Grundwasserlinsen und im Seichten Karst, d.h. in den jüngeren Aquiferen sind die Gesamtgehalte an Atrazin und Desetyhlatrazin schon erheblich zurückgegangen, da sich der Gesamtabfluss zum großen Teil aus jungen, atrazinarmen Wässern zusammensetzt. Die niedrigen Konzentrationen bezeugen eine sich gen Ende neigende Durchgangskurve. In den Karstquellen des Offenen Tiefenkarstes sind die Konzentrationen nach wie vor sehr hoch. Möglicherweise ein Zeichen für die noch nicht abgeschlossene Durchgangsfunktion im Speichersystem des Offenen Tiefenkarsts. Hingegen liefern die 6jährigen Atrazin-Zeitreihen der 16 Altmühlquellen aus dem Offenen Tiefenkarst (Abb. 35) bisher keinen verlässlichen Hinweis auf eine zeitverzögerte Durchgangsfunktion. Auch ist nicht bekannt, ob die Werte im Seichten Karst jemals so hoch waren wie aktuell im Offenen Tiefenkarst. Glaser (1998: 132-133) hat zwischen 1994 und 1995 stichprobenartige Konzentrationsmessungen an Atrazin und Desethylatrazin im Bereich der Östlichen Altmühlalb durchgeführt. Nach seinen Untersuchungen waren die Werte im Seichten Karst noch am höchsten (meist über 0,40 µg/l). Leider ist ein direkter Vergleich seiner Ergebnisse mit den hiesigen nicht möglich, da die Untersuchungsgebiete nicht identisch sind.

Tab. 27: Mittlere Gesamtgehalte an Atrazin und Desethylatrazin nach Quelltyp

Quelltyp		n	Std.-Abw.	ATR+DES [µg/l]
I	Seichter Karst	33	0,18	0,29
II	Offener Tiefenkarst	21	0,40	0,46
III	Bedeckter Tiefenkarst	8	0,06	0,12
IV	Hängende Grundwasserlinsen	16	0,20	0,20

Tab. 28: Mittlere Gesamtgehalte an Atrazin und Desethylatrazin nach der Art der Grundwasserüberdeckung (gewichtet über den Anteil an Ackerfläche im Einzugsgebiet)

Grundwasserüberdeckung	n	Std.-Abw.	ATR+DES [µg/l]
Tertiärüberdeckung	15	0,38	0,37
Malm - Schichtfazies	12	0,14	0,35
Malm - Mischfazies	18	0,43	0,94
Malm - Massenfazies	18	0,38	0,86

Das rechte Streudiagramm in Abb. 36 erlaubt eine weitere räumliche Gliederung der Gesamtgehalte an Atrazin und Desethylatrazin im Gebiet der Mittleren Altmühlalb. Werte von über 0,4 µg/l treten nur auf, wenn das Einzugsgebiet der Quelle in der Grundwasserüberdeckung bedeutende Vorkommen an massigen Karbonatgesteinen aufweist. Die hohen Werte sind folglich an die räumliche Ausdehnung der Freien Hügel- und Kuppenalb gebunden.

5.3 Anthropogene Belastung durch punktuelle Stoffeinträge

Mangels Vorfluter dienen auf der Albhochfläche zahlreiche Dolinen zur punktuellen Einleitung von Siedlungsabwässern (Kap. 3.2). Neben einer Vielzahl von Straßenentwässerungen existieren allein im Landkreis Eichstätt derzeit noch ca. 20 Kläranlagen mit unmittelbarem Zugang an das karsthydrologische System. In Abb. 37 verdeutlichen hydrochemische Zeitreihen exemplarischer Quellen stoffliche Veränderungen infolge Kläranlagenstillegungen im Einzugsgebiet. Über punktuelle Versickerung gelangen gelöste und/oder partikelgebundene Stoffe in das karsthydrologische System, welche normalerweise im Oberboden fest absorbiert werden (Smith und Schrale 1982: 22; Coxon 1999: 47). Kalium- und Ammoniumkationen werden an den Austauscheroberflächen der Tonminerale spezifisch gebunden, Phosphat wird vor allem durch organische Substanz, Metalloxide und -hydroxide absorbiert (Scheffer und Schachtschabel 1992: 100 u. 108; Coxon 1999: 55). Entsprechend schnell reagiert der Quellchemismus auf einen Stopp der punktuellen Einleitung im Einzugsgebiet. Auffällig erhöhte und zeitlich schwankende Stoffgehalte im Kalium-, Phosphat- und Ammoniumgehalt

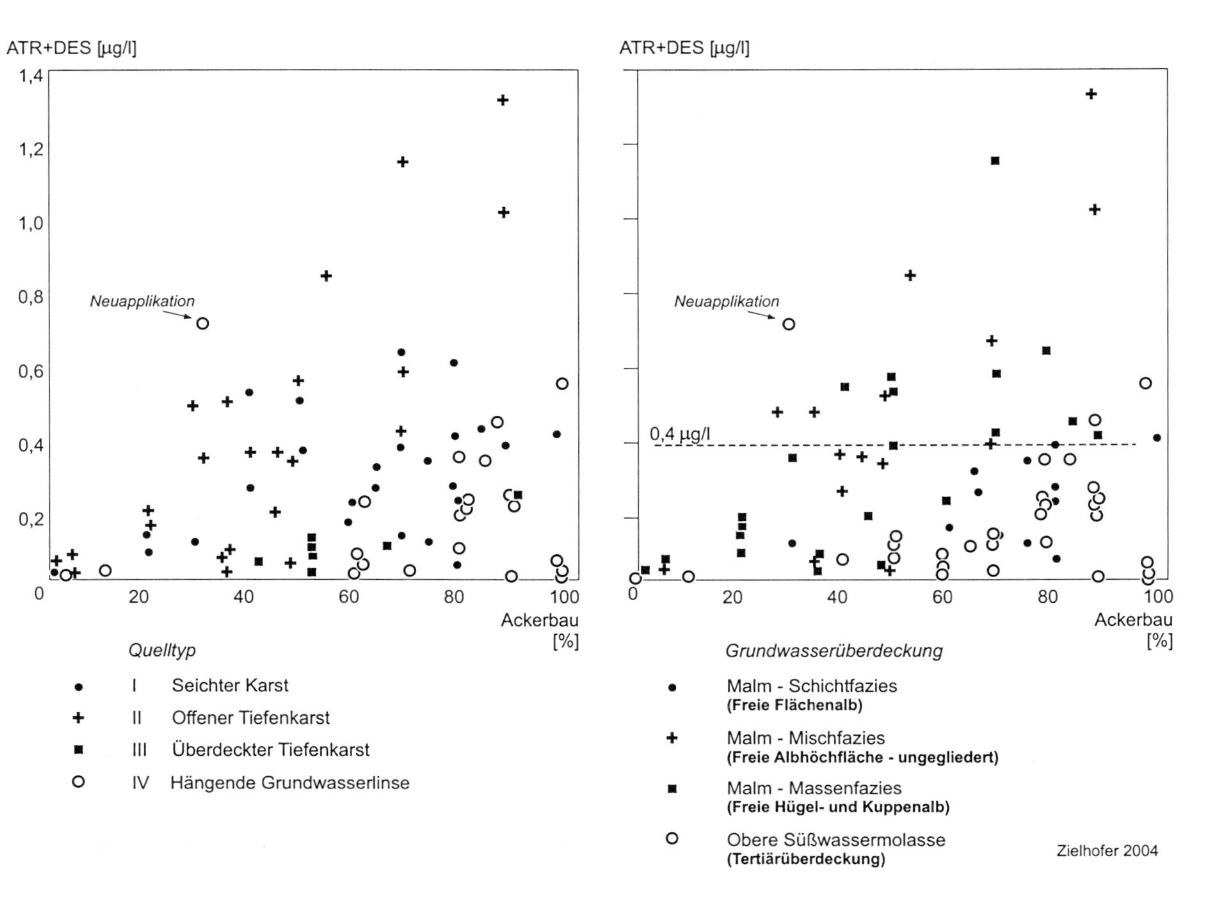

Abb. 36: Atrazin- und Desethylatrazingehalte im Karst der Mittleren Altmühlalb

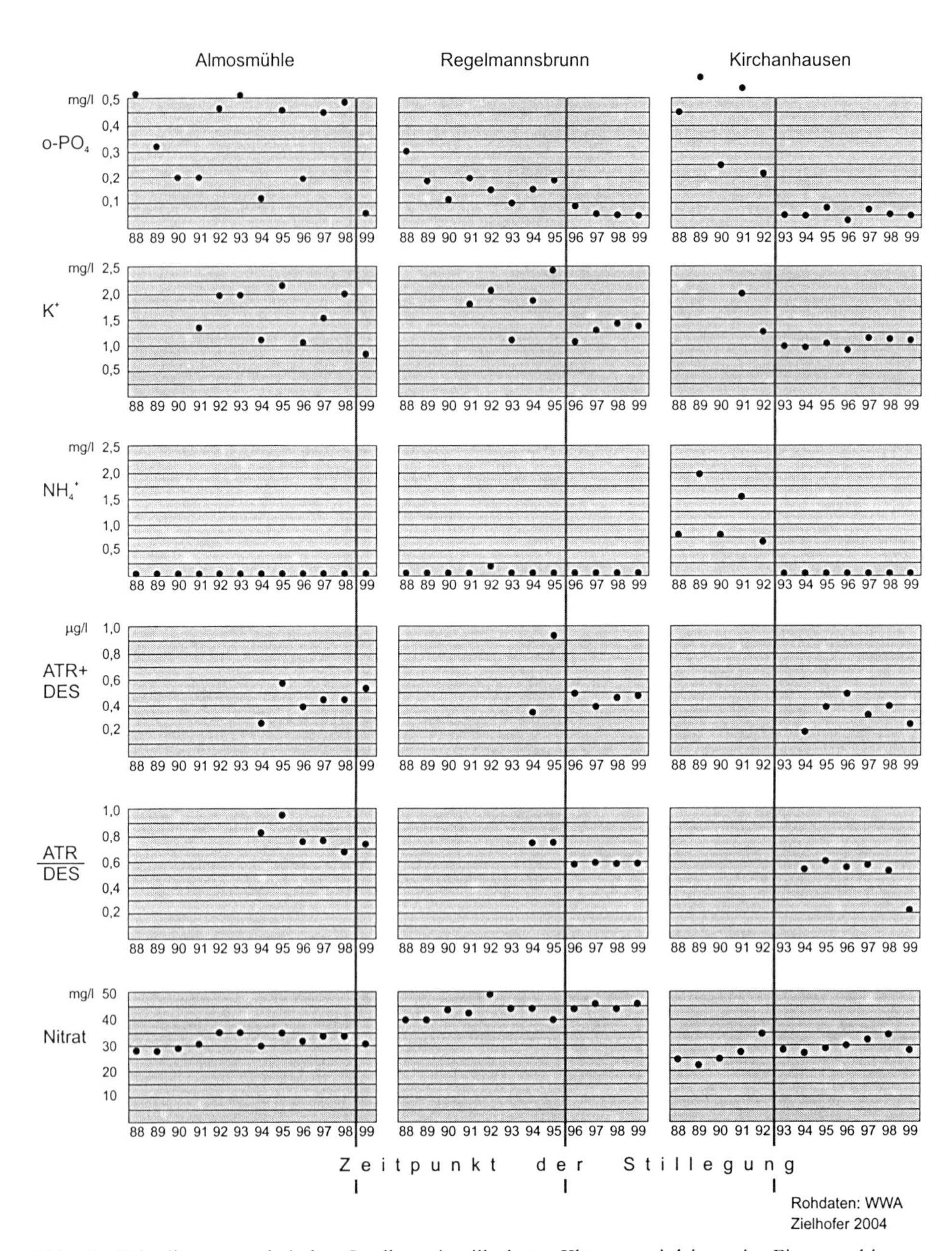

Abb. 37: Zeitreihen exemplarischer Quellen mit stillgelegter Klärwassereinleitung im Einzugsgebiet

Tab. 29: Mittlere K^+-Anteile nach Kläranlagen im Einzugsgebiet

Kläranlage	n	Std.-Abw.	Kalium [mg/l]
nicht vorhanden	27	1,0	1,4
vorhanden	19	3,1	2,9

normalisieren sich unmittelbar nach dem Ende der Einleitung auf niedrigem und homogenen Niveau (Abb. 37). Ähnliche Beobachtungen lassen sich über den Nitrit- und Borgehalt machen sowie über die organische Belastung des Quellwassers. Die schnelle Regeneration im Quellchemismus lässt darauf schließen, dass die Verunreinigungen vornehmlich durch das schnell fließende *shaft flow system* (Abb. 3) gesteuert werden. Obwohl über die Klärwässer insbesondere Nitrat in den Karstaquifer gelangt, bleibt der Nitratgehalt im Grundwasser davon nahezu unbeeinflusst (Abb. 37), da diffuse Nitrateinträge quantitativ dominieren. Der kläranlageninduzierte Stofftransport findet nicht nur in gelöster Form statt, sondern obliegt zusätzlich partikelgebundenen Stoffflüssen. Für das Phosphat beträgt der partikelgebundene Anteil im Mittel ca. 30% (Tab. 33). Sicherlich werden auch Kalium- und Ammonium-Ionen teilweise partikelgebunden transportiert, jedoch liegen hierfür keine getrennten Analysen vor. Die Tabellen 29 bis 32 berücksichtigen alle Quellen des Seichten und Offenen Tiefen-karsts der Mittleren Altmühlalb, deren Einzugsgebiete so weit bekannt sind, dass eine genaue Aussage über das Vorhandensein bzw. Nichtvorhandensein von Kläranlagen möglich ist. Quellen südlich der Hauptkarstwasserscheide bleiben unberücksichtigt, da hohe Verdünnungseffekte den Einfluss punktueller Einleitungen verschleiern.

Tab. 30: Mittlere Na^+-Anteile nach Kläranlagen im Einzugsgebiet

Kläranlage	n	Std.-Abw.	Natrium [mg/l]
nicht vorhanden	27	3,6	5,7
vorhanden	19	3,7	8,3

Tab. 31: Mittlere Cl-Anteile nach Kläranlagen im Einzugsgebiet

Kläranlage	n	Std.-Abw.	Chlorid [mg/l]
nicht vorhanden	27	10,5	20,0
vorhanden	19	7,6	30,5

Tab. 32: Mittlere NO_3^--Anteile nach Kläranlagen im Einzugsgebiet

Kläranlage	n	Std.-Abw.	Nitrat [mg/l]
nicht vorhanden	27	17,7	37,0
vorhanden	19	11,3	41,3

Tab. 33: Mittlere Phosphat-Gehalte nach Kläranlagen im Einzugsgebiet

Kläranlage	n	Std.-Abw.	Ortho-PO_4 [mg/l]	Std.-Abw.	Gesamt-PO_4 [mg/l]
nicht vorhanden	25	0,03	0,03	0,07	0,05
vorhanden	19	0,34	0,39	0,52	0,46

Einträge von Pflanzenschutzmitteln über Kläranlagen

Pestiziduntersuchungen an *Ober*flächengewässern haben in neueren Arbeiten gezeigt, dass Belastungen mit Pflanzenschutzmitteln vorrangig mit punktuellen Einleitungen der Hofabläufe bzw. mit nachgeschalteten Kläranlagen in Zusammenhang stehen (Seel et al. 1994, Fischer et al. 1996). Derartige Einträge können über Tropfverluste, die Gerätereinigung sowie die unsachgemäße Entsorgung von Spritzresten und Verpackungen verursacht werden (Bach und Frede 1996: 167). Insbesondere kurzfristige Spitzenbelastungen in den oberflächlichen Gewässern während der saisonalen Spritzzeiten sind auf punktuelle Einleitungen zurückzuführen und nicht über diffuse Einträge erklärbar (Seel et al. 1994: 360; Fischer et al. 1996: 172). In einem umfangreichen Messprogramm konnten Seel et al. (1996:

247) nachweisen, dass im Jahresverlauf etwa $^2/_3$ der Frachten an Pestiziden auf kommunale Kläranlageneinleitungen zurückzuführen sind. Die Untersuchungen von Seel et al. (1994, 1996), Bach und Frede (1996) oder auch Fischer et al. (1996) beziehen sich auf oberflächliche Fließgewässer, für Grundwassereinzugsgebiete im Karst ist obiges Phänomen bisher noch nicht beschrieben. Eventuell ist auch in Karsteinzugsgebieten infolge punktueller Einleitung von Klärwässern mit erhöhten Frachten an Pflanzenschutzmitteln zu rechnen. Der Karstaquifer der Mittleren Altmühlalb lässt ähnliche Zusammenhänge vermuten: Die Gehalte an Pflanzenschutzmitteln sind in Einzugsgebieten mit Kläranlage doppelt so hoch (Tab. 34; berücksichtigt sind nur Quelltypen I und II). Bei den nachgewiesenen Pflanzenschutzmitteln handelt es sich überwiegend um Atrazin und Desethylatrazin. Sind andere Pflanzenschutzmittel aus aktuellen Applikationen im Quellwasser nachweisbar, so waren Konzentrationen von über 0,1 µg/l nur bei Quellen mit Kläranlage im Einzugsgebiet zu beobachten. Wenn höhere Konzentrationen aus aktuellen Applikationen nur bei vorhandener Kläranlage im Einzugsgebiet gemessen werden, scheint selbst bei geringmächtigen Auflagen auf der Freien Albhochfläche ein Schutz gegenüber diffusen Einträgen vorhanden zu sein. Umgekehrt muss ein Großteil der aktuellen Anwendungen über Kanalisation und nachgeschaltete Dolinenversickerung in das karsthydrologische System gelangen. In der Konsequenz muss auch der Atrazineintrag teilweise über die Kläranlageneinleitung gedeutet werden. Bemerkenswert ist in diesem Zusammenhang allerdings, dass das seit Anfang der 90er Jahre verbotene Atrazin im Gegensatz zu allen anderen untersuchten Herbiziden im Speicherraum des Karstsystems angereichert ist (Kap. 6.8). Atrazin ist nach wie vor ganzjährig im Quellwasser nachweisbar, bei allen anderen Herbiziden liegen nur temporäre Verunreinigungen vor. Bei dem abweichenden Austragsverhalten könnte folglich auch ein komplexerer Eintragspfad vorgelegen haben.

Tab. 34: Mittlere Gehalte an Herbiziden nach Kläranlagen im Einzugsgebiet (nur Quelltyp I und II)

Kläranlage	n	Std.-Abw.	PSM total [µg/l]
nicht vorhanden	23	0,18	0,25
vorhanden	19	0,33	0,53

Tab. 35: Mittlere ATR/DES-Verhältnisse (ADA) nach Kläranlagen im Einzugsgebiet (Quelltyp I+II)

Kläranlage	n	Std.-Abw.	ADA
nicht vorhanden	23	0,26	0,46
vorhanden	19	0,17	0,74

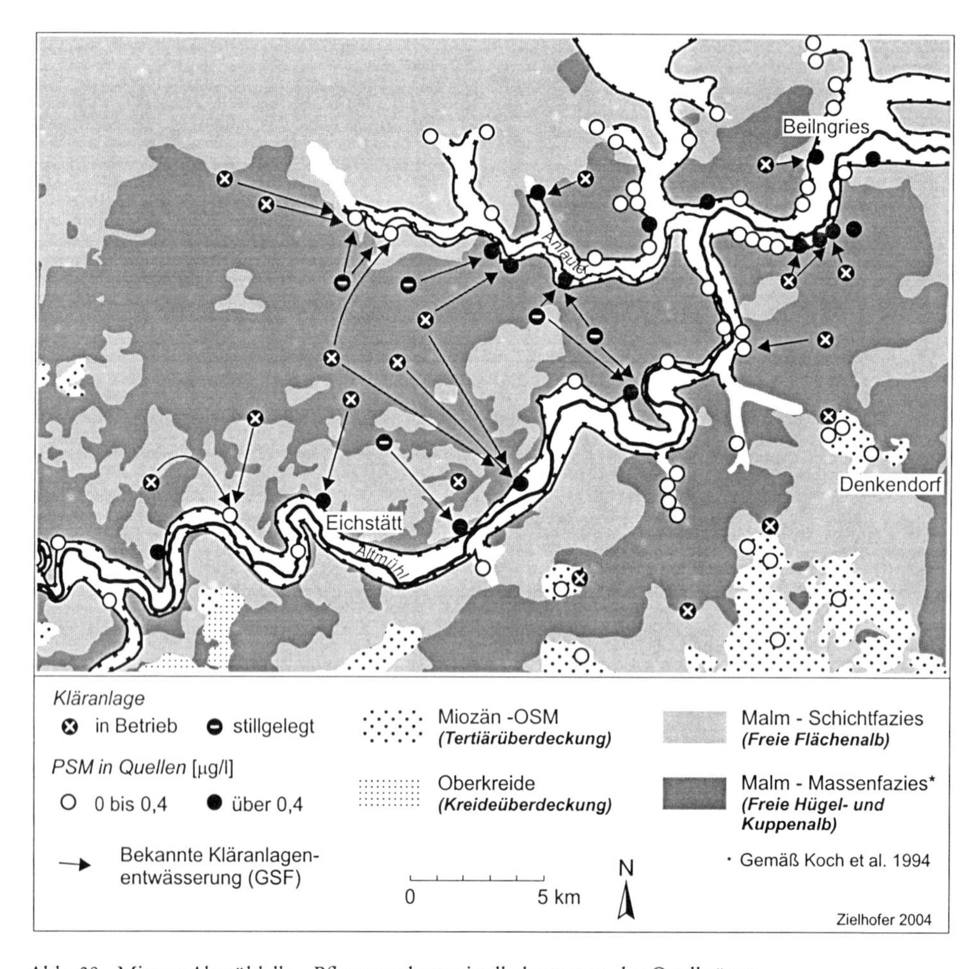

Abb. 38: Mittere Altmühlalb - Pflanzenschutzmittelbelastungen der Quellwässer

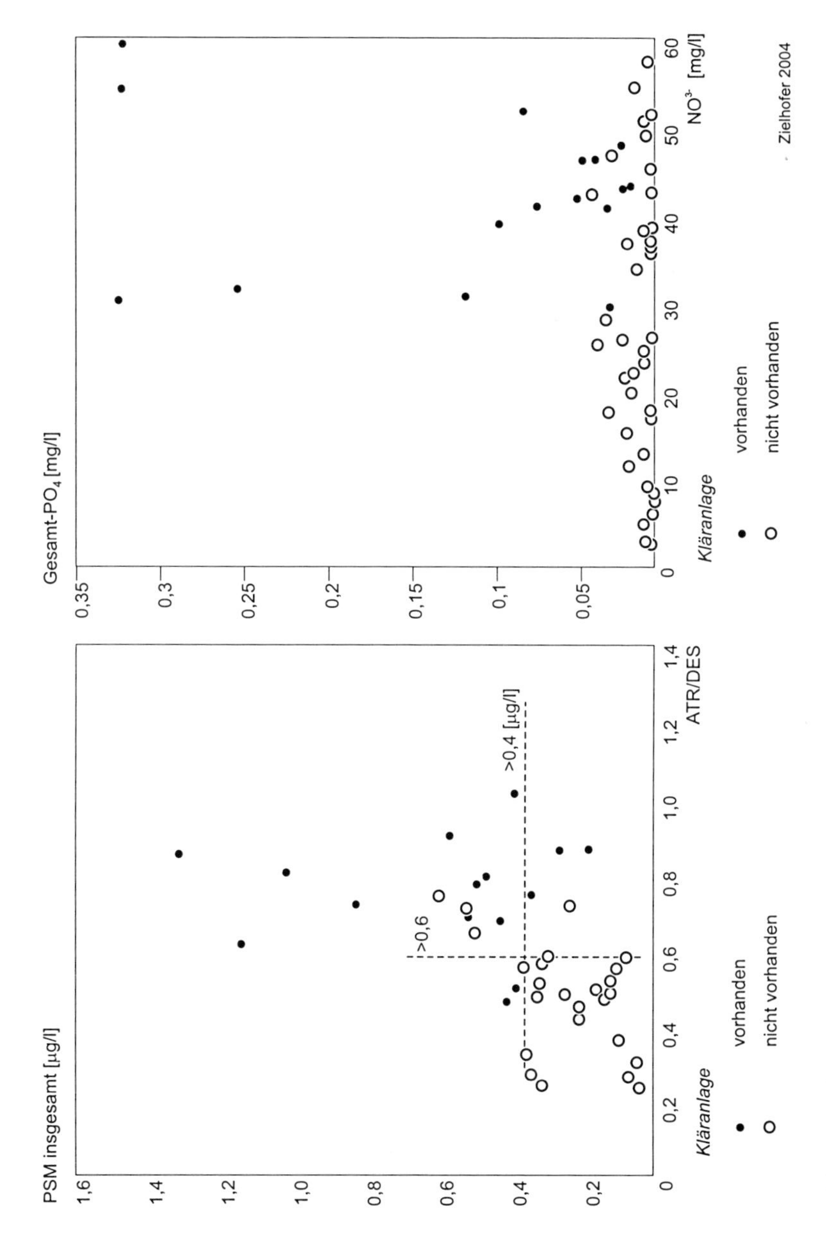

Abb. 39: Einfluss von Kläranlagen auf Stoffflüsse im Karstgrundwasser

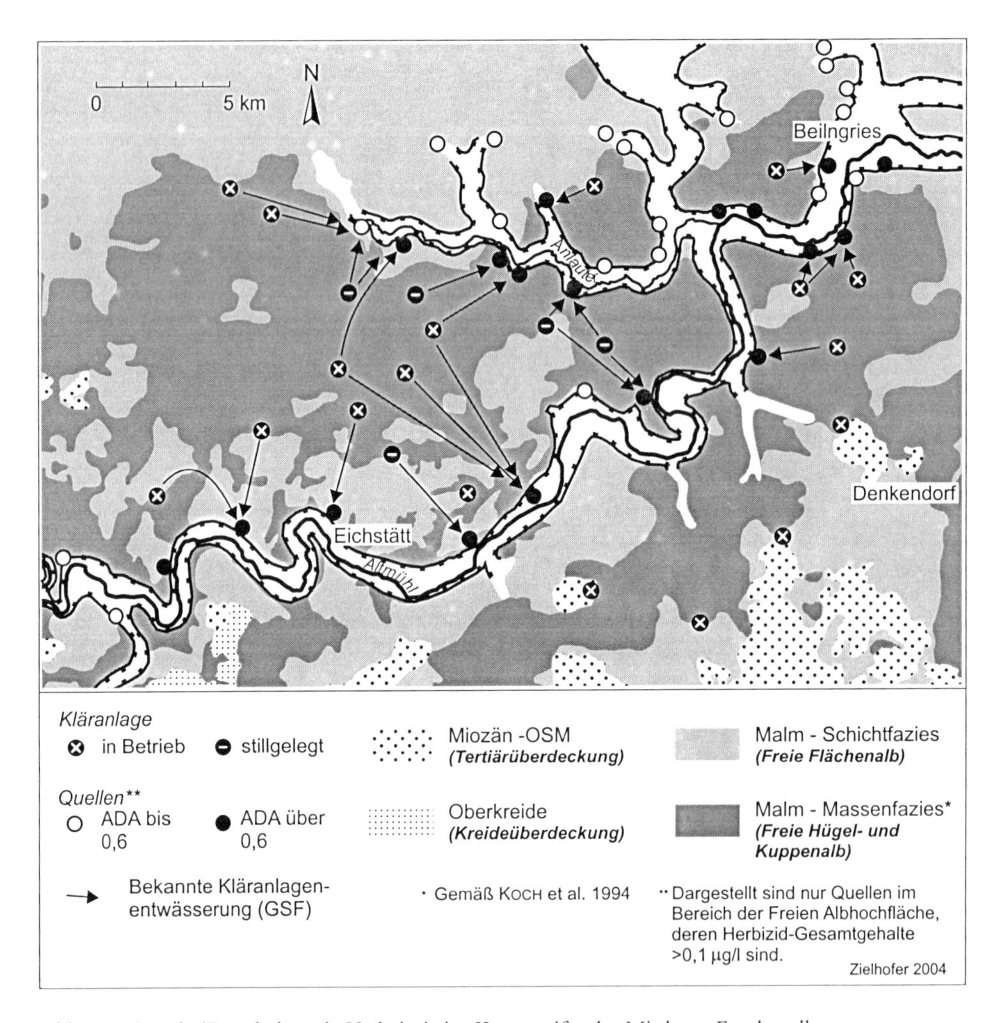

Abb. 40: Atrazin/Desethylatrazin-Verhältnis im Karstaquifer der Mittleren Frankenalb

In Kap. 5.2.5 ist die räumliche Konzentration hoher Atrazin- und Desethylatrazingehalte auf die Massenfaziesvorkommen der Freien Albhochfläche beschrieben. Gleichzeitig liegen die überwiegenden Kläranlagenstandorte im Bereich der Massenfazies (Abb. 38). Sicherlich kein Zufall, denn nur in der Massenfazies sind die karstmorphogenetischen Voraussetzungen für gut drainierende Dolinen gegeben (Kap. 2.4.1.5). Sind die hohen Atrazin- und Desethylatrazingehalte aus der Verbreitung der Massenfazies allein zu interpretieren, oder müssen sie in Zusammenhang mit den dort vorherrschenden punktuellen Einleitungen verstanden werden? Tab. 35 zeigt das mittlere Verhältnis von Atrazin zu Desethylatrazin (ADA) nach Kläranlagen im Einzugsgebiet. Beim Vorhandensein einer Kläranlage im Einzugsgebiet ist der Quotient spürbar in Richtung des Atrazins verschoben (0,74). Lediglich 2 Quellen mit Kläranlagenstandort haben ein Atrazin/Desethylatrazin-Verhältnis von <0,6 (Abb. 39, links). Der Abbauprozess von Atrazin zu Desethylatrazin findet vor allem in der Bodenzone statt (Kap 5.2.5), dessen Passage bei der punktuellen Einleitung umgangen wird. Zu ähnlichen Ergebnissen gelangen auch Pasquarell und Boyer (1996: 760-761). Sie konnten über das Atrazin/Desethylatrazin-Verhältnis den Stofffluss im Karstaquifer differenzieren: In Zeiten verstärkter Bypassflüsse und aktiver Ponore war das Verhältnis zugunsten des Atrazins verschoben, wohingegen in Zeiten diffuser Versickerung weit mehr Desethylatrazin nachgewiesen werden konnte. Die Bodenpassage hatte dementsprechend eine Deethylisation zur Folge. Aus hiesigen Analysen kann jedoch nicht eindeutig geklärt werden, ob Kläranlagen oder die Massenfazies als solche (z.B. verstärkter Bypassfluss) für das hohe Atrazin/Desethylatrazin-Verhältnis verantwortlich sind. Die Massenfaziesbereiche sind mit den Kläranlagenstandorten räumlich zu eng verschnitten (Abb. 40).

5.4 Erstes Zwischenresümee – Stoffbezogene Schutzfunktion der Grundwasserüberdeckung

Auf der Basis geologisch-pedologischer Geländearbeiten konnte für den Raum der Mittleren Altmühlalb die Schutzfunktion der Grundwasserüberdeckung nach einem stoffunspezifischen Bewertungsschema (Tab. 9) abgeleitet werden. Je nach naturräumlicher Haupteinheit lassen sich *a priori* Arbeitshypothesen aufstellen, welche den Schutzcharakter diverser postjurassischer Auflagen gegenüber potentiellen Stoffeinträgen wiedergeben (Kap. 3.3). Inwieweit bestätigen die stoffbezogenen Arbeiten aus Kap. 5.2 und 5.3 diese Hypothesen (vgl. Tab. 36)?

5.4.1 Diffuse Stoffeinträge

Kalium und Natrium

Derzeit ist im gesamten Untersuchungsgebiet eine Schutzfunktion der Grundwasserüberdeckung gegenüber diffusen Kaliumeinträgen gegeben. Das Absorptionspotential der Tonminerale ist jedoch mengenmäßig begrenzt. Die Kaliumanreicherung im Boden führt zu einer Kontraktion der quellfähigen Silikate und verringert langfristig die bodenphysikalischen Eigenschaften (Scheffer und Schachtschabel 1992).

Im Gegensatz zum Kalium unterliegt Natrium keiner spezifischen Absorption. Natriumkationen gelangen mit dem Sickerwasserstrom vergleichbar in das karsthydrologische System. Der Haupteintragspfad führt über den winterlichen Streudienst. Na^{+}-Gehalte >100 mg/l treten nur in unmittelbarer Nähe zu Straßenentwässerungen in kleineren Einzugsgebieten auf. Die niedrige Grundwasserneubildungsrate im Bereich der Tertiärüberdeckung führt zu höheren Konzentrationen im Sickerwasser (vgl. *Tertiärüberdeckung* in Tab. 36).

Chlorid

Der Chloridtransport wird über den Sickerwasserstrom gesteuert. Eine spezifische und unspezifische Absorption ist nicht vorhanden. Chlorid gelangt durch Salzstreuung und vor allem über Düngemittel ins Sickerwasser (Verhältnis etwa 1:3 nach Tab. 19). Bei verminderter Grundwasserneubildungsrate im Gebiet der *Tertiärüberdeckung* sind die Chloridgehalte gegenüber der *Freien Albhochfläche* etwas erhöht. Die *Freie Hügel- und Kuppenalb* weist eine vergleichsweise hohe Walddichte auf. Entsprechend fallen die Chloridgehalte im Sickerwasser niedriger aus (vgl. Tab. 36).

Nitrat

Der Massenfazies in der ungesättigten Zone wurde in Kap. 3.1.4 eine gegenüber der Schichtfazies höhere Grundwasserschutzfunktion zugesprochen (Arbeitshypothese), aufgrund der größeren Speicherkapazität der porösen Gesteinsmatrix. Nach den hydrologischen Analysen (Kap. 5.2.3) ist in der ungesättigten Massenfazies zwar eine leichte Tendenz zum zusätzlichen NO_3-Abbau zu beobachten, der Unterschied zur Schichtfazies ist jedoch für eine signifikante Aussage nicht ausreichend. Verschiedene Denitrifikationsbedingungen infolge andersartiger Bodenmuster auf *Freier Flächenalb* und *Freier Hügel- und Kuppenalb* lassen sich ebenfalls nicht belegen. Die Böden der *Freien Hügel- und Kuppenalb* bieten im Vergleich zur *Freien Flächenalb* lediglich eine indirekte Schutzfunktion gegenüber größeren Nitrateinträgen, da sie für die landwirtschaftliche Nutzung weniger geeignet sind (vgl. Tab. 36).

Für die hängenden Grundwasserlinsen der *Tertiärüberdeckung* berechnet sich über das Ausschlussprinzip der mikrobielle NO_3^--N-Abbau auf 75% des gesamten Stickstoffüberschusses (Tab. 22). Nach dem bisherigen Forschungsstand ist dieser Wert für ausschließliche Denitrifikationsprozesse in der Bodenzone zu hoch - selbst unter optimalen Milieubedingungen. Vielmehr beruht die nitratbezogene Grundwasserschutzfunktion der vadosen Zone nicht nur auf günstigen Bodeneigenschaften, sondern auf der Gesamtmächtigkeit der postjurassischen Auflagen im Bereich der *Tertiärüberdeckung*.

Pflanzenschutzmittel

Bei den Pflanzenschutzmitteln lassen sich zwei verschiedene Austragsverhalten feststellen: Atrazin und Desethylatrazin sind in fast allen Wasserproben ganzjährig nachweisbar, die höchsten Konzentrationen liegen im Karstspeichersystem. Bei allen anderen Pflanzenschutzmitteln zeigen sich nur temporäre Belastungen, insbesondere während der frühjährlichen Spritzzeiten.

Atrazin ist seit Anfang der 90er Jahre verboten. In den jungen Aquiferen des Seichten Karsts und in den hängenden Grundwasserlinsen sind die Konzentrationen auffällig niedriger (<0,4 µg/l) als im Offenen Tiefenkarst. Möglicherweise weisen die hohen Konzentrationen im Offenen Tiefenkarst auf eine noch nicht abgeschlossene Durchgangskurve hin, mitverursacht durch die Speicherwirkung der Massenfazies in der ungesättigten Zone. Der mikrobielle Abbau des Atrazins ist unterhalb der Bodenzone so stark gehemmt, dass er im Gelände nicht nachgewiesen werden kann. Eine mittel- bis langfristige Abnahme der Atrazin-Konzentrationen im Offenen Tiefenkarst wird vermutlich eher über den allmählichen Stoffaustrag erfolgen.

Eine ausreichende Schutzfunktion der Grundwasserüberdeckung gegenüber dem diffusen Eintrag sonstiger Pflanzenschutzmittel scheint für das gesamte Untersuchungsgebiet gegeben. Eine Anreicherung im Speichersystem kann nicht nachgewiesen werden - selbst wenn mächtigere Auflagen bzw. Böden auf der *Freien Albhochfläche* nicht flächenhaft vorkommen.

Tab. 36a: Stoffbezogene Schutzfunktion der Grundwasserüberdeckung und aktueller Stoffeintrag

Naturräumliche Haupteinheit	Subzone		Schutzfunktion (S) insgesamt (1) S	Bewertung	Stoffeintragspotential (1) durch Landwirtschaft	durch punktuelle Einleitung	Stoffbezogene Schutzfunktion der Grundwasserüberdeckung (diffus) Na^+	K^+	Cl^-	NO_3^-	Pflanzenschutzmittel Atrazin	sonstige
Freie Albhochfläche	Freie Flächenalb	1	<500	sehr gering	++	o	--	+++	--	-- (7)	-- (2)	++ (3)
Freie Albhochfläche	Freie Hügelalb Freie Kuppenalb	2	300 bis 600	sehr gering bis gering	o	++	--	+++	--	-- (6)	--- (2/4)	+ (3/5)
Überdeckte Albhochfläche	Tertiärüberdeckung	3	*Höhere GW-Linsen* 1100 *Tiefere GW-Linsen* 1700 *D'dorf Senke* 4000	mittel mittel hoch	+ o –	--- --- ---	--- (8)	+++	--- (8)	+ (9)	-- (2)	++ (3)
Überdeckte Albhochfläche	Kreideüberdeckung	4	<500	sehr gering	--	---	-- (10)	+ (10/11)	-- (10)	--- (10/12)	(k.A.)	(k.A.)

1 nach Tab. 9
2 Anreicherung im Speichersystem
3 kein Nachweis im Speichersystem
4 wenig Deethylisation (Makroporenfluss?)
5 häufigere Nachweise (Makroporenfluss?)
6 keine zusätzliche Schutzfunktion der Massenfazies in ungesättigter Zone nachweisbar
7 keine zusätzliche Schutzfunktion des flächenhaften Bodenmusters nachweisbar
8 erhöhte Werte, da geringe Sickerwasserrate
9 hohe Denitrifkationsleistungen

Tab. 36b: Stoffbezogene Schutzfunktion der Grundwasserüberdeckung und aktueller Stoffeintrag

Naturräumliche Haupteinheit	Subzone	Diffuser Stoffeintrag ins Grundwasser unter aktueller Landnutzung						Punktueller Stoffeintrag ins Grundwasser unter aktueller Landnutzung					
		Na^+	K^+	Cl^-	NO_3^-	Pflanzenschutzmittel Atrazin	Pflanzenschutzmittel sonstige	K^+	HPO_4^-	Cl^-	NO_3^-	Pflanzenschutzmittel Atrazin	Pflanzenschutzmittel sonstige
Freie Albhochfläche	1 Freie Flächenalb	o (13)	--- (17)	+ (15)	++ (15)	-- (18)	-- (17)	+	+	- (21)	-- (21)	-- (18)	+
Freie Albhochfläche	2 Freie Hügelalb / Freie Kuppenalb	o (13)	--- (17)	o (16)	+ (16)	-- (18)	- (5)	++ (20)	++ (20)	- (21)	-- (21)	-- (18)	++ (20)
Überdeckte Albhochfläche	3 Tertiärüberdeckung	+ (14)	--- (17)	++ (8/15)	- (9)	-- (18)	-- (17)	-- (19)	-- (19)	- (19/21)	- (19/21)	-- (18/19)	-- (19)
Überdeckte Albhochfläche	4 Kreideüberdeckung	o (10/13)	+ (10/11)	-- (10)	-- (10/16)	(k.A.)	(k.A.)	-- (19)	-- (19)	-- (19)	-- (19)	-- (18/19)	-- (19)

10 empirisch nicht belegt
11 Sorptionspotential gering
12 Denitrifikationspotential gering
13 ländliche Strßendichte
14 Werte in Autobahnnähe erhöht
15 Ackerbaudichte hoch
16 Ackerbaudichte niedrig
17 Sorptionspotential hoch
18 Applikation verboten
19 Kläranlagendichte gering
20 Kläranlagendichte hoch
21 Haupteintrag diffus

5.4.2 Punktuelle Stoffeinträge

Durch punktuelle Einträge können Stoffe in das karsthydrologische System gelangen, welche bei der diffusen Sickerwasserpassage starken Sorptionsprozessen ausgesetzt sind, bzw. dem mikrobiellen Abbau unterliegen. Die Verteilung der punktuellen Klärwassereinleitungen ist auf der Albhochfläche nicht homogen. „Leistungsfähige“ Dolinen sind in ihrer Verbreitung in der Regel an Massenfazies in der ungesättigten Zone gebunden.

Solange Kläranlagenstandorte im Einzugsgebiet nicht stillgelegt sind, zeigen sich erhöhte Gehalte an Kalium, Natrium, Ammonium, Phosphat, Chlorid, Nitrit und Bor sowie an Pflanzenschutzmitteln aus aktuellen Applikationen im Quellwasser. Der Stofftransport verläuft dabei gelöst und partikelgebunden (z.B. Phosphat). Unmittelbar nach der Stillegung der Kläranlage gehen die Stoffbelastungen stark zurück. Von der Stillegung der Kläranlagen unabhängig sind die Konzentrationen an Atrazin und Desethylatrazin. Einzugsgebiete mit aktuellen oder stillgelegten Kläranlagen weisen auffällig hohe Atrazinwerte auf. Das Atrazin/Desethylatrazin-Verhältnis ist dabei stark zugunsten des Atrazins verschoben, ein Anzeichen für die vorherige Umgehung des diffusen Eintragspfads (Pasquarell und Boyer 1996).

5.4.3 Arbeitshypothesen zum Stoffeintrag vs. hydrochemische Befunde

Die Verschneidung der geologisch-pedologisch abgeleiteten Schutzfunktion der Grundwasserüberdeckung (Kap. 3.1.4) mit der Landnutzung führte zu den Arbeitshypothesen zum Stoffeintragspotential in der Mittleren Altmühlalb (Kap. 3.3 und Tab. 9). Zusammenfassend stimmen die Hypothesen insbesondere mit den hydrochemischen Befunden zum Nitrateintrag überein (vgl. auch Tab. 36). Im Gebiet der *Freien Flächenalb* konnten im Mittel die höchsten Nitratgehalte gemessen werden (42,8 mg/l), der Anteil an landwirtschaftlicher Nutzung ist hier vergleichsweise hoch (73 %) und die Schutzfunktion der Grundwasserüberdeckung „sehr gering“. In der *Freien Hügel- und Kuppenalb* wurde die Schutzfunktion der vadosen Zone als „sehr gering bis gering“ eingeschätzt, die Nitratgehalte liegen hier jedoch (Ø 27,5 mg/l) deutlich niedriger als in der *Freien Flächenalb*. Vor allem der geringere Anteil an landwirtschaftlicher Nutzfläche (36 %) macht sich hier bemerkbar. Innerhalb der *Tertiärüberdeckung* ist der Anteil landwirtschaftlicher Nutzfläche (75 %) besonders hoch, die Nitratbelastung dagegen eher niedrig

(Ø 24,3 mg/l). Je nach Mächtigkeit der *Tertiärüberdeckung* liegt die Schutzfunktion der Grundwasserüberdeckung bei „mittel“ bis „hoch“. Sie hebt sich damit klar von der Situation auf der *Freien Flächenalb* und auf der *Freien Hügel- und Kuppenalb* ab.

Bei den Pflanzenschutzmitteln stimmen die hydrochemischen Befunde nur bedingt mit den Hypothesen zum diffusen Stoffeintragspotential ins Grundwasser nach Kap. 3.3 überein. Vor allem die Umgehung der diffusen Passage durch Makroporenflüsse und punktuelle Einleitungen in der *Freien Hügel- und Kuppenalb* führt zu abweichenden Ergebnissen.

Für Wasserinhaltsstoffe (Natrium, Chlorid), die im Sickerwasser nicht dem mikrobiellen Abbau und nur geringen Sorptionsprozessen unterliegen, zeigt sich erwartungsgemäß ein abweichendes Bild von der geologisch-pedologisch abgeleiteten Schutzfunktion der Grundwasserüberdeckung. Die Konzentrationen im Quellwasser sind gerade in Gebieten mit niedrigen Grundwasserneubildungsraten, u.a. im Bereich von Böden beträchtlicher nutzbarer Feldkapazität (*Tertiärüberdeckung*), auffällig erhöht. Darüber hinaus verstärkt die hohe Ackerbaudichte im Raum der *Tertiärüberdeckung* die Zunahme an Chlorid im Grundwasser (Ø 35 mg/l nach Tab. 19). Die Konzentrationen heben sich gegenüber den Werten anstehender Schichtfazies (Ø 27 mg/l) sowie anstehender Misch- und Massenfazies (Ø 21,4 mg/l) in der Grundwasserüberdeckung signifikant ab.

6 Ereignisorientierte Messungen

Die Studien aus Kap. 4 und 5 konzentrieren sich auf einen möglichst flächenhaften Ansatz zum hydrochemischen Einfluss der Grundwasserüberdeckung im Karst der Mittleren Altmühlalb. Die räumliche Varianz von spezifischen Stoffkonzentrationen im Quellwasser erlaubt Rückschlüsse auf die stoffbezogene Schutzfunktion der Grundwasserüberdeckung einerseits sowie auf deren Bedeutung für geogene Grundfrachten im Aquifer andererseits. Sie orientierte sich an den verschiedenen naturräumlichen Haupteinheiten im gesamten Gebiet der Mittleren Altmühlalb (Tab. 36). Bei den flächenhaften Quellenbeprobungen blieben Fragen nach ereignisabhängigen Variationen im Schüttungsverhalten und Wasserchemismus eher unberücksichtigt. Ereignisorientierte Messungen ermöglichen eine Separation des Quellwassers in verschiedene Abflusskomponenten (vgl. 1.3.2), welche teils Schlussfolgerungen auf die hydraulische und hydrochemische Dynamik zugehöriger Wasserumsatzräume zulassen. In Anlehnung an Kap. 1.3 und Abb. 2 wird zwischen Abflusskomponenten und Wasserumsatzräumen unterschieden. Die Aufteilung des Quellwassers in verschiedene Abflusskomponenten erfolgt über hydrographische Modellansätze oder multivariate, statistische Verfahren. Während die Separation in diverse Abflusskomponenten mathematisch nachvollziehbar bleibt, ist die räumliche Zuordnung der Komponenten zu entsprechenden Wasserumsatzräumen innerhalb des Karsteinzugsgebiets teilweise den theoretischen Modellvorstellungen des Wissenschaftlers überlassen. So verknüpft Pfaff (1987) den Basisabfluss räumlich ausschließlich mit dem Speicherraum innerhalb der gesättigten Zone und zieht eine Speicherfunktion innerhalb der ungesättigten Zone nicht in Erwägung. Mit Hilfe hydrographischer und chemischer Abflusskomponentenseparierungen an vier ausgewählten Quelleinzugsgebieten im Bereich des Kindinger Talknotens (Abb. 41) sollen die hydrologischen Funktionen der Grundwasserüberdeckung exemplarisch herausgestellt werden. Die Ergebnisse dienen als Ergänzung zu den Befunden aus der flächenhaften Quellenbeprobung (Kap. 5).

6.1 Quellenstandorte zur ereignisorientierten Messung

Die vier ausgewählten Quellen im Bereich des Kindinger Talknotens unterscheiden sich hinsichtlich ihres hydrogeologischen Quelltyps (nach Kap. 4.1), der Art ihrer Grundwasserüberdeckung sowie bezüglich der Landnutzung im Einzugsgebiet.

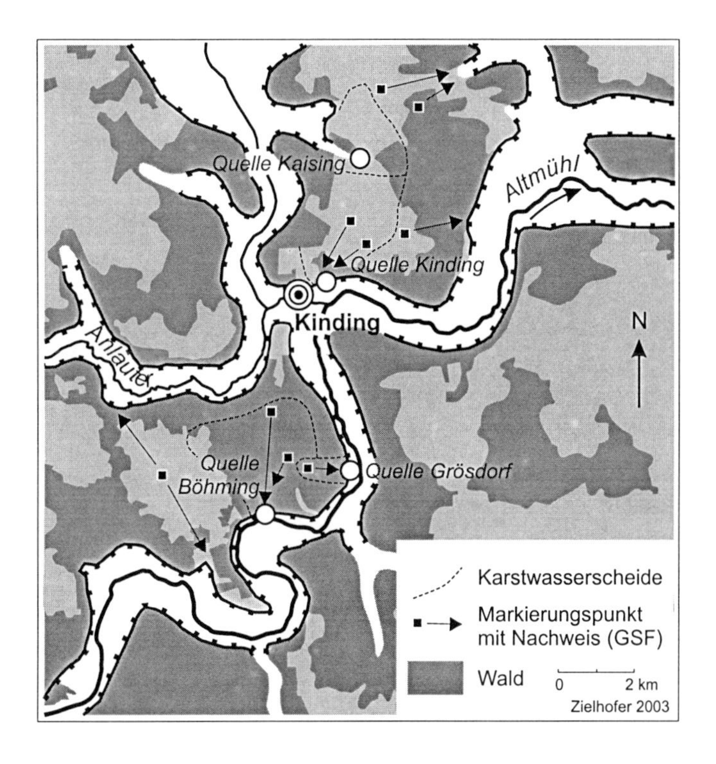

Abb. 41: Quellen am Kindinger Talknoten

Quelle Kaising

Die Quelle Kaising liegt im Kaisinger Tal, welches die nördliche Begrenzung des Haunstettener Arbeitsgebiets bildet (Abb. 6). Die Kaisinger Quelle gehört zum hydrogeologischen Quelltyp des Seichten Karsts (Quelltyp I nach Kap. 4.1). Die wasserstauenden Tone des oberen Braunjura und unteren Malm ▯ bilden hier einen Quellhorizont. Der Basisabfluss liegt bei ca. 15 l/s. Nach größeren Niederschlagsereignissen konnten Abflussspitzen bis ca. 120 l/s beobachtet werden. Das Einzugsgebiet der Quelle Kaising kann nach den bisherigen Markierungsarbeiten im Untersuchungsgebiet annäherungsweise wiedergegeben werden (Abb. 41). Nach Nordwesten ist das Einzugsgebiet durch die Markierung Wiesenhofen begrenzt (vgl. Hartmann 1994: 86), auch ist bekannt, dass die Entwässerung des Steinbruchs im Wiesenhofener Oberholz bereits nach Osten gerichtet ist (mündl. Mitteilung Kügel, WWA Ingolstadt). Nach Südwesten (Hartmann 1994: 86) und Süden

(Turberg et al. 2000) wird das Einzugsgebiet durch die drei Dolinenmarkierungen in der Umgebung von Haunstetten begrenzt. Allerdings ist der genaue Verlauf der südlichen Wasserscheide noch unbekannt. Aufgrund der niedrigen Schüttung von ca. 15 l/s - das entspricht einem Einzugsgebiet von ca. 2 km² - und dem Einfallen der wasserstauenden Doggerschichten nach Süden hin (Schmidt-Kaler 1993: 43) muss davon ausgegangen werden, dass der überwiegende Teil des Einzugsgebiets nördlich des Kaisinger Tals liegt (Abb. 41). Die gesättigte Zone als auch ein überwiegender Teil der ungesättigten Zone der Kaisinger Quelle liegt in plattigen bis dünnbankigen Schichtkalken des Malm α bis γ. Das Einzugsgebiet wird überwiegend landwirtschaftlich genutzt, der Anteil an Ackerfläche liegt bei ca. 70%. Die Schichtfazies wird dominiert durch ein weitgespanntes, flachwelliges Relief (Kap. 2.4.1.2), in dem die Gesamtmächtigkeit der postjurassischen Auflage selten über den Bereich von 1 m hinaus geht. Die Schichtfazies in der Grundwasserüberdeckung besitzt ein geregeltes Kleinkluftsystem (Abb. 7) mit geringer lateraler Fließkomponente im Epikarst (vgl. auch Kap. 2.4.1.5).

Quelle Kinding

Die Quelle Kinding (Abb. 41) entspringt im Gesteinskomplex des mittleren Malm α (Abb. 7) aus. Die wasserstauenden Schichten bestehen aus Mergellagen im Malm α. Vergleichbar mit der Quelle Kaising gehört auch die Kindinger Quelle zum hydrogeologischen Quelltyp des Seichten Karsts (Quelltyp I nach Kap. 4.1). Der Basisabfluss liegt bei ca. 35 l/s. Die Abflussspitzen bewegen sich zwischen 100 und 250 l/s. Über mehrere Markierungsversuche (Behrens und Seiler 1981; Hartmann 1994: 86; Turberg et al. 2000) konnte das Einzugsgebiet der Kindinger Quelle nach Osten und Norden abgegrenzt werden (Abb. 41). Im Osten verläuft die Wasserscheide unmittelbar auf der Höhe von Haunstetten, im Norden ist die Mindestausdehnung des Einzugsgebiets durch einen Markierungsnachweis westlich Haunstettens belegt. Bei einer Grundwasserneubildungshöhe von ca. 230 mm/Jahr (vgl. Kap. 4.2) und einer Quellschüttung von 35 l/s kann für das Einzugsgebiet eine Ausdehnung von ca. 5 km² angenommen werden (Abb. 41). Ähnlich der Kaisinger Quelle liegt auch die gesättigte Zone der Quelle Kinding in plattigen Schichtkalken des unteren Malm. Die ungesättigte Zone wird allerdings von der flächenhaften Schwammrasenfazies des Malm δ beherrscht (Abb. 6). Im Gegensatz zum geregelten Kleinkluftsystem der Schichtkalke besitzt die variabel dolomitisierte, teils auch dedolomitisierte Schwammrasenfazies ein ungeregeltes Kleinkluftsystem (Abb. 7; Turberg et al., in Vorb.) und die für Massenfazies typisch hohen Matrixporositäten (Weiss 1987; Seiler et al. 1989, 1991). Die kuppig-hügeligen Reliefstrukturen des Malm δ gehen mit teils hohen Mächtigkeiten der postjurassischen Auflagen in den Senkenpositionen einher (Kap. 2.4.1.3), welche nach Williams (1983) wiederum ein hohes Porenraumvolumen in der Epikarstzone zur Folge haben (Kap. 2.4.1.5). Mächtige postjurassische Überdeckungen in den Depressionen und hohe Primärporositäten der Gesteinsmatrix lassen für die Schwammrasenfazies eine vergleichsweise hohe Wasserspeicherkapazität auch innerhalb der Grundwasserüberdeckung vermuten. Das Einzugsgebiet der Quelle Kinding steht in erster Linie unter ackerbaulicher Nutzung (70-80%).

Quelle Grösdorf

Die Quelle Grösdorf (380 m üNN; Abb. 41) ist dem Offenen Tiefenkarst zuzuordnen (Quelltyp IIa nach Kap. 4.1). Die Quelle entspringt im Bereich des oberen Malm γ. Die gesättigte Zone der Grösdorfer Quelle besteht folglich noch aus plattigen Schichtkalken. In der ungesättigten Zone bildet die dolomitisierte Rifffazies des Malm δ bis ε das Anstehende (Schnitzer 1965; Schmidt-Kaler 1983: 9). Die kompakten Riffdolomite neigen zu einem ausgeprägten Kuppenrelief mit zahlreichen Depressionen. Die postjurassischen Auflagen besitzen ein kleinräumig-mosaikartiges Verteilungsmuster. Aufgrund der wenigen Lößlehmvorkommen (Forstamt Kipfenberg 1986) sind die Mächtigkeiten der Auflagen geringer als im Bereich der Haunstetter Schwammrasenfazies. Ähnlich den Massenfaziesbereichen der Haunstetter Scholle können auch für die Riffdolomite des Malm δ bis ε relativ hohe Wasserspeicherkapazitäten in der vadosen Zone vermutet werden (vgl. Glaser 1998: 61). Der Basisabfluss der Grösdorfer Quelle liegt bei ca. 3,5 l/s. Das Einzugsgebiet der Quelle wird ausschließlich forstwirtschaftlich genutzt. Bei einer Grundwasserneubildungsrate von 200 mm/Jahr unter Wald (DWD 2001) ergibt sich für das Einzugsgebiet eine Größe von 0,5 km^2 (Abb. 41). Die Lage des Einzugsgebiets ist bekannt. Der Markierungsnachweis (GSF, nicht publiziert) über eine Doline im Silbertal westlich von Grösdorf verlief positiv (Abb. 41).

Quelle Böhming

Nördlich der Altmühl (381 m üNN) entspringt im Bereich der Ortschaft Böhming die Quelle Böhming (Abb. 41). Von den hydrogeologischen Gegebenheiten her entspricht die Böhminger Quelle dem gleichen Quelltyp wie die Grösdorfer Quelle (Quelltyp IIa, nach Kap. 4.1). Auch hier wird der Grundwasserraum überwiegend durch Schichtkalke des Malm γ gebildet (Schnitzer 1965; vgl. Glaser 1998: 61). In der Grundwasserüberdeckung stehen Riffdolomite des Malm δ bis ε flächenhaft an (Schnitzer 1965; Schmidt-Kaler 1983: 9). Von der Geologie, Morphologie und Landnutzung ist das Einzugsgebiet der Böhminger Quelle mit dem Standort Grösdorf vergleichbar, lediglich im Westen stehen kleinere Areale mit mächtigeren Lößlehmvorkommen (Schmidt-Kaler 1979) unter ackerbaulicher Nutzung. Insgesamt liegt der Anteil der forstwirtschaftlichen Flächen im Einzugsgebiet bei etwa 80%. Der Basisabfluss der Böhminger Quelle weist eine Schüttung von 25 l/s auf. Bei einer Grundwasserneubildungshöhe von 200 mm/Jahr unter Wald (DWD 2001) ergibt sich für das Einzugsgebiet eine Größe von ca. 4 km^2 (Abb. 41). Neuere Markierungsarbeiten der GSF (nicht publiziert) ergaben für drei Dolinenstandorte im Kipfenberger Forst positive Tracernachweise. Die Lage des Einzugsgebiets ist dadurch weitestgehend festgelegt (Abb. 41).

6.2 Methodischer Aufbau des Messverfahrens

Die Kampagnen zu den ereignisorientierten Messungen an den Quellen Kaising, Kinding, Grösdorf und Böhming basieren teils auf a) Dauerbeobachtungen (Abfluss, Temperatur, Leitfähigkeit, Trübe), auf b) zweiwöchentlichen bis monatlichen manuellen sowie auf c) impulsgesteuerten (spezifische Leitfähigkeit), automatischen Probennahmen nach größeren Niederschlagsereignissen. Für die Auswahl der Quellen war neben den hydrogeologischen Gegebenheiten in erster Linie die Möglichkeit einer dauerhaften Stromversorgung ausschlaggebend. Die einzelnen Messapparaturen werden im Anhang vorgestellt. Ereignisbezogene Probennahmen über Impulssteuerung (z.B. spez. LF, Abfluss) sind im Gelände mit deutlich weniger Arbeitsaufwand verbunden, als automatische Probennahmen im Dauerbetrieb. Die Impulssteuerung besitzt jedoch den Nachteil, dass der Impulsgeber nicht unbedingt das gesamte Abflussereignis erfasst. Bei einer abflussgesteuerten Probennahme tritt das eigentliche chemische Durchflussereignis möglicherweise erst ein, wenn die Schüttung bereits annähernd wieder ihr base flow-Niveau erreicht hat. Das gilt insbesondere für Sommerereignisse. Abb. 42 zeigt für die Quelle Kinding, dass sich die über die spezifische Leitfähigkeit (LF) angedeutete chemische Veränderung des Quellwassers erst wesentlich später einstellt, als die hydraulische Reaktion des Aquifers auf den einsetzenden Regen. Umgekehrt kann über die LF als Impulsgeber zur Probennahme nicht unbedingt jede chemische Veränderung im Quellwasser erkannt werden. Das zeigte sich besonders beim Ca^{2+}/Mg^{2+}-Verhältnis und bei den Herbiziden. Mit Hilfe der LF-Sonde als Impulsgeber können vor allem kurzfristige Reaktionen des Drainagesystems erfasst werden (vgl. Kap. 6.8), längerfristige (teils saisonale) Veränderungen im Quellenchemismus bleiben der Beobachtung ganzer Ereignisketten vorbehalten, wobei die Beprobungsintervalle hier wesentlich weiter gefasst werden müssen.

Tab. 37: Ereignisorientierte Proben in Kaising, Kinding, Grösdorf und Böhming

Quelle	Abflussmessung und Wasseranalysen	Datenherkunft	Parameter
Kaising	1998 bis 2000	GSF, WWA	Abfluss
	4 Ereignisse (n=52)	eigene Messungen	(1) (2) (4) (5) (6)
Kinding	1992 bis 2000	GSF	Abfluss
	1990 bis 1999 (n=26)	WWA	(2) (3) (5)
	1993 bis 1997 (n=34)	GSF	(2)
	6 Ereignisse (n=118)	eigene Messungen	(1) (2) (4) (5) (6)
Böhming	1992 bis 2000	GSF	Abfluss
	1990 bis 1999 (n=21)	WWA	(2) (3) (5)
	1993 bis 1997 (n=39)	GSF	(2)
	4 Ereignisse (n=88)	eigene Messungen	(1) (2) (4) (5) (6)
Grösdorf	1992 bis 2000	GSF	Abfluss
	1991 bis 1999 (n=21)	WWA	(2) (3) (5)
	1991 bis 1998 (n=81)	GSF	(2)
	2 Ereignisse (n=14)	eigene Messungen	(1) (2) (5) (6)

(1) LF, Temp, O_2, pH

(2) Na^+, K^+, Ca^{2+}, Mg^{2+}, Sr^{2+}, NH_4^+, SO_4^{2-}, Cl^-, NO_3^-, HCO_3^-

(3) Pflanzenschutzmittel (Triazine)

(4) Pflanzenschutzmittel (HPLC-Screening)

(5) $KMnO_4$-Verbrauch, zu wenig Daten

(6) Fe, Mn, B, SiO_2

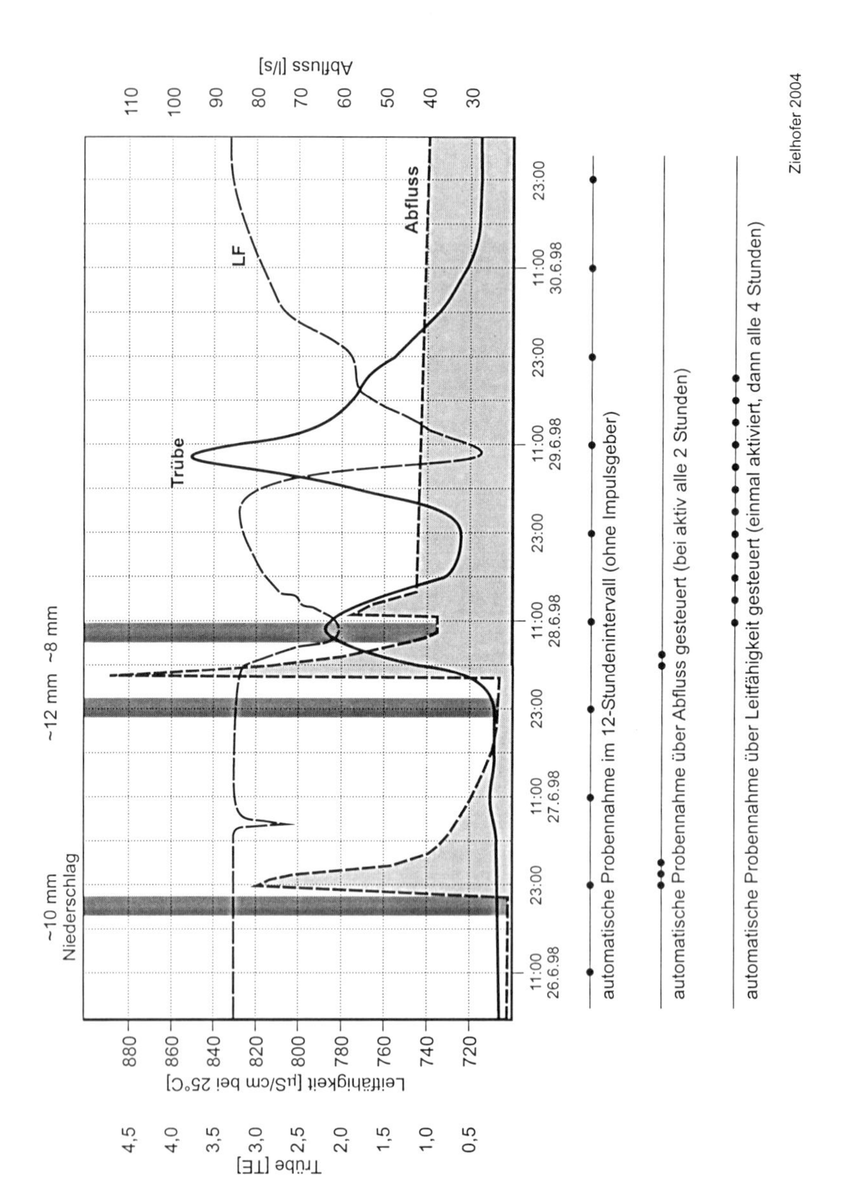

Abb. 42: Möglichkeiten der automatischen Probennahme bei Durchflussereignissen

Neben den eigenen ereignisbezogenen Messungen werden in den folgenden Kap. 6.4, 6.5 und 6.6 auch vorhandene Datensätze der GSF und des Wasserwirtschaftsamts Ingolstadts berücksichtigt (Tab. 37). Alle chemischen Daten sind über die Berechnung der Ionenbilanz auf ihre Zuverlässigkeit hin überprüft, kritische Proben bleiben für die weitere Auswertung unberücksichtigt. Auffällig hohe Fehlerquoten bei den Sekundärdaten ergeben sich beim Ca^{2+} und HCO_3^--Gehalt (Calcitfällung), bei der spezifischen Leitfähigkeit und beim pH-Wert (wechselnde Messgeräte im Gelände). Anderseits weisen die Mg^{2+}-, SO_4^{2-}-, Cl^-- und NO_3^--Werte hohe Zuverlässigkeiten auf, obwohl die Bestimmungsverfahren bei der GSF (Ionenchromatograph) von den eigens durchgeführten Analysen teilweise abweichen.

6.3 Hydrographische Separation

Quellwässer können aus verschiedenen Abflusskomponenten gespeist (Kap. 1.3.2) werden, welche sich hinsichtlich Schüttung, Alter und stofflicher Zusammensetzung unterscheiden. Einen hydraulischen Ansatz zur Differenzierung von Abflusskomponenten liefert die hydrographische Separation über die Trockenwetterganglinie. Die Analyse der Trockenwetterganglinie erlaubt eine Auftrennung des Gesamtabflusses in Basis- und Direktabfluss. Unter günstigen Voraussetzungen kann der Direktabfluss zusätzlich in Oberflächen- und Zwischenabfluss unterschieden werden (Chorley 1978; Matthess und Ubell 1983; v. Loewenstein 1998). Gemäß Abb. 3 und in Anlehnung an Pfaff (1987: 54) entspricht der Direktabfluss einer Karstquelle dem Drainagesystem, der Basisabfluss dem Speichersystem. Pfaff (1987) verzichtet bei seinen hydrographischen Untersuchungen an Quellen in der Südlichen Frankenalb auf eine weitere Differenzierung des Drainageabflusses. Zur Unterscheidung von Speicher- und Drainagesystem bedient sich Pfaff (1987) der Interpretation von best fit-Kurven zum Trockenwetterabfluss. Best fit-Kurven stellen den häufigsten Trockenwetterabfluss einer Karstquelle dar. Für die Erstellung des best fit-Verlaufs wird die abfallende Abflusskurve in Zeitintervalle unterteilt, in denen das Auslaufverhalten der Quelle durch eine einfache Funktion beschrieben werden kann. Anschließend werden die linearen Teilstücke nach ihren höchsten y-Werten abfallend sortiert und so ineinander verschoben, dass das Integral ihres Überlappungsbereichs minimiert wird.

Die best fit-Kurven (Abb. 43) der eigens untersuchten Quellen im Bereich des Kindinger Talknotens zeigen mindestens einen Knickpunkt, welcher den Kurven-

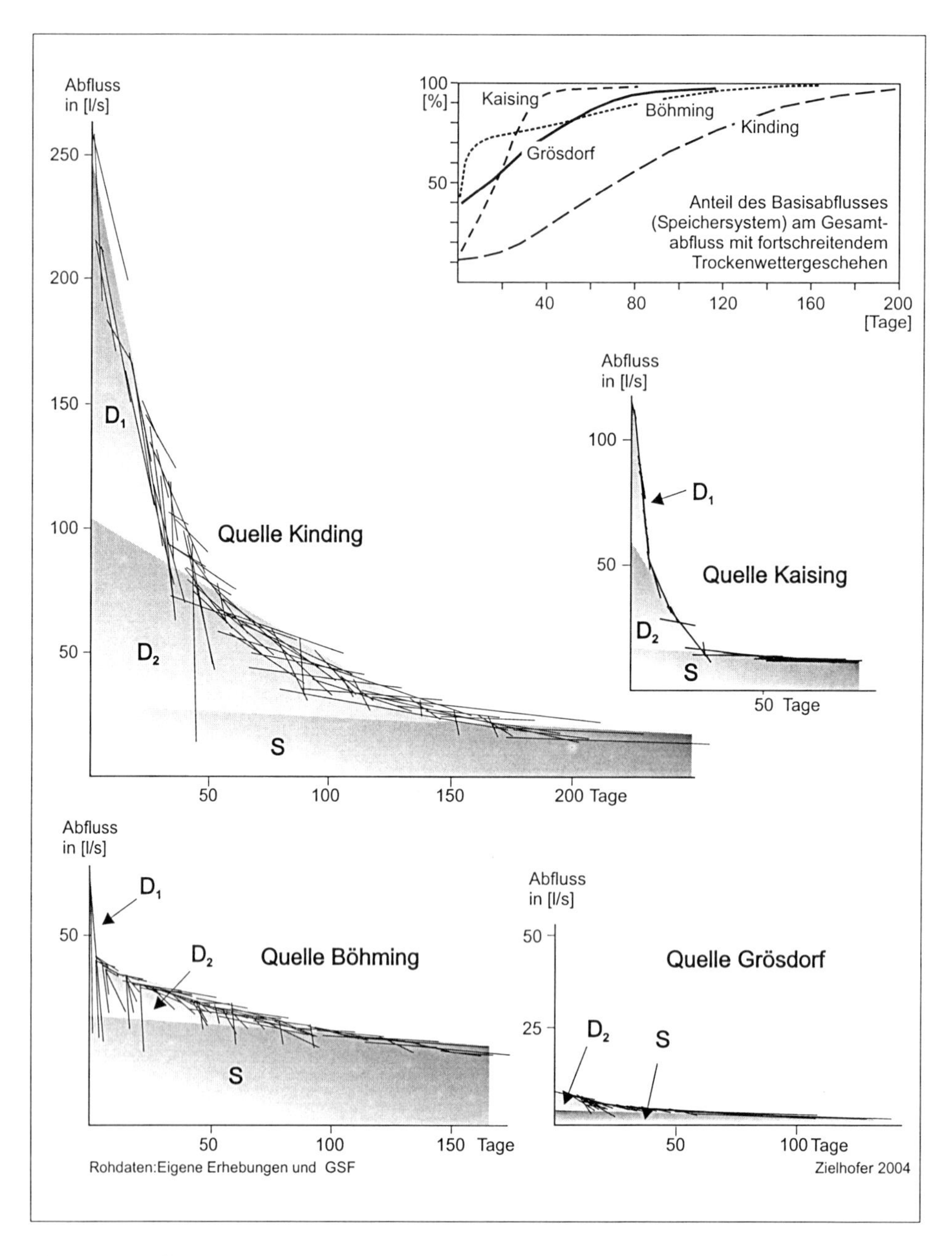

Abb. 43: Best fit-Kurven zum Trockenwetterabfluss

verlauf in ein steiles und in ein flacheres Teilstück unterteilt. Der steile Verlauf der best fit-Kurve weist auf das Drainagesystem (D) mit schnellem Schüttungsrückgang hin, der flache Kurvenverlauf deutet auf das Speichersystem (S) mit retardiertem Auslaufverhalten.

Kaisinger und Kindinger Quelle

Die Kaisinger und Kindinger Quelle gehören zum hydrogeologischen Quelltyp des Seichten Karsts (Kap. 6.1). Der Anteil des Basisabflusses (S) am Gesamtabfluss liegt bei maximalen Schüttungswerten zwischen 10 und 20% (Abb. 43, unten) und damit deutlich unter den Werten, welche bei den Tiefenkarstquellen Grösdorf und Böhming erreicht werden (ca. 40%). Im Seichten Karst besitzt der Grundwasserkörper nur geringe Mächtigkeiten, denn das Vorfluterniveau liegt unterhalb der wasserstauenden Schichten der Malmbasis (Abb. 4). Folglich weist der Grundwasserkörper nur ein geringes Speicherpotential auf (Pfaff 1987; *conduit flow spring* nach Smith et al. 1976). Die Kaisinger Quelle zeigt mit fortlaufendem Trockenwettergeschehen nach etwa 30 Tagen einen markanten Knick in der best fit-Kurve (Abb. 43). Neben dem grundsätzlich geringen Speicherpotential des Grundwasserraums im Bereich des Seichten Karsts, trägt auch die anstehende Malmfazies im Einzugsgebiet zu einem schnellen Rückgang des Drainageabflusses bei: Ist die gesättigte Zone von Schichtkalken dominiert, führen gut drainierende Fließwege und geringe Matrixdiffusion zu einem geringen Retentionsvermögen im Grundwasserraum (Pfaff 1987; Seiler et al. 1991). Obendrein besteht auch die Grundwasserüberdeckung im Einzugsgebiet in erster Linie aus Schichtkalken des Malm α bis γ (Kap. 6.1). Die Schichtkalke besitzen ein regelmäßiges Kleinkluftsystem (Abb. 7; Turberg et al., in Vorb.), welches nach den karstmorphologischen Befunden im Arbeitsgebiet Haunstetten einen schnellen Sickerwasserfluss begünstigt, obwohl es nicht zur Herausbildung von konzentrierten *shaft flows* kommt (Kap. 2.4.1.5). Innerhalb der Schichtfazies ist zusätzlich die Primärporosität sehr gering (Michel, in Seiler 1999), sodass auch von der Gesteinsmatrix in der ungesättigten Zone keine größeren Wasserspeicher-potentiale zu erwarten sind. Das Drainagesystem (D) der Kaisinger Quelle kann unter Berücksichtigung des zusätzlichen Knicks im Bereich der steil abfallenden best fit-Kurve noch einmal in zwei Abflusskomponenten unterteilt werden. Nach den ersten Tagen des Trockenwetterabflusses lässt sich über das leichte Abflachen im Kurvenverlauf erstmals ein schwaches hydraulisches Retentionsvermögen im Aquifer nachweisen.

In dieser Phase wechselt möglicherweise das Abflussgeschehen von einer vorwiegend „oberflächlich“ gesteuerten Komponente (D_1) zu Zwischenabflüssen (D_2) aus der oberen vadosen Zone (vgl. DIN 4049 und Chorley, 1978). Festzuhalten bleibt jedoch, dass die Differenzierung in D_1- und D_2-Komponente an dieser Stelle problematisch ist, da der Knick in der best fit-Kurve nur sehr schwach ausgebildet ist.

Im Gegensatz zur Quelle Kaising beschreibt die best fit-Kurve der Kindinger Quelle einen wesentlich langsameren Schüttungsrückgang im Verlauf des Trockenwettergeschehens. Der Anteil des Basisabflusses am Gesamtabfluss dominiert erst nach über 100 Tagen fortschreitenden Trockenwettergeschehens. Die Drainwirkung im Aquifer ist deutlich schwächer ausgebildet als bei der Kaisinger Quelle. Die ungesättigte Zone im Einzugsgebiet der Kindinger Quelle ist geprägt von flächenhaften Vorkommen der Schwammrasenfazies des Malm δ sowie von teilweise mächtigen postjurassischen Überdeckungen im Bereich von Senkenpositionen (Kap. 6.1). Unter Berücksichtigung des best fit-Kurvenverlaufs scheint von der vadosen Zone eine zusätzliche Speicherkapazität auszugehen.

Grösdorfer und Böhminger Quelle

Grundsätzlich weisen geringe Amplituden der Quellschüttung auf eine hohe Abflusskomponente des Speichersystems hin (Jennings 1985: 60; Pfaff 1987). Die Quellen Grösdorf und Böhming zeigen im Vergleich zu den beiden Quellen aus dem Seichten Karst ein wesentlich ausgeglicheneres Schüttungsverhalten (Abb. 43). Der Basisabfluss der Böhminger und Grösdorfer Quelle besitzt selbst nach größeren Niederschlagsereignissen einen Anteil von mindestens 40% (Abb. 43).

Die Quelle Grösdorf zeigt keinen direkten Zusammenhang von einzelnen Niederschlagsereignissen auf den Abfluss. Kurzfristige Abflussspitzen infolge punktuell versickernder Oberflächenabflüsse (D_1) treten nicht auf. Auf niederschlagsreiche Witterungsereignisse reagiert die Quelle Grösdorf lediglich durch einen schwach ausgeprägten Zwischenabfluss (D_2) mit entsprechend undeutlichem Übergang zum Basisabfluss (*percolation spring* nach Smith et al. 1976). Der homogene Verlauf der Trockenwetterganglinie lässt sich fast mit einem langfristigem Abfallen des Füllstands aus dem Speichersystem vergleichen. Die Tiefenkarstquelle Grösdorf besitzt einen mächtigeren Grundwasserkörper als die

Quellen aus dem Seichten Karst (vgl. Abb. 4), kurzfristige Direktabflüsse werden durch ein längerfristiges Auffüllen des Speichersystems abgepuffert. Die sehr schwache Ausprägung des Direktabflusses im Schüttungsgang kann vermutlich durch den mächtigeren Grundwasserkörper allein nicht erklärt werden. Die ungesättigte Zone besteht aus massigen Dolomiten, deren hohe Primärporosität mit kleinen Äquivalentradien (Glaser 1998: 60) einen zusätzlichen Speicherraum darstellt. Die hydraulische Wirksamkeit der ungesättigten Zone zeigt sich im Abflussgeschehen klarer als bei der Kindinger Quelle. Allerdings sind die postjurassischen Auflagen geringmächtiger als im Einzugsgebiet der Quelle Kinding (Kap. 6.1), so dass die retardierte Abgabe des vadosen Wassers nicht über eine ausgeprägte Speicherkapazität innerhalb der Auflagen und Füllungen interpretiert werden kann. Möglicherweise trägt auch die ausschließlich forstwirtschaftliche Nutzung im Einzugsgebiet (Kap. 6.1) zu einem verlangsamten Sickerwasserfluss bei.

Der Trockenwetterabfluss der Böhminger Quelle ist mit der best fit-Kurve der Grösdorfer Quelle im Ansatz vergleichbar. Bei einem grundsätzlich hohen Anteil des Basisabflusses am Gesamtabfluss (Abb. 43) zeigt sich in Böhming allerdings kurzfristig eine merkliche Erhöhung des Direktabflusses, wenn größere Niederschlagsereignisse vorausgingen. Nach der Interpretation der best fit-Kurve besitzt die Böhminger Quelle eine „oberflächliche" Abflusskomponente (D_1). Steile Geraden im Verlauf der best fit-Kurve treten auch bei niedrigeren Abflüssen auf (<40 l/s), sie repräsentieren D_1-Abflusskomponenten während niedriger Füllstände des Speichersystems (vgl. Natermann 1955). Ähnlich der hydrogeologischen Ausgangssituation in Grösdorf, muss auch in Böhming aufgrund flacher Gradensteigungen (Abb. 43) davon ausgegangen werden, dass sowohl die gesättigte als auch die ungesättigte Zone bedeutsame Speicher darstellen. Überdies wird auch das Einzugsgebiet der Böhminger Quelle vorwiegend waldbaulich genutzt.

Zusammenfassend weisen alle vier Quellen auf zwei - in manchen Fällen sogar auf drei - Abflusskomponenten hin, welche auf unterschiedliche hydraulische Wirksamkeiten von Speicher- und Drainagesystem zurückzuführen sind. Die Quellen Kaising und Kinding zeigen hohe Abflusskomponenten aus dem Drainagesystem (D) und sind in Anlehnung an Pfaff (1987) typisch für den Seichten Karst (Quelltyp I nach Kap. 4.1). Die best fit-Kurven der Grösdorfer und Böhminger Quelle sind dagegen durch eine Dominanz des Speichersystems beschrieben. Beide Quellen gehören zum hydrogeologischen Quelltyp IIa (Offener Tiefenkarst).

6.4 Mittlere Stoffgehalte in den Quellwässern

Die vier untersuchten Quellen im Bereich des Kindinger Talknotens unterscheiden sich hinsichtlich ihrer hydrochemischen Zusammensetzung, da geologische Formationen und Landnutzung im Einzugsgebiet variieren. Hydrogeochemische Einflüsse der Grundwasserüberdeckung und landnutzungsspezifische Auswir-kungen auf die stoffliche Charakteristik des Grundwassers wurden für das Gebiet der Mittleren Altmühlalb bereits flächenhaft in Kap. 5 beschrieben. Abb. 44 dient lediglich als einführender Überblick zum mittleren Chemismus der ereignisbeprobten Quellen. Neben den Konzentrationen in [mg/l] sind auch Äquivalenzprozente [c(eq)%] angegeben.

Den unterschiedlichen Dolomitisierungsgrad der Grundwasserüberdeckung veranschaulichen die mittleren Konzentrationen an Ca^{2+}, Mg^{2+} und Sr^{2+} im Quellwasser. Die Quellen Grösdorf und Böhming weisen einen Anteil der Mg^{2+}-Ionen an der Kationensumme von ca. 40% auf. Dagegen liegen die Mg^{2+}-Äquivalenzprozente bei der Kaisinger Quelle (Schichtkalke in der Grundwasserüberdeckung) unter 10%. Die Quelle Kinding mit teilweise dolomitisierter Schwammrasenfazies in der vadosen Zone nimmt eine Mittelstellung ein. Bei allen Quellen verhalten sich die Konzentrationen an Ca^{2+} und Sr^{2+} umgekehrt proportional zum Mg^{2+}-Gehalt (vgl. Kap. 5.1.2).

Die Einzugsgebiete der Kaisinger und Kindinger Quelle werden zum Großteil ackerbaulich genutzt. Diffuse Stoffeinträge aus der Landwirtschaft spiegeln sich auch im Quellchemismus wider. Die Konzentrationen an NO_3^-- und Cl^--Ionen liegen deutlich über den Werten der Grösdorfer Quelle mit ausschließlich forstwirtschaftlicher Nutzung im Einzugsgebiet. Die Quelle Böhming nimmt mit einem Anteil von ca. 20% landwirtschaftlicher Nutzfläche eine mittlere Position ein. Fehlende Straßensalzung im Einzugsgebiet der Grösdorfer Quelle halten die Konzentrationen an Na^+- und Cl^--Ionen auf dem Niveau der geogenen Grundfracht. Trotz ähnlich hoher Anteile an ackerbaulicher Nutzfläche in den Einzugsgebieten der Kaisinger und Kindinger Quelle weist die Kaisinger Quelle vergleichsweise niedrige Konzentrationen an Pflanzenschutzmitteln auf. Die Gehalte an Pflanzenschutzmitteln sind in den Einzugsgebieten mit überwiegend forstwirtschaftlicher Nutzung erwartungsgemäß niedrig.

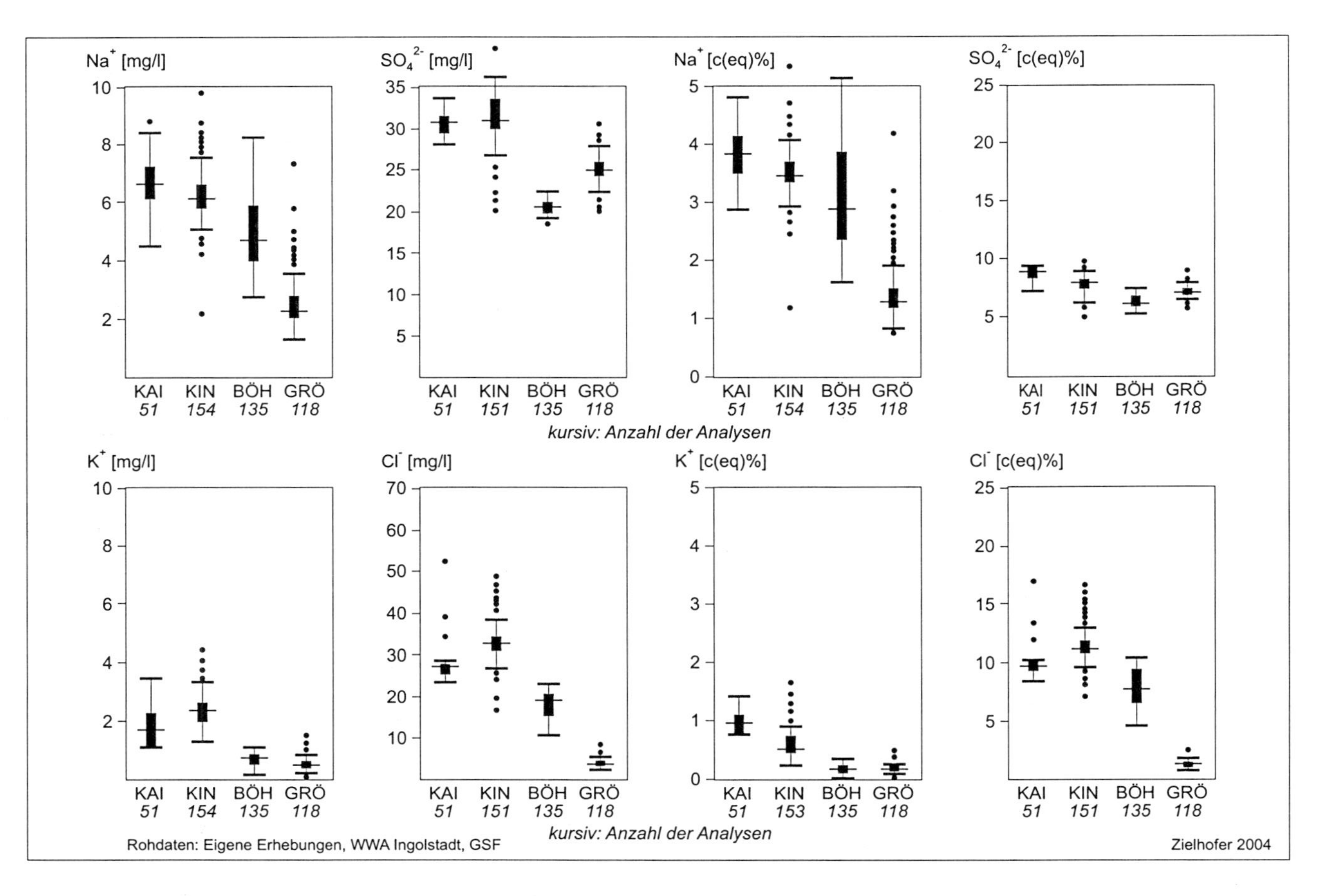

Abb. 44a: Stoffkonzentrationen der Quellen Kaising, Kinding, Grösdorf und Böhming

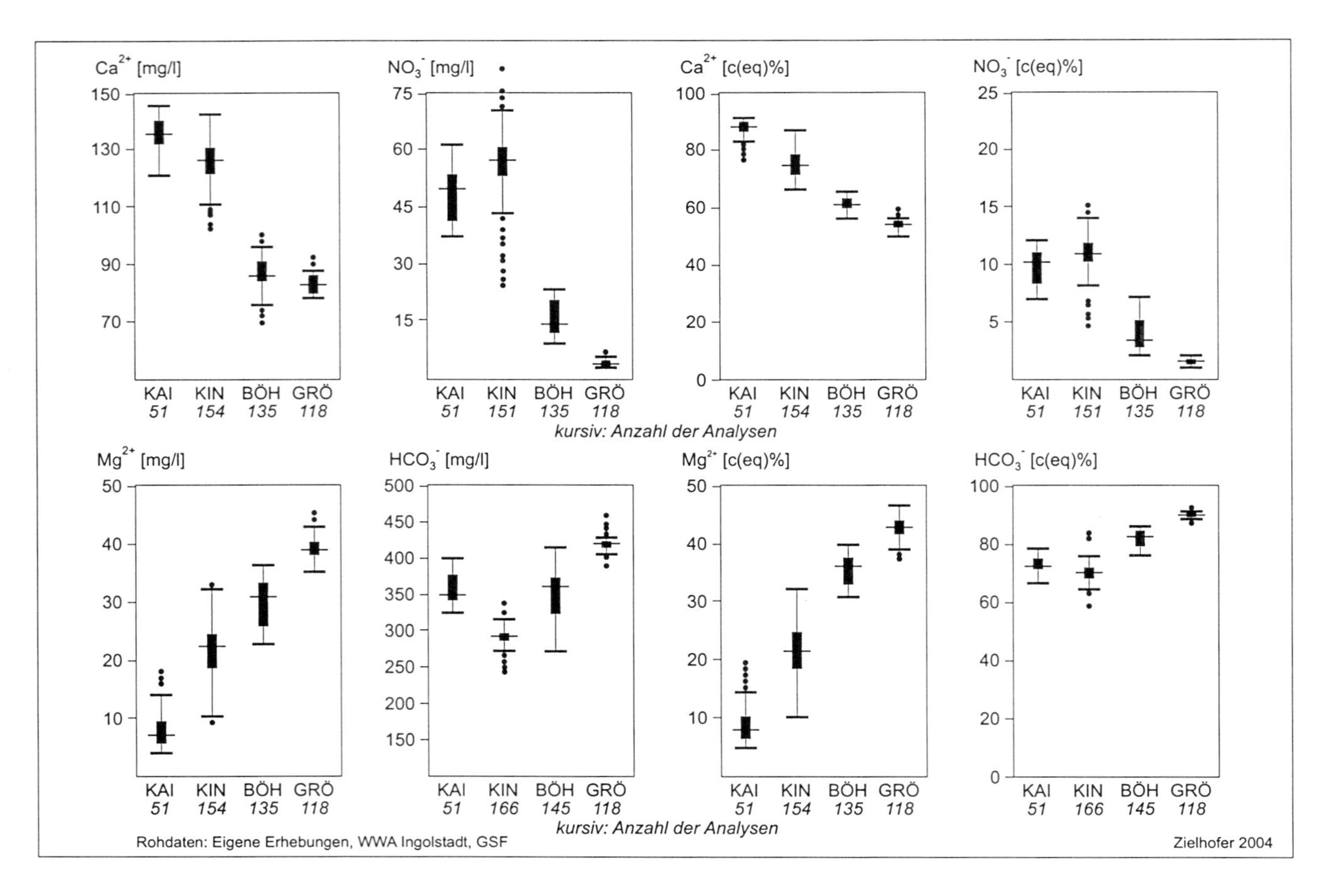

Abb. 44b: Stoffkonzentrationen der Quellen Kaising, Kinding, Grösdorf und Böhming

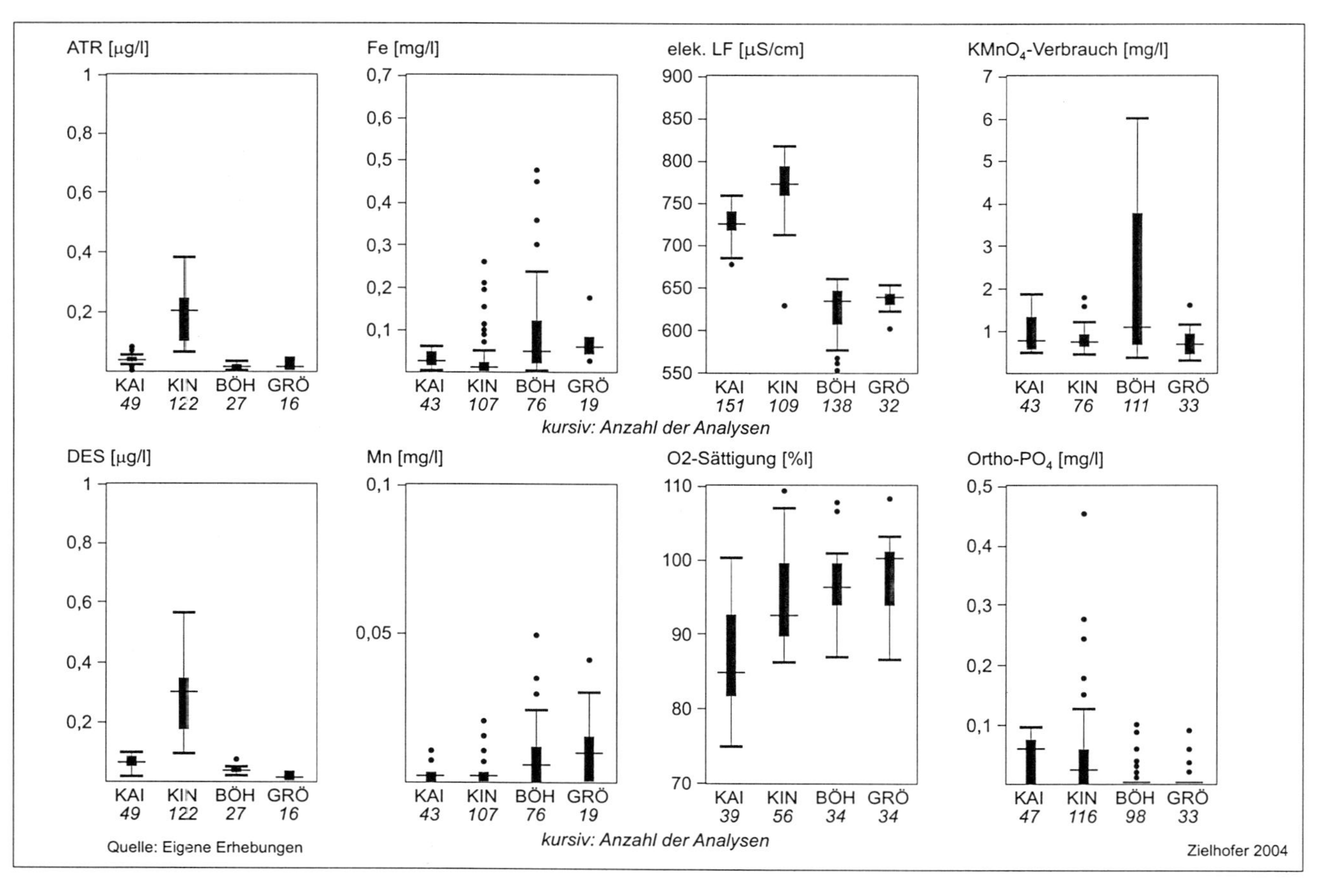

Abb. 44c: Stoffkonzentrationen der Quellen Kaising, Kinding, Grösdorf und Böhming

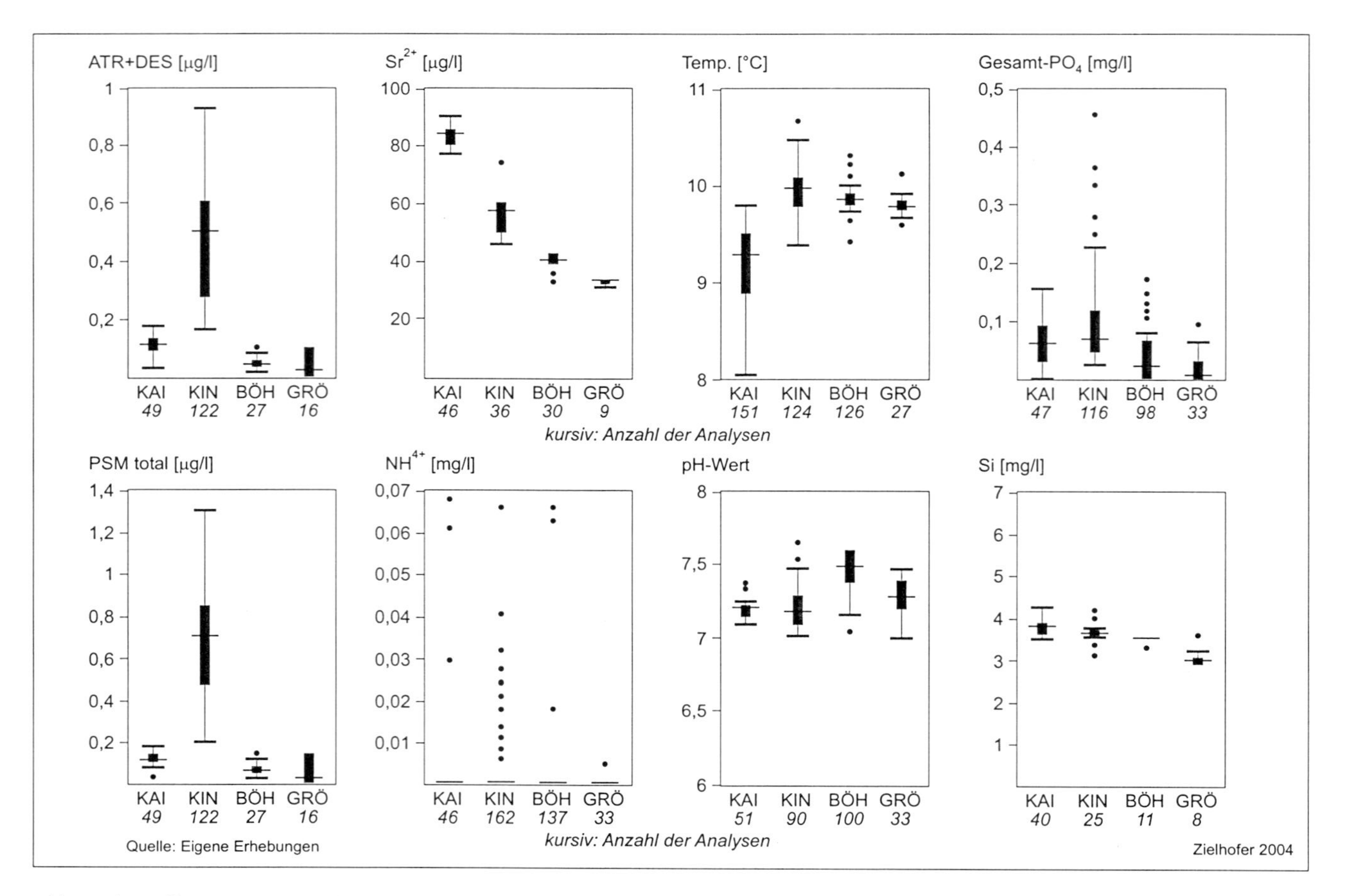

Abb. 44d: Stoffkonzentrationen der Quellen Kaising, Kinding, Grösdorf und Böhming

6.5 Konzentrations-Abfluss-Beziehungen

Den Ergebnissen der hydrochemischen Separation (Kap. 6.7) vorangestellt werden Konzentrations-Abfluss-Beziehungen der Quellen im Bereich des Kindinger Talknotens. Abb. 42 deutet am Beispiel von spezifischer Leitfähigkeit und Abfluss an, dass Veränderungen im Schüttungsgang und im Quellchemismus nicht unbedingt zeitparallel ablaufen. Konzentrations-Abfluss-Beziehungen dienen als einfaches statistisches Hilfsmittel, um hydrologische bzw. hydrochemische Parameter mit abflussrelevantem Verhalten zu erkennen. Gleichzeitig bilden sie eine Verständnisgrundlage zur Interpretation der hydrochemischen Separation (Kap. 6.8). Abb. 45 bis Abb. 48 stellen Konzentrations-Abfluss-Beziehungen für die Quellen Kaising, Kinding, Grösdorf und Böhming in der Form von linearen Regressionen dar. Bei einem Bestimmtheitsmaß $r^2>0,3$ sind die Regressionsgraden graphisch dargestellt.

Für zahlreiche Parameter bestätigt sich eine geringe lineare Abhängigkeit gegenüber dem Abfluss (u.a. Na^+, Gesamt-PO_4^{2-}, spez. LF, Trübe). Beim genaueren Hinsehen weisen die zugehörigen Punktwolken häufig Ausreißergruppen in der Form von „Eiszapfen“ oder „Stalagmiten“ auf. Das Phänomen lässt sich bei der Kindinger Quelle gut beobachten an den Punktewolken von Leitfähigkeit, Trübe, Gesamt-PO_4^{2-} und K^+-Gehalt. Auch die Quellen in Böhming (Na^+, Gesamt-PO_4^{2-}, $KMnO_4$-Verbrauch) und Kaising (Leitfähigkeit) zeigen dieses Verhalten, wenn auch in abgeschwächter Form. Die Ausreißergruppen können nicht über Regressionen, egal ob linear oder polygonal, beschrieben werden, wohl aber deuten sie eine regelhafte Verteilung an. Meist lassen sich die zapfenartigen Strukturen bei hydrologischen Parametern beobachten, die Hinweise liefern auf „Oberflächenabfluss“ oder schnelle Fließbewegungen im shaft flow (vgl. Abb. 3): So benutzt v. Loewenstein (1998) Absenkungen der spezifischen Leitfähigkeit als Indikator für Verdünnungseffekte durch Oberflächenabfluss, Phosphate wurden bereits in Kap. 5.4.2 als Anzeiger von Stofftransporten im schnell fließenden shaft flow-System beschrieben. Ähnlich sind womöglich auch der $KMnO_4$-Verbrauch und die Trübe zu bewerten.

Andere hydrologische Parameter reagieren an mehreren Quellen mit vergleichsweise hohen Bestimmtheitsmaßen [r^2]. Ca^{2+}/Mg^{2+}-Verhältnis, Sr^{2+}-Gehalt und teils NO_3^-/Cl^--Verhältnis steigen mit zunehmendem Abfluss. Der SO_4^{2-}-Gehalt [c(eq)%]

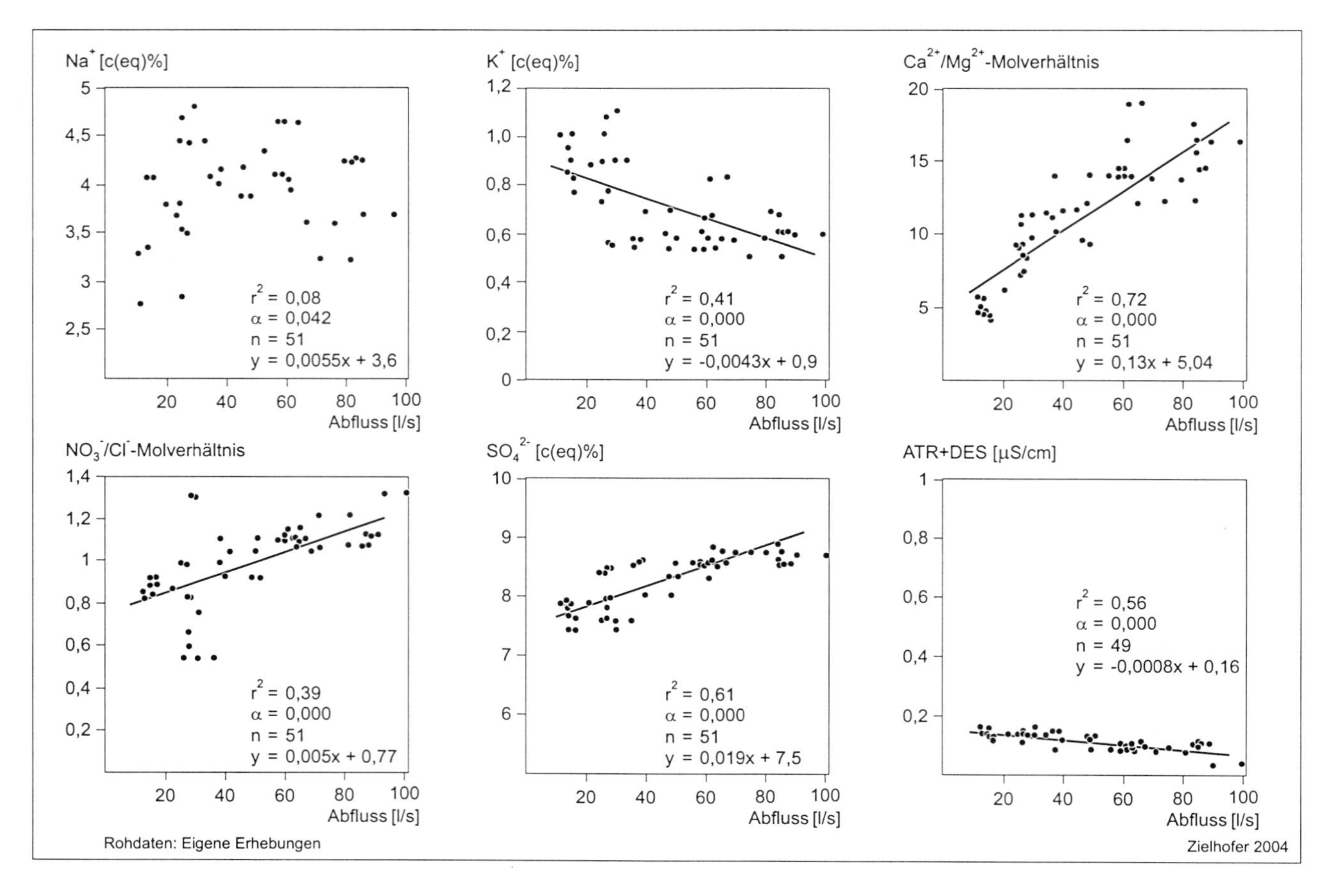

Abb. 45a: Quelle Kaising (chemische und physikalische Parameter im Vergleich zum Abfluss)

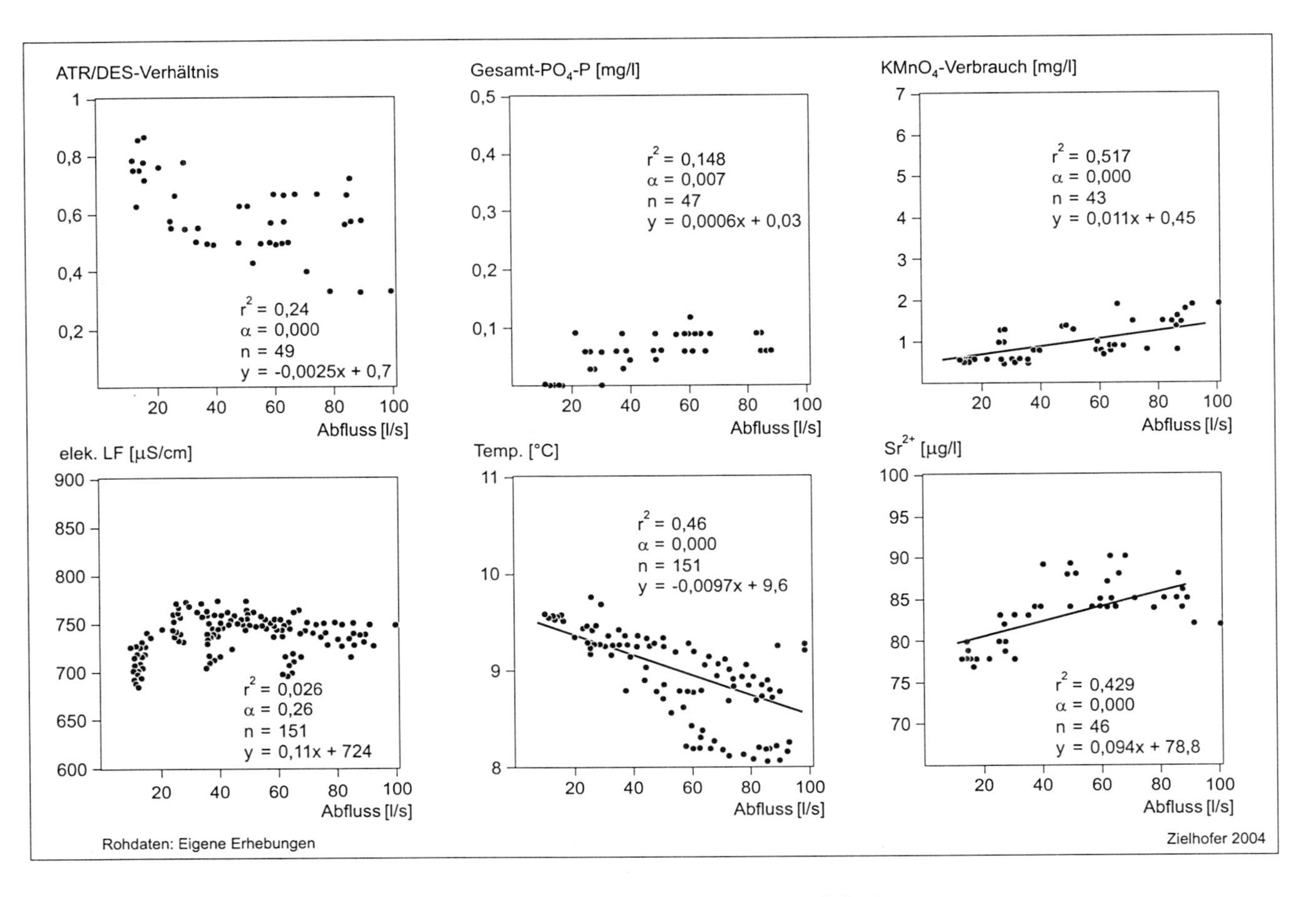

Abb. 45b: Quelle Kaising (chemische und physikalische Parameter im Vergleich zum Abfluss)

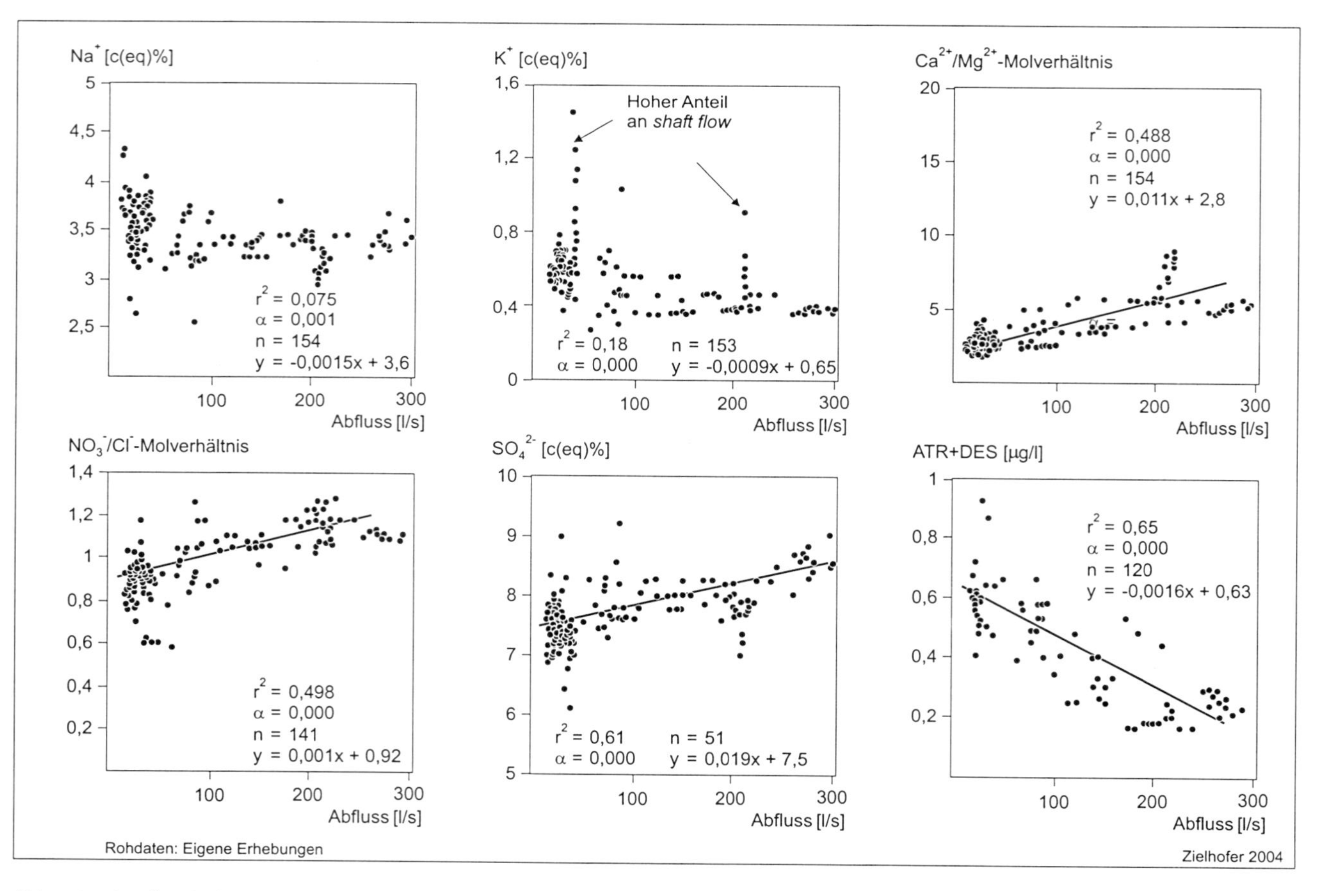

Abb. 46a: Quelle Kinding (chemische und physikalische Parameter im Vergleich zum Abfluss)

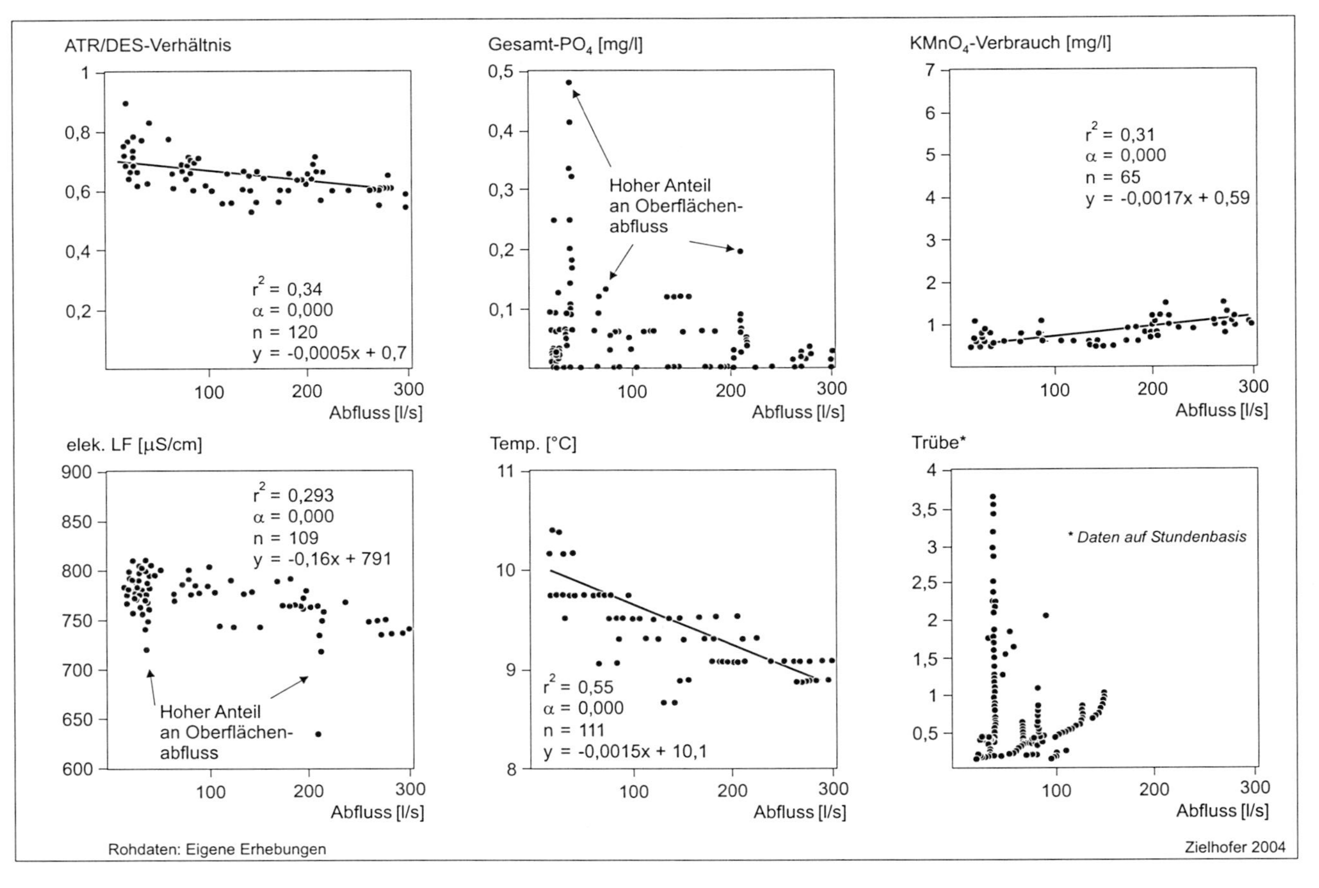

Abb. 46b: Quelle Kinding (chemische und physikalische Parameter im Vergleich zum Abfluss)

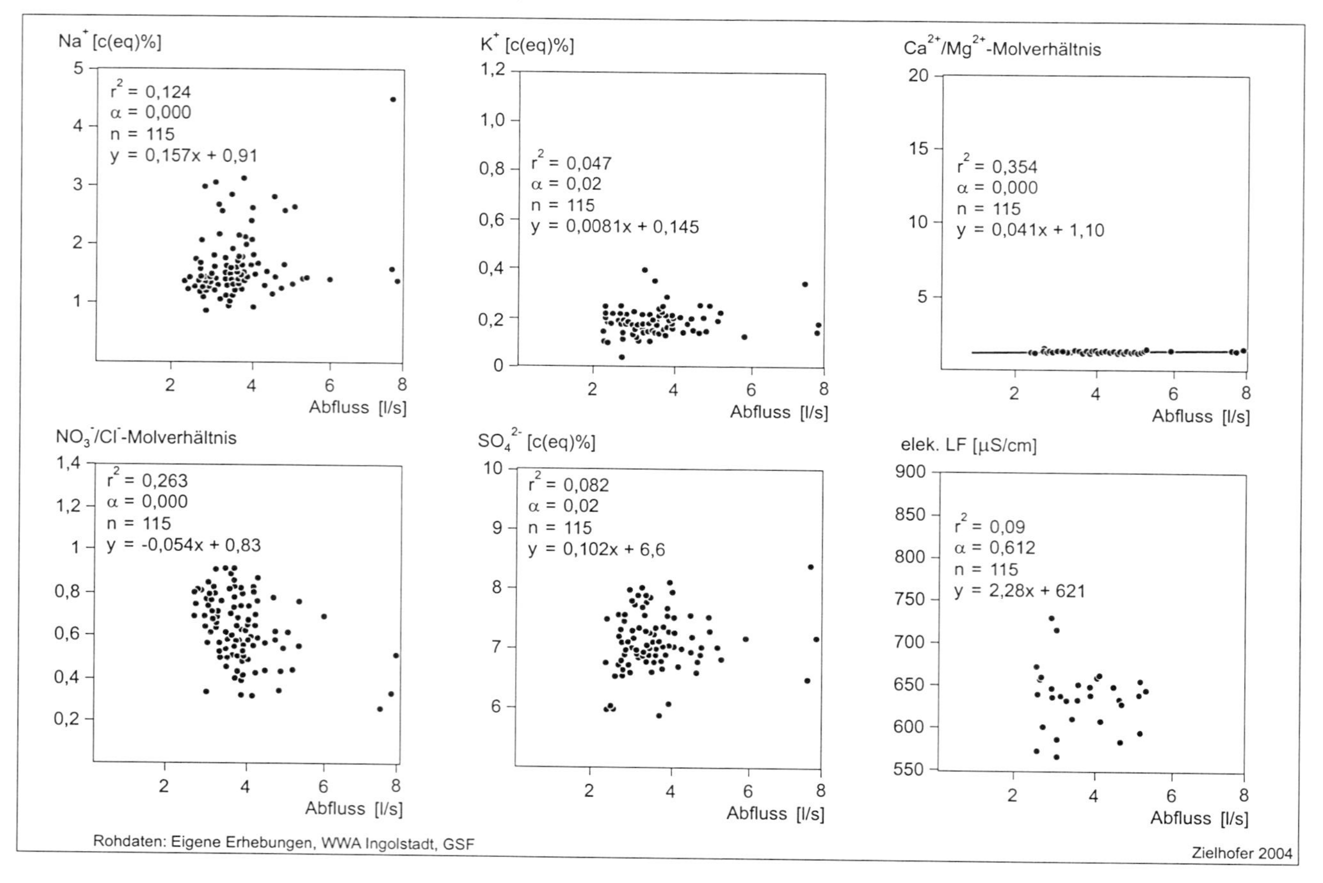

Abb. 47a: Quelle Grösdorf (chemische und physikalische Parameter im Vergleich zum Abfluss)

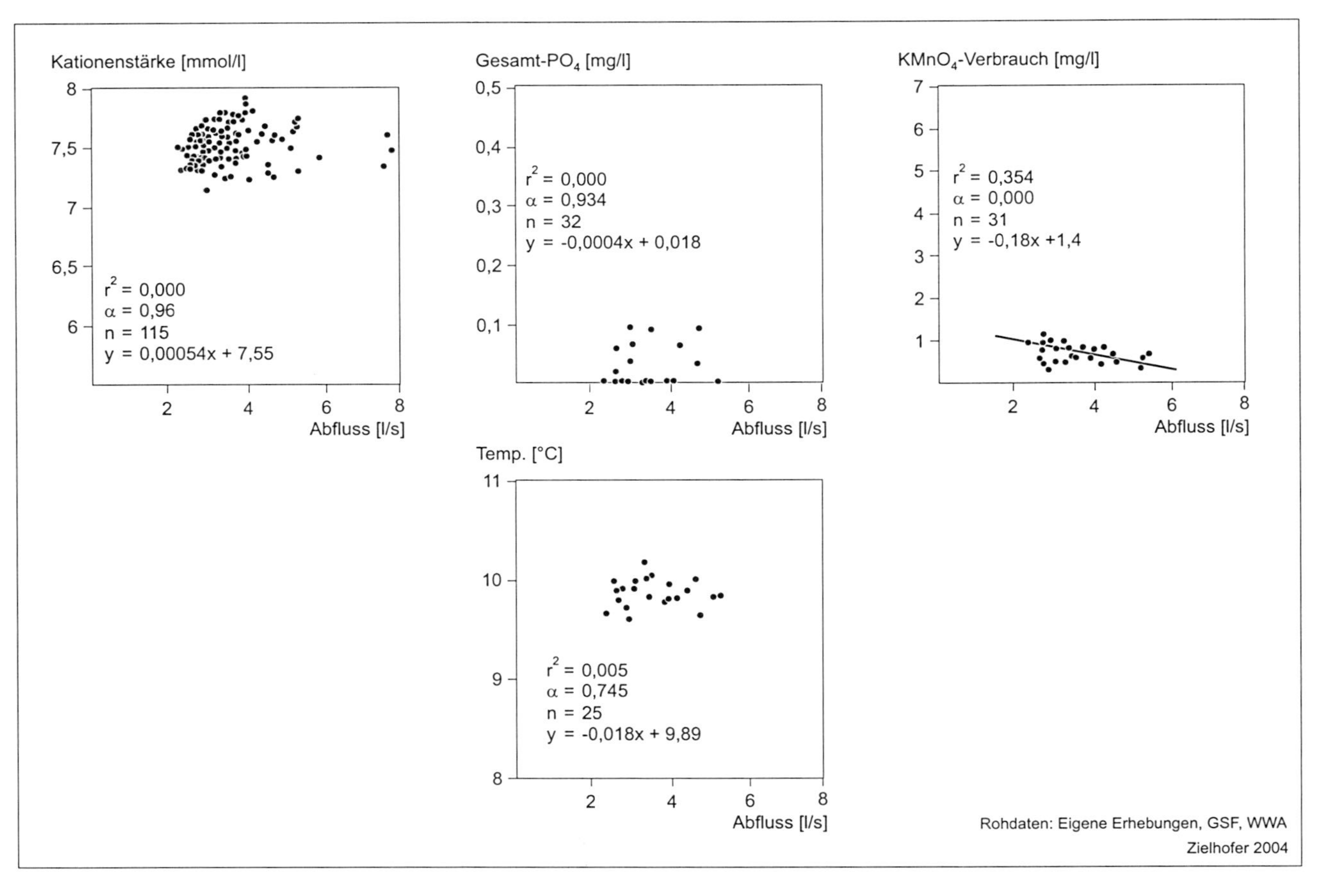

Abb. 47b: Quelle Grösdorf (chemische und physikalische Parameter im Vergleich zum Abfluss)

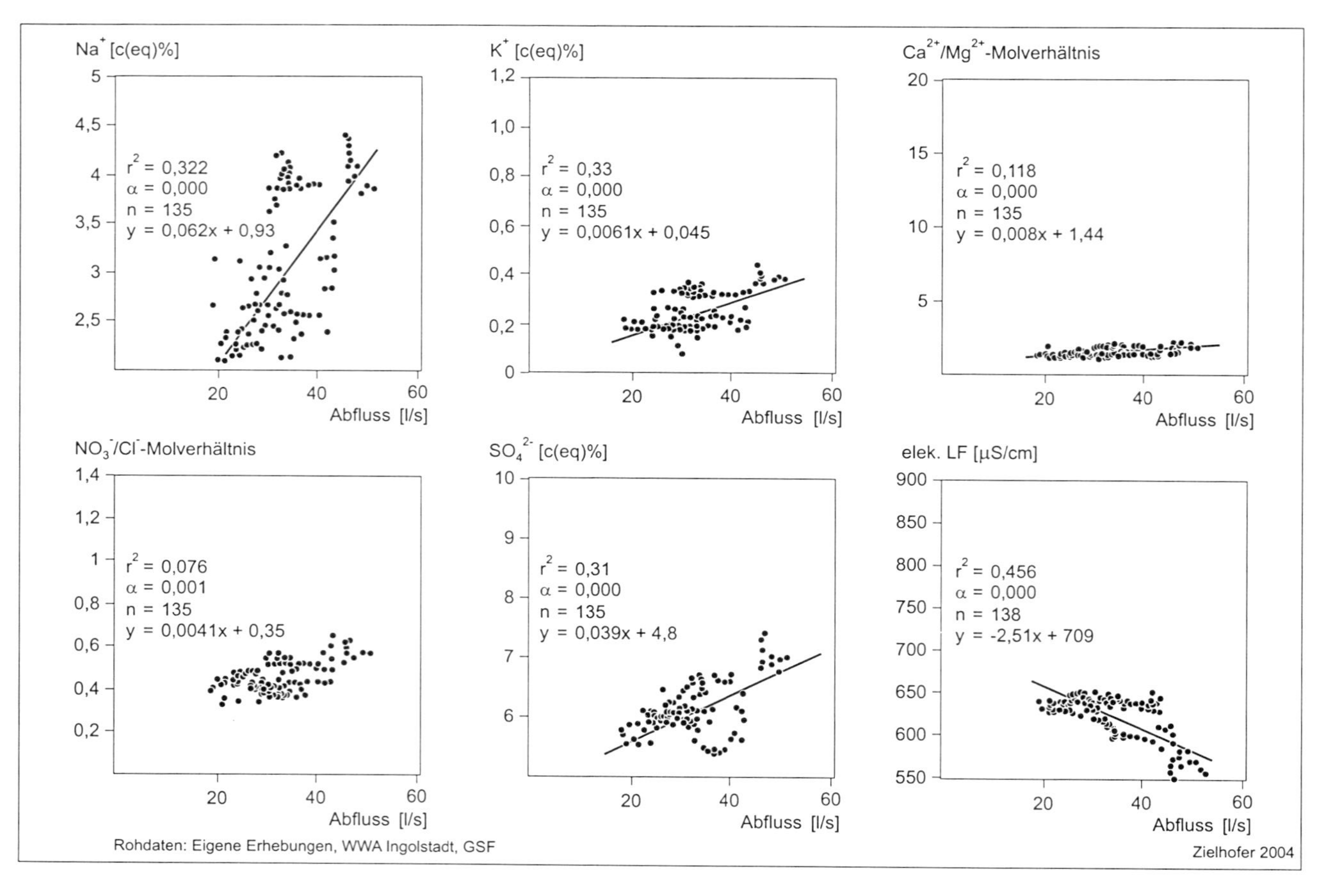

Abb. 48a: Quelle Böhming (chemische und physikalische Parameter im Vergleich zum Abfluss)

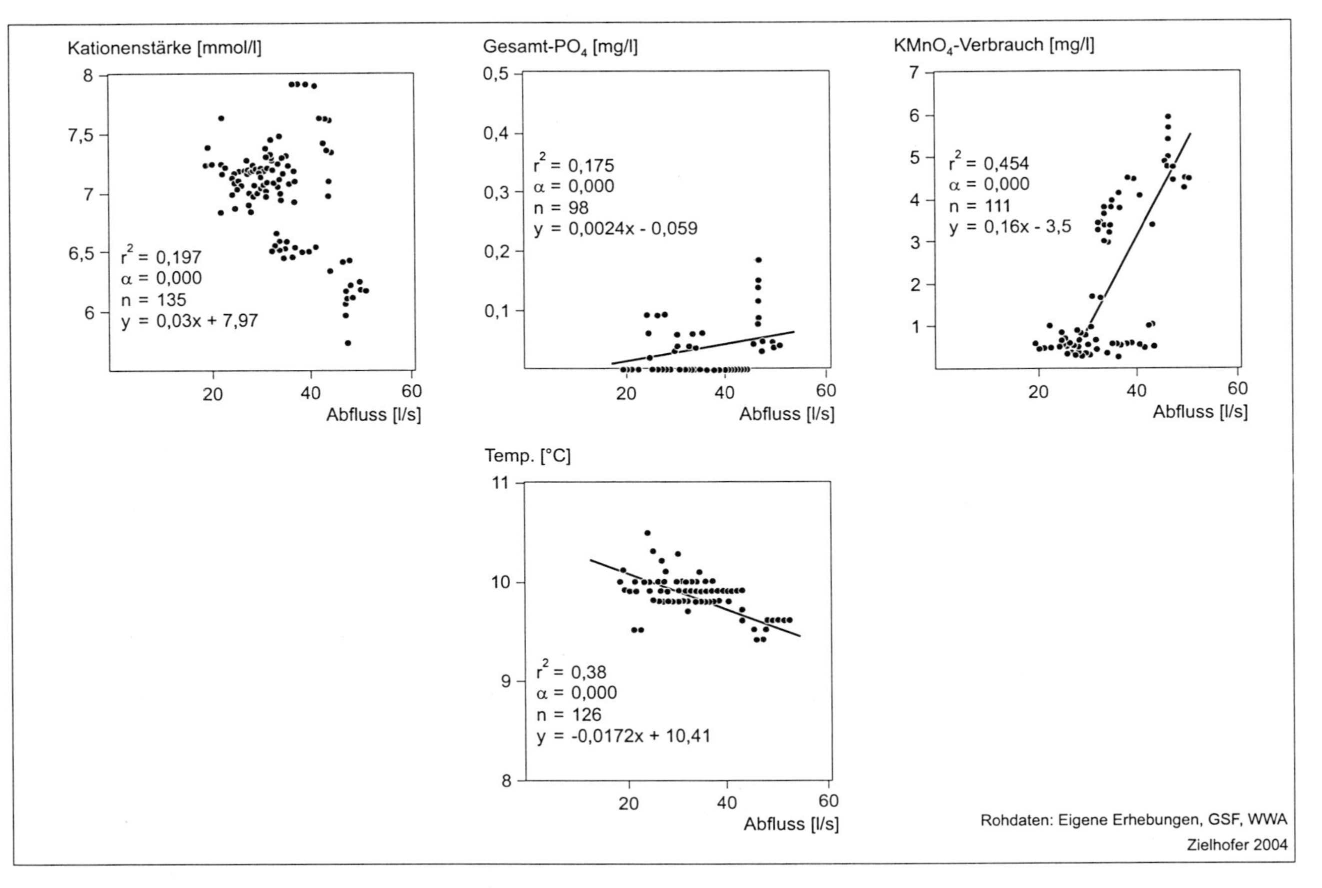

Abb. 48b: Quelle Böhming (chemische und physikalische Parameter im Vergleich zum Abfluss)

ist ebenfalls mit dem Abfluss positiv korreliert. Die Gesamtgehalte an Atrazin und Desethylatrazin nehmen mit steigendem Abfluss ab, das belegen die Quellen Kaising und Kinding mit ackerbaulicher Nutzung im Einzugsgebiet. Mit zunehmendem Abfluss fällt die Wassertemperatur, und die organische Belastung ($KMnO_4$-Verbrauch) nimmt zu.

Nicht alle hydrochemischen Parameter reagieren an allen Quellen gleich. Während das Kalium in Kaising mit zunehmender Schüttung fällt, steigen die K^+-Äquivalenzprozente in Böhming an. Auch deuten sich je nach Quelle unterschiedlich starke Konzentrations-Abfluss-Beziehungen an. Die Quelle Grösdorf lässt insgesamt nur sehr schwache Rückschlüsse von Abfluss auf Stoffverhalten zu. Womöglich stehen schwache Konzentrations-Abfluss-Beziehungen in Zusammenhang mit dem ausgeglichenen Schüttungsgang, wie er in Falle der Grösdorfer Quelle vorliegt (Kap. 6.3).

6.6 Hydrochemische Separation (Hauptkomponenten- und Clusteranalyse)

Zielsetzung der Hauptkomponentenanalyse (PCA)

Die hydrographische Separation (Kap 6.3) erlaubte für die vier Quellen im Bereich des Kindinger Talknotens eine Differenzierung des Mischwasserabflusses nach unterschiedlichen Abflusskomponenten. In Anlehnung an Abb. 3 (rechts) wurden die Abflusskomponenten in Speicher- und Drainagesystem unterteilt, teilweise gelang eine weitere Aufschlüsselung des Drainagesystems (Direktabfluss) in Zwischen- und „Oberflächen"abfluss. Lassen sich die Variationen im Abflussgeschehen auch mit Schwankungen im Quellchemismus in Verbindung bringen? Die Zusammenstellungen aus Kap. 6.5 zeigen, dass eine Korrelation von Quellchemismus und Abfluss nicht immer besteht. Bereits Abb. 42 verdeutlicht, dass hydrographische und hydrochemische Variationen nicht unbedingt zeitgleich ablaufen. Neben der hydrographischen scheint auch eine hydrochemische Separation sinnvoll, um Stoffflüsse im Karstaquifer besser zu verstehen. Dabei sollten chemische Abflusskomponenten jedoch losgelöst vom Schüttungsverlauf ermittelt werden, da hydraulische und stoffliche Dynamik zeitlich voneinander abweichen. Die Grundlage für die hydrochemische Separation bildet vorab eine Hauptkomponentenanalyse (PCA). Hauptkomponenten sind begrifflich nicht mit

Abflusskomponenten zu verwechseln. Die Hauptkomponentenanalyse verfolgt als multivariates Statistikverfahren die Zielsetzung, komplexe Zusammenhänge auf wenige aber gewichtige Einflussfaktoren zu reduzieren (vgl. Goudie et al. 1989; Bahrenberg et al. 1992). Das Verfahren kann in der Hydrogeochemie angewandt werden als Basis zur Bildung von spezifischen Wassergruppen, die sich in ihrer stofflichen Charakteristik möglichst stark voneinander unterscheiden (vgl. Caine und Thurman 1990; Hakamata et al. 1992; Haag 1997; Mazurek 1999). In unserem Falle wird eine Wassergruppe verstanden als ein Cluster von mehreren (analytisch ähnlichen) Wasserproben eines oder mehrerer Durchflussereignisse.

Bei einem Durchflussereignis korrelieren verschiedene hydrochemische Parameter möglicherweise hoch miteinander. Die Hauptkomponentenanalyse legt diese hohen Korrelationen intersubjektiv offen und reduziert den ursprünglichen Datensatz auf wenige Variablen (= Hauptkomponenten). Wenn beispielsweise Kalzium- und Magnesiumgehalte bei einem Durchflussereignis umgekehrt proportional zueinander stehen und mit dem Kalziumgehalt gleichzeitig der Nitratgehalt ansteigt, reicht es, dies mit Hilfe einer „Hauptkomponente“ auszudrücken. Methodische Grundlagen zur Hauptkomponentenanalyse sind im Anhang A2 erläutert.

Auswahl der hydrologischen Parameter für die Hauptkomponentenanalyse

Welche hydrologischen Ausgangsvariablen fließen in die Hauptkomponentenanalyse mit ein? Ein notwendiges Kriterium für die Auswahl stellt die Datendichte einer Variablen dar. In die Hauptkomponentenanalyse sollten nur solche Variablen einfließen, die möglichst für eine Vielzahl der Proben vorliegen. Das gilt in erster Linie für die Ionen, welche in die Ionenbilanz einfließen, und teilweise für die Pflanzenschutzmittel und den $KMnO_4$-Gehalt. Für die Bildung (Extraktion) der Hauptkomponenten wird zumeist auf Äquivalenzprozente zurückgegriffen [c(eq)%], da Konzentrationsangaben in [mg/l] zu ungewollten Korrelationen führen können (z.B. bei Verdünnungseffekten im Quellwasser). Der Abfluss fließt als hydrologischer Parameter nicht in die Hauptkomponentenanalyse ein, da hydraulische und stoffliche Dynamik voneinander getrennt betrachtet werden sollen (siehe oben). Physikalische Parameter (spezifische Leitfähigkeit, Temperatur, Trübe) liegen für bestimmte Zeiträume in teils hohen Datendichten (Stundenintervalle) vor, die Informationen decken sich aber nicht immer mit den Zeitpunkten der chemischen Wasseranalysen. Die spezifische Leitfähigkeit fließt nur bei der Kaisinger und Böhminger Quelle in die Hauptkomponentenanalyse mit ein.

Hydrologische Variablen, die unabhängig von anderen Parametern sind, lassen sich nicht über die Hauptkomponenten erklären. Ausdruck dieser Unabhängigkeit ist die Kommunalität. Die Kommunalität einer Variablen gibt an, inwieweit deren Varianz durch die Hauptkomponenten abdeckt wird. Das statistische Kriterium für die Berücksichtigung einer bestimmten Variable bei der Hauptkomponenten-analyse liegt somit in einer möglichst hohen Kommunalität. Tab. 38 gibt einen Überblick.

Tab. 38: Kommunalitäten

Hydrologische Ausgangsvariable		max.	KAI	KIN	GRÖ	BÖH
LF	[µS/cm]	1,00	0,63	-	-	0,85
Na^+	[c(eq)%]	1,00	☹	☹	0,80	0,87
K^+	[c(eq)%]	1,00	0,73	0,77	☹	0,88
Ca^{2+}	[c(eq)%]	1,00	0,86	0,95	0,99	0,82
Mg^{2+}	[c(eq)%]	1,00	0,84	0,94	0,84	0,93
g-PO_4^{2-}	[mg/l]	1,00	☹	0,79	-	0,74
SO_4^{2-}	[c(eq)%]	1,00	0,74	☹	☹	0,90
NO_3^-	[c(eq)%]	1,00	☹	0,70	☹	0,65
Cl^-	[c(eq)%]	1,00	0,79	0,73	0,77	0,90
$KMnO_4$	[mg/l]	1,00	0,67	-	-	0,91
PSM	[µg/l]	1,00	0,71	0,84	-	-
ATR/DES		1,00	0,68	☹	-	-

☹ Kommunalität zu gering

\- zu wenig Daten

Extraktion der Hauptkomponenten

Hauptkomponenten stellen Variablen dar, welche sich nur über die Korrelationen zu den hydrologischen Ausgangsvariablen definieren. Die Korrelationskoeffizienten zwischen einer Hauptkomponente und den ursprünglichen hydrologischen Variablen werden als Ladung k bezeichnet. Die Ladungen liegen zwischen -1 und 1. Je größer $|k|$, desto höher die Korrelation zwischen der hydrologischen Variablen und der Hauptkomponente. Tab. 39 stellt die Ergebnisse der Hauptkomponentenanalyse für die vier Quellen (Kaising, Kinding, Grösdorf und Böhming) zusammen. Bei allen Quellen ließen sich zwei Hauptkomponenten extrahieren, die hohe Varianzen zwischen 68,9 und 89% abdecken. Hauptkomponenten mit Eigenwerten <1 sind nicht dargestellt (siehe Anhang A2).

Tab. 39: Rotierte Hauptkomponenten

Hydrologische Ausgangsvariable		Hauptkomponenten KAI		KIN		GRÖ		BÖH	
		1.	2.	1.	2.	1.	2.	1.	2.
LF	[μS/cm]	-	-0,66	-	-	-	-	-0,50	-0,78
Na^+	[c(eq)%]	-	0,77	-	-	-	0,89	0,71	0,61
K^+	[c(eq)%]	-0,86	-	-	0,86	-	-	0,61	0,71
Ca^{2+}	[c(eq)%]	0,78	0,52	-0,92	-	0,99	-	0,91	-
Mg^{2+}	[c(eq)%]	-0,74	-0,59	0,93	-	-0,99	-	-0,94	-
g-PO_4^{2-}	[mg/l]	0,50	-	-	0,89	-	-	-	0,83
SO_4^{2-}	[c(eq)%]	0,86	-	-	-	-	-	0,56	0,76
NO_3^-	[c(eq)%]	-	-	-	-0,79	-	-	0,69	0,50
Cl^-	[c(eq)%]	-	0,82	0,83	-	-	0,86	0,78	0,55
$KMnO_4$	[mg/l]	0,81	-	-	-	-	-	0,61	0,74
PSM	[μg/l]	-0,84	-	0,85	-	-	-	-	-
ATR/DES		-0,77	-	-	-	-	-	-	-
Eigenwert		6,1	2,2	4,0	1,7	2,1	1,5	7,1	1,4
Gesamtvarianz		68,9		81,7		89,0		68,9	

dargestellt sind nur Ladungen >|0,5|

Rotationsmethode: Varimax mit Kaiser-Normalisierung

Alle Quellen zeigen hohe Ladungen beim Ca^{2+}- und Mg^{2+}-Wert, wobei Ca^{2+} und Mg^{2+} negativ korreliert sind, d.h. hohe Ca^{2+}-Werte während eines Durchflussereignisses haben niedrige Mg^{2+}-Gehalte im Mischwasser zur Folge. Veränderungen beim Ca^{2+}/Mg^{2+}-Verhältnis gehen signifikant mit Konzentrationsänderungen bei den Pflanzenschutzmitteln einher, angezeigt über hohe Ladungen bei den Quellen Kaising und Kinding in der ersten Hauptkomponente. Die Quellen Kinding und Böhming besitzen in der zweiten Hauptkomponente hohe Ladungen bei den Phosphat- und Kaliumgehalten, eine positive Korrelation, die losgelöst von den Zusammenhängen in der jeweils ersten Hauptkomponente zu betrachten ist. Im Falle der Grösdorfer Quelle lassen sich nur wenige hydrologische Parameter mit hohen Ladungen über die Hauptkomponenten erklären, ein Indiz für die relative Unabhängigkeit des Wasserchemismus gegenüber Durchflussereignissen.

Bildung von Wassergruppen über die Clusteranalyse

Wie die hydrologischen Ausgangsparameter stellen auch die Hauptkomponenten Variablen dar. Für jede einzelne Wasserprobe existieren spezifische Werte der Variablen „1. Hauptkomponente“ und „2. Hauptkomponente“. Die Hauptkomponenten spannen somit eine Ebene auf, in der alle Wasserproben einer Quelle als Punkte positioniert sind. Über eine schrittweise Clusteranalyse werden die einzelnen Wasserproben (Punkte) zu Punktewolken (Clustern) zusammengefasst. Dabei sollte der Abstand der Punkte untereinander (Euklidische Distanz) innerhalb eines Clusters möglichst klein sein. Je mehr Punkte von einem Cluster schrittweise aufgenommen werden, bzw. je mehr Cluster sich zu größeren Clustern zusammenschließen, desto größer wird die Euklidische Distanz. Die schrittweise Clusteranalyse sucht nach einer möglichst kleinen Anzahl von Clustern (hier: Wassergruppen), ohne dass das Streuungsmaß für die Punkteverteilung im Cluster zu groß wird. Kriterien für die Anzahl der zu bildenden Clustern sind „Sprünge“ in der Zunahme der Euklidischen Distanz. In Abb. 49 sind die Euklidischen Distanzen abhängig von der Clusteranzahl für die einzelnen Quellen dargestellt. Größere Sprünge ergeben sich für die meisten Quellen zwischen dem 4. und 5. Cluster, lediglich bei der Kaisinger Quelle wurde die Anzahl der repräsentativen Cluster (Wassergruppen) auf drei beschränkt.

Für jede einzelne Wasserprobe einer bestimmten Quelle liegt nun eine eindeutige Clusterzugehörigkeit vor. Die hydrochemische Charakteristik der Cluster ist in

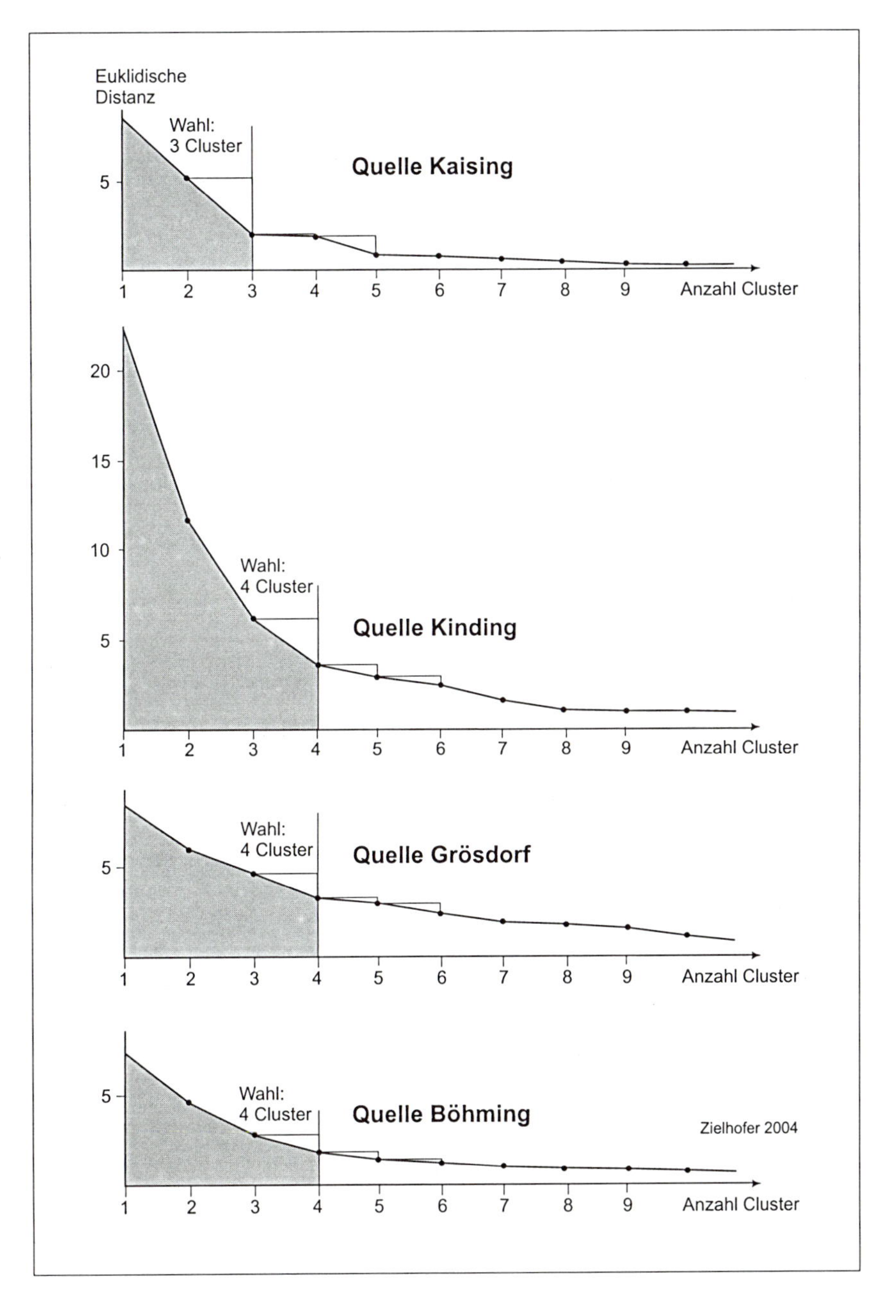

Abb. 49: Euklidische Distanzen nach Anzahl der Cluster

Tab. 40 in der Form von Mittelwerten wiedergegeben. Hierbei ist zu beachten, dass streng genommen nur die hydrologischen Parameter in die Tabelle aufgenommen werden dürfen, welche auch bei der Extraktion der Hauptkomponenten Berücksichtigung fanden. Das heißt aber nicht, dass die Mittelwerte zusätzlich angegebener Parameter unbedingt unrepräsentativ für das entsprechende Cluster sein müssen. Liegen beispielsweise für eine Quelle nur wenige Strontiumanalysen vor, würden sie die Grundgesamtheit der Hauptkomponentenextraktion zugrunde liegenden Wasserproben erheblich reduzieren. Trotzdem können wenige Strontiumanalysen Orientierungswerte für die Interpretation der Cluster liefern. Andere Parameter wie Ammonium, Eisen und Mangan bewegen sich in den meisten Fällen immer knapp um die analytische Nachweisgrenze. Auch sie sind für die Hauptkomponentenextraktion nur bedingt geeignet, bilden aber in Tab. 40 durchaus interpretierbare Mittelwerte.

Hauptkomponenten- und anschließende Clusteranalyse liefern hydrochemische Wassergruppen. Diese Mischwässer stellen zwar keine eigenständigen Abflusskomponenten im Sinne einer quantifizierbaren Separation dar, werden aber durch die Dominanz einer oder mehrerer hydrochemischer Abflusskomponenten bestimmt.

6.7 Wassergruppen nach hydrochemischen Klassen (Clustern)

Tab. 40 zeigt die Mittelwerte physikalischer und hydrochemischer Parameter nach unterschiedlichen Wassergruppen (Clustern):

Quelle Kaising

Bei der Wassergruppe KAI2 ist die Temperatur mit 9,5°C etwas höher als bei den anderen zwei Clustern. Das Ca^{2+}/Mg^{2+}-Verhältnis ist auffällig eng, der Strontiumgehalt ist mit 78 µg/l relativ niedrig. Die Cluster KAI1 und KAI3 zeigen hinsichtlich ihrer hydrochemischen Parameter Gemeinsamkeiten: Sie zeichnen sich durch ein weites Ca^{2+}/Mg^{2+}-Verhältnis aus, und der Gehalt an Phosphaten ist hoch. Darüber hinaus sind bei der Wassergruppe KAI1 die Ammoniumwerte und der Permanganatverbrauch ($KMnO_4$) auffallend hoch.

Tab. 40a: Wassergruppen nach unterschiedlichen Abflusskomponenten (Quelle Kaising)

Quelle Kaising

Wasser-gruppe	Abfluss-komponenten	Abfluss [l/s]	LF 25 [µS/cm]	O_2 [%]	Temp [°C]	Na [c(eq)%]	K [c(eq)%]	Ca/Mg	Sr [µg/l]	Fe [µg/l]	Mn [µg/l]
KAI1 *n=26*	S + D	65 *n=26*	731 *n=26*	86 *n=22*	9,0 *n=26*	4,0 *n=26*	0,7 *n=26*	13,8 *n=26*	85 *n=26*	25 *n=24*	3 *n=24*
KAI2 *n=10*	S	14 *n=10*	711 *n=10*	80 *n=1*	9,5 *n=10*	3,5 *n=10*	0,9 *n=10*	5,3 *n=10*	78 *n=9*	10 *n=9*	0 *n=9*
KAI3 *n=6*	S + D	29 *n=6*	754 *n=6*	90 *n=6*	9,3 *n=6*	4,4 *n=6*	1,0 *n=6*	10,6 *n=6*	82 *n=6*	5 *n=6*	0 *n=6*

Wasser-gruppe	Abfluss-komponenten	NH_4 [mg/l]	Si [mg/l]	o-PO_4 [µg/l]	g-PO_4 [µg/l]	SO_4 [c(eq)%]	NO_3/Cl	HCO_3 [c(eq)%]	$KMnO_4$ [mg/l]	PSM [µg/l]	ATR/DES
KAI1 *n=26*	S + D	0,08 *n=26*	3,7 *n=18*	58 *n=24*	68 *n=26*	8,8 *n=26*	1,04 *n=26*	72 *n=26*	1,2 *n=26*	0,10 *n=24*	0,56 *n=24*
KAI2 *n=10*	S	0,02 *n=9*	3,9 *n=10*	9 *n=1*	18 *n=10*	7,7 *n=10*	0,95 *n=10*	76 *n=10*	0,6 *n=9*	0,14 *n=9*	0,76 *n=9*
KAI3 *n=6*	S + D	0,02 *n=6*	3,7 *n=6*	30 *n=6*	40 *n=6*	7,8 *n=6*	0,92 *n=6*	70 *n=6*	0,6 *n=6*	0,14 *n=6*	0,63 *n=6*

Tab. 40b: Wassergruppen nach unterschiedlichen Abflusskomponenten (Quelle Kinding)

Quelle Kinding

Wasser-gruppe	Abfluss-komponenten	Abfluss [l/s]	LF 25 [µS/cm]	Trübe [TE]	Temp [°C]	Na [c(eq)%]	K [c(eq)%]	Ca/Mg	Sr [µg/l]	Fe [µg/l]	Mn [µg/l]
KIN1 *n=93*	S	105 *n=93*	780 *n=80*	0,4 *n=15*	10,0 *n=87*	3,3 *n=93*	0,5 *n=93*	3,8 *n=93*	52 *n=23*	6 *n=71*	1 *n=71*
KIN2 *n=7*	S + D_1	41 *n=7*	762 *n=7*	1,7 *n=7*	10,0 *n=7*	3,7 *n=7*	1,1 *n=7*	2,9 *n=7*	50 *n=3*	47 *n=7*	4 *n=7*
KIN3 *n=1*	S + D_1 + D_2	220 *n=1*	620 *n=1*	2,3 *n=1*	9,9 *n=1*	3,0 *n=1*	1,3 *n=1*	6,8 *n = 1*	59 *n=1*	149 *n=1*	10 *n=1*
KIN4 *n=10*	S + D_2	189 *n=10*	750 *n=10*	1,0 *n=3*	9,8 *n=10*	3,2 *n=10*	0,4 *n=10*	7,1 *n=10*	60 *n=3*	77 *n=10*	6 *n=10*

Wasser-gruppe	Abfluss-komponenten	NH_4 [mg/l]	Si [mg/l]	o-PO_4 [µg/l]	g-PO_4 [µg/l]	SO_4 [c(eq)%]	NO_3/Cl	HCO_3 [c(eq)%]	$KMnO_4$ [mg/l]	PSM [µg/l]	ATR/DES
KIN1 *n=93*	S	0,02 *n=91*	3,6 *n=11*	24 *n=82*	35 *n=93*	7,6 *n=93*	0,89 *n=93*	70 *n=93*	0,6 *n=54*	0,52 *n=93*	0,67 *n=93*
KIN2 *n=7*	S + D_1	0,10 *n=7*	- *n=0*	271 *n=7*	309 *n=7*	7,1 *n=7*	0,71 *n=7*	74 *n=7*	0,9 *n=7*	0,54 *n=7*	0,60 *n=7*
KIN3 *n=1*	S + D_1 + D_2	0,02 *n=1*	3,8 *n=1*	104 *n=1*	119 *n=1*	6,9 *n=1*	1,10 *n=1*	85 *n=1*	1,0 *n=1*	0,22 *n=1*	0,67 *n=1*
KIN4 *n=10*	S + D_2	0,02 *n=10*	3,8 *n=3*	36 *n=10*	52 *n=10*	7,9 *n=10*	1,17 *n=10*	72 *n=10*	1,3 *n=7*	0,22 *n=10*	0,63 *n=10*

Tab. 40c: Wassergruppen nach unterschiedlichen Abflusskomponenten (Quelle Grösdorf)

Quelle Grösdorf

Wasser-gruppe	Abfluss-komponenten	Abfluss [l/s]	LF 25 [µS/cm]	O_2 [%]	Temp [°C]	Na [c(eq)%]	K [c(eq)%]	Ca/Mg	Sr [µg/l]	Fe [µg/l]	Mn [µg/l]
GRÖ1 *n=81*	S	3,6 *n=80*	628 *n=23*	98 *n=15*	9,9 *n=18*	1,3 *n=81*	1,4 *n=81*	1,2 *n=81*	31 *n=3*	10 *n=12*	15 *n=12*
GRÖ2 *n=7*	S	3,4 *n=7*	610 *n=2*	95 *n=1*	9,7 *n=2*	1,8 *n=7*	1,4 *n=7*	1,2 *n=7*	- *n=0*	5 *n=1*	5 *n=1*
GRÖ3 *n=9*	S + (D_2)	6,2 *n=9*	645 *n=3*	- *n=0*	9,8 *n=6*	1,3 *n=9*	1,8 *n=9*	1,5 *n= 9*	35 *n=6*	10 *n=6*	5 *n=6*
GRÖ4 *n=3*	S	3,8 *n=3*	- *n=0*	- *n=0*	- *n=0*	2,3 *n=3*	1,5 *n=3*	1,2 *n=3*	- *n=0*	- *n=0*	- *n=0*

Wasser-gruppe	Abfluss-komponenten	NH_4 [mg/l]	Si [mg/l]	o-PO_4 [µg/l]	g-PO_4 [µg/l]	SO_4 [c(eq)%]	NO_3/Cl	HCO_3 [c(eq)%]	$KMnO_4$ [mg/l]	PSM [µg/l]	ATR/DES
GRÖ1 *n=81*	S	0,07 *n=75*	3,4 *n=2*	7 *n=75*	17 *n=25*	7,0 *n=81*	0,64 *n=81*	90,4 *n=81*	0,7 *n=24*	0,00 *n=10*	0,66 *n=1*
GRÖ2 *n=7*	S	0,10 *n=7*	- *n=0*	3 *n=7*	38 *n=2*	7,2 *n=7*	0,52 *n=7*	89,8 *n=7*	0,7 *n=2*	- *n=0*	- *n=0*
GRÖ3 *n=9*	S + (D_2)	0,02 *n=9*	2,9 *n=6*	1 *n=9*	10 *n=6*	7,2 *n=9*	0,61 *n=9*	90,5 *n=9*	0,5 *n=6*	0,05 *n=6*	1,0 *n=6*
GRÖ4 *n=3*	S	0,02 *n=3*	- *n=0*	1 *n=3*	- *n=0*	7,5 *n=3*	0,58 *n=3*	89,1 *n=3*	- *n=0*	- *n=0*	- *n=0*

Tab. 40d: Wassergruppen nach unterschiedlichen Abflusskomponenten (Quelle Böhming)

Quelle Böhming

Wasser-gruppe	Abfluss-komponenten	Abfluss [l/s]	LF 25 [µS/cm]	O_2 [%]	Temp [°C]	Na [c(eq)%]	K [c(eq)%]	Ca/Mg	Sr [µg/l]	Fe [µg/l]	Mn [µg/l]
BÖH1 *n=41*	S	33,1 *n=41*	637 *n=41*	98 *n=14*	10,0 *n=39*	2,4 *n=41*	0,2 *n=41*	1,6 *n=41*	41 *n=20*	2 *n=20*	0 *n=20*
BÖH2 *n=14*	S + D_1	45,9 *n=14*	581 *n=14*	95 *n=1*	9,5 *n=14*	4,2 *n=14*	0,4 *n=14*	1,7 *n=14*	- *n=0*	31 *n=12*	3 *n=12*
BÖH3 *n=44*	S + D_2	34,9 *n=44*	610 *n=44*	98 *n=4*	9,8 *n=44*	3,7 *n=44*	0,3 *n=44*	1,9 *n = 44*	38 *n=5*	7 *n=37*	0 *n=37*
BÖH4 *n=4*	S + D_1 + D_2	47,8 *n=4*	552 *n=4*	0 *n=0*	9,5 *n=4*	3,9 *n=4*	0,4 *n=4*	2,0 *n=4*	40 *n=2*	31 *n=4*	3 *n=4*

Wasser-gruppe	Abfluss-komponenten	NH_4 [mg/l]	Si [mg/l]	o-PO_4 [µg/l]	g-PO_4 [µg/l]	SO_4 [c(eq)%]	NO_3/Cl	HCO_3 [c(eq)%]	$KMnO_4$ [mg/l]	PSM [µg/l]	ATR/DES
BÖH1 *n=41*	S	0,02 *n=37*	3,6 *n=10*	10 *n=37*	20 *n=41*	5,5 *n=41*	0,44 *n=41*	85 *n=41*	0,6 *n=41*	0,05 *n=25*	0,31 *n=25*
BÖH2 *n=14*	S + D_1	0,02 *n=14*	- *n=0*	1 *n=12*	110 *n=14*	7,1 *n=14*	0,49 *n=14*	78 *n=14*	4,6 *n=14*	- *n=0*	- *n=0*
BÖH3 *n=44*	S + D_2	0,02 *n=44*	3,5 *n=1*	1 *n=44*	10 *n=44*	6,4 *n=44*	0,58 *n=44*	80 *n=44*	2,9 *n=44*	0,05 *n=1*	0,3 *n=1*
BÖH4 *n=4*	S + D_1 + D_2	0,02 *n=4*	- *n=0*	1 *n=4*	100 *n=4*	6,9 *n=4*	0,61 *n=4*	78 *n=4*	5,2 *n=4*	- *n=0*	- *n=0*

Quelle Kinding

Die Kindinger Quelle zeigt wesentlich höhere Spannbreiten innerhalb der hydrochemischen Variation als die Kaisinger Quelle. Ein Großteil der Wasserproben entfällt auf das Cluster KIN1, darin enthalten sind ereignisbezogene Messkampagnen „kleinerer" Ausprägung, welche bei der Clusterbildung jedoch unberücksichtigt blieben, da die Abstände zu den anderen Punktewolken (Cluster KIN2, KIN3 und KIN4) zu groß sind. Die Wasserproben der Cluster KIN2, KIN3 und KIN4 repräsentieren Extremwerte, die sich vom Großteil der restlichen Proben deutlich absetzen.

Das erste Cluster KIN1 lässt sich mit der hydrochemischen Ausprägung des Kaisinger Clusters KAI2 vergleichen, wobei der mittlere Abfluss (85 l/s) in Kinding kein Minimum darstellt. Hier zeigt sich sehr deutlich, dass von der Abflussmenge nicht unbedingt Rückschlüsse auf die hydrochemische Zusammensetzung des Wassers erlaubt sind. Typisch für die Wassergruppe KIN1 sind das enge Ca^{2+}/Mg^{2+}-Verhältnis, die geringe Trübe des Quellwassers, die gegenüber den Clustern KIN3 und KIN4 um 0,1°C höheren Wassertemperaturen, die geringe organische Belastung sowie die auffällig hohen Gehalte an Atrazin und Desethylatrazin. Bei der zweiten Wassergruppe KIN2 handelt es sich um ein hochsommerliches (Ende Juli) Durchflussereignis nach starkem Gewitterregen. Eine zusätzliche Abflusskomponente spiegelt sich - vergleichbar mit den Clustern KAI1 und KAI3 der Kaisinger Quelle - in den erhöhten Gehalten an Phosphaten und im leichten Anstieg des Ammoniumwerts wider. Zusätzlich zeigen sich bei der Kindinger Quelle Konzentrationszunahmen im Eisen-, Mangan- und Kaliumgehalt sowie eine erhöhte Wassertrübe. Im Gegensatz zu den Clustern KAI1 und KAI3 der Kaisinger Quelle bleibt das Ca^{2+}/Mg^{2+}-Verhältnis bei der Wassergruppe KIN2 jedoch unverändert niedrig. Auch bei den sonstigen Ionen (Na^{+}, SO_4^{2-}, NO_3^{-}, HCO_3^{-}) bleiben die Äquivalenzprozente [c(eq)%] annähernd konstant. Bei der Kindinger Quelle besteht das dritte Cluster KIN3 lediglich aus einer einzigen Wasserprobe. Zwischen dem 24. und 28. Oktober 1998 fielen nach eigenen Messungen im Einzugsgebiet 74,5 mm Niederschlag, wobei davon allein 41,6 mm innerhalb von 4 Stunden am Nachmittag des 28. Oktobers niedergingen. 19 bis 20 Stunden danach registrierte die Leitfähigkeitssonde am Quellaustritt ein Abfallen der spezifischen Leitfähigkeit von 750 auf 620 µS/cm. Nach gut zwei Stunden normalisierte sich der Leitfähigkeitswert bereits wieder auf über 700 µS/cm. Infolge der extrem kurzen Zeitdauer des eigentlichen chemischen Durchflusspeaks liegt nur eine einzige Wasserprobe - allerdings in dreifacher analytischer Ausführung - vor. Die Wassergruppe KIN3 repräsentiert ein hydrologisches Extremereignis und ist nicht auf etwaige Fehler bei der Durchführung der analytischen Arbeiten zurückzuführen. Vergleichbar mit Cluster KIN2 zeigt auch KIN3 den bereits bekannten Einfluss von Durchflussereignissen auf die Hydrochemie: Trübung des Quellwassers, hohe Konzentrationen partikelgebundener Stoffe wie Eisen, Mangan und Kalium, hohe Konzentrationen an Orthophosphat und eine hohe organische Belastung. Zusätzlich ist der Leitfähigkeitswert stark erniedrigt. Die Wassergruppe KIN3 unterscheidet sich jedoch grundlegend in der sonstigen stofflichen Zusammensetzung von vorheriger Gruppe KIN2: Das Ca^{2+}/Mg^{2+}-Verhältnis hat sich verdoppelt, der Strontiumgehalt ist höher, das NO_3^-/Cl^--Verhältnis ist zugunsten des Nitrats verschoben und die Konzentrationen an Atrazin- und Desethylatrazin sind um mehr als die Hälfte verringert. Das größere NO_3^-/Cl^--Verhältnis geht mit einer Verringerung der Äquivalenzkonzentrationen beider Anionen einher, unter anderem zu erkennen am Anstieg des HCO_3^--Anteils auf 84,5 c(eq)%. Die vierte Wassergruppe KIN4 ist der vorherigen sehr ähnlich. Lediglich die partikelgebundenen Wasserinhaltsstoffe treten etwas zurück.

Quelle Grösdorf

Bereits über die Hauptkomponentenanalyse wurde deutlich, dass die hydrochemischen Parameter der Grösdorfer Quelle bis auf wenige Ionenkonstellationen (Na^+ vs. Cl^- und Ca^{2+} vs. Mg^{2+}) keine signifikanten Korrelationen aufweisen. Insgesamt zeigt sich bei allen Parametern nur ein schwaches Variationsmuster. Die vier Cluster sind in ihrer Ausprägung sehr ähnlich. Auffällig sind die durchgehend niedrigen Gehalte an Phosphaten, Eisen, Mangan und Ammonium. Lediglich die dritte Wassergruppe GRÖ3 lässt auf einen geringen Anteil einer weiteren Abflusskomponente im Quellwasser schließen. Das Ca^{2+}/Mg^{2+}-Verhältnis ist gegenüber den anderen Clustern leicht erhöht.

Quelle Böhming

Die vier Wassergruppen der Böhminger Quelle sind in ihrer Konstellation der Situation in Kinding sehr ähnlich, obwohl der Schwankungsbereich der Parameterwerte durchweg geringere Amplituden aufweist. Die Wassergruppe BÖH1 ist durch niedrige Ca^{2+}/Mg^{2+}-Verhältnisse und geringe Gehalte an Phosphaten, Eisen, Mangan und Ammonium beschrieben. Cluster BÖH2 ist mit BÖH1 vergleichbar, Unterschiede machen sich nur bei den Eisen- und Phosphatgehalten, der organischen Belastung sowie einem niedrigeren Leitfähigkeitswert bemerkbar. Bei der Wassergruppe BÖH3 treten die partikelgebundenen Wasserinhaltsstoffe (Eisen, Mangan, Phosphat) zurück. Dagegen zeigt sich beim Kalzium und Magnesium sowie beim Nitrat und Chlorid eine auffällige Verschiebung der Ionenverhältnisse. In Anlehnung an die Situation in Kinding (siehe KIN3 und KIN4) nehmen auch in Böhming die Nitratkonzentrationen gegenüber dem Chlorid zu. Die Wassergruppe BÖH4 unterscheidet sich vom Cluster BÖH3 durch höhere Konzentrationen an partikelgebundenen Stoffen.

6.8 Hydrochemische Abflusskomponenten

Obige Wassergruppen sind **nicht** gleichzusetzen mit separierten Abflusskomponenten im Sinne von Kap. 1.3.2 (z.B. Zwischenabfluss oder Basisabfluss), wohl aber mit Mischwässern, in denen eine oder zwei hydrochemische Abflusskomponenten dominieren. Trotz der Verschiedenheit der untersuchten Quellen besitzen die Wassergruppen vergleichbare Charakteristika.

Wassergruppe mit dominantem Basisabfluss (S)

Die flächenhaften Untersuchungen an den Quellen im Gebiet der Mittleren Altmühlalb (Kap. 5.1.2) konnten bereits belegen, dass das Ca^{2+}/Mg^{2+}-Verhältnis im Quellwasser mit der chemischen Zusammensetzung der Karbonatgesteine in der ungesättigten Zone korreliert. Bei den ereignisorientierten Messungen lässt sich über die Clusteranalyse ablesen, dass die Ca^{2+}/Mg^{2+}-Verhältnisse sich besonders in den base flow-Zeiten an der chemischen Zusammensetzung der Gesteinsmatrix in der ungesättigten Zone orientieren. Je nach dem Magnesiumgehalt der Malmfazies in der ungesättigten Zone schwankt das Molverhältnis zwischen 1,2 (Quelle Grösdorf) und 13,8 (Quelle Kaising). Die Ca^{2+}/Mg^{2+}-Verhältnisse sind bei vorherrschendem Basisabfluss niedrig (Tab. 40). Vermutlich nährt sich der Basisabfluss überwiegend aus diffusen Sickerwasserbewegungen mit „längeren" Verweilzeiten in der ungesättigten Zone. Zumindest deutet das enge Ca^{2+}/Mg^{2+}-Verhältnis auf Prozesse der Lösungsverwitterung hin, welche sich nicht über den magnesiumarmen Grundwasserraum erklären lassen. Enge Ca^{2+}/Mg^{2+}-Verhältnisse korrespondieren mit niedrigen Sr^{2+}-Gehalten (vgl. Kap. 5.1.2).

Konzentrationen von Ionen, die im Aquifer einer spezifischen Adsorption unterliegen, sind während des Basisabflusses sehr gering (Kalium, Eisen, Mangan, Ammonium, Phosphat).

Die ereignisorientierten Messungen an den Quellen Kaising und Kinding waren begleitet von Wasseranalysen zum Nachweis von Pflanzenschutzmitteln. Das HPLC-Screening umfasste 40 Wirkstoffe. Im Basisabfluss konnten ausschließlich Atrazin und Desethylatrazin (Metabolit) nachgewiesen werden. Dabei waren die Konzentrationen während der base flow-Zeiten grundsätzlich am höchsten. Bezüglich der Pflanzenschutzmittel haben Simmleit und Herrmann (1987) über ereignisorientierte Messungen auf den ersten Blick genau das Gegenteil festgestellt. Die Forscher konnten an Karstquellen beobachten, dass bei verstärktem Direktabfluss - und nicht Basisabfluss - die Konzentrationen an Pflanzenschutzmitteln stark zunehmen. Untersucht wurden die Proben auf ihren Gehalt an Lindan, welches im Wasser nur schwer löslich ist und in erster Linie partikelgebunden transportiert wird (Coxon 1999: 54). Folglich konnte das Lindan nur dann am Quellaustritt nachgewiesen werden, wenn über das Drainagesystem ein vermehrter Austrag an organischen und anorganischen Schwebstoffen erfolgte (Simmleit und Herrmann 1987). Die hohen Gehalte an Atrazin und Desethylatrazin im Basisabfluss der Kindinger Quelle sind anders zu interpretieren. Im Gegensatz zu Lindan besitzen Atrazin und Desethylatrazin eine siebenfach höhere Wasserlöslichkeit (Perkow und Ploss 1996) sowie eine weitaus geringere Sorptionsaffinität (mündl. Mitteilung Hagenguth, LfW). Hohe Konzentrationen an Atrazin und Desethylatrazin sind bei der Kindinger Quelle mit der Wassertrübe und dem $KMnO_4$-Gehalt negativ korreliert, d.h. Atrazin- und Desethylatrazinnachweise sind nicht an das Vorhandensein von anorganischen und organischen Schwebstoffen gebunden.

Die spezifische Leitfähigkeit ist kein guter Indikator für den Basisabfluss, maximale Leitfähigkeitswerte treten nicht während des Basisabflusses auf.

Wassergruppe mit Zwischenabfluss (D_2)

Wird eine Wassergruppe vom Zwischenabfluss dominiert, dann äußert sich das in einem weiten Ca^{2+}/Mg^{2+}-Verhältnis. Eine leichte Erhöhung des Strontiumgehalts ist in ähnlicher Weise zu deuten, wie das weite Ca^{2+}/Mg^{2+}-Verhältnis: Die kurze Verweildauer des versickernden „jungen" Wassers in der ungesättigten Zone führt nicht zu einem hydrochemischen Gleichgewichtszustand, so dass sich Erdalkali-Konzentrationen im Quellwasser eher an den geogenen Verhältnissen des Kalksteins in der gesättigten Zone orientieren.

Da Zwischenabflüsse vor allem im Winter und Frühjahr vorkommen, bewirken sie häufig einen Temperaturrückgang im Mischwasserabfluss. In Zeiten kräftiger Zwischenabflüsse sind die Quellwassertemperaturen in der Regel 0,1 bis 0,5 °C niedriger.

Während hoher Zwischenabflüsse (D_2-Komponente) ändern sich neben dem Ca^{2+}/Mg^{2+}-Verhältnis auch die Äquivalenzprozente anderer gelöster Wasserinhaltsstoffe. Das NO_3^-/Cl^--Verhältnis steigt zugunsten des Nitrats. Über die Verschiebung des NO_3^-/Cl^--Verhältnisses hin zum Nitrat kann spekuliert werden. Möglicherweise besteht eine saisonale Variabilität des Nitratgehalts im Sickerwasser. Hohe Zwischenabflüsse sind ab dem Ende der Vegetationsperiode im Spätherbst zu erwarten. Das sind erfahrungsgemäß auch Zeiten hoher Nitratkonzentrationen im Sickerwasser (Strebel und Renger, in Scheffer und Schachtschabel 1992: 271; Coxon 1999: 48). Eine weitere Möglichkeit liegt in der zu kurzen Verweilzeit des Zwischenabflusses im Aquifer, so dass Prozesse des Nitratabbaus - wie von Seiler et al. (1996) und Glaser (1998) vor allem für die gesättigte Massenfazies beschrieben - nicht greifen können. Verschiebungen im NO_3^-/Cl^--Verhältnis sind bei der Kindinger und Böhminger, nicht aber bei der Kaisinger Quelle zu beobachten. Im Gegensatz zur Kaisinger Quelle werden in den Einzugsgebieten der beiden anderen Quellen große Bereiche der ungesättigten Zone von massigen Karbonaten des Malm δ (bis ε) eingenommen. Unter Umständen bestätigt das Ansteigen von NO_3^-/Cl^--Verhältnissen im Zwischenabfluss (D_2) der Kindinger und Böhminger Quelle, bzw. das niedrige NO_3^-/Cl^--Verhältnis in deren Basisabfluss somit auch ein Nitratabbaupotential der Massenfazies in der ungesättigten Zone. Die flächenhaften Untersuchungen an den Quellen der Mittleren Altmühlalb (Kap. 5.2.3) deuteten diesen Befund bereits an, konnten ihn aber nicht signifikant belegen.

Die Konzentrationen an Atrazin und Desethylatrazin sind bei hohen Zwischenabflüssen erheblich geringer als in Zeiten verstärkten Basisabflusses. Das zeigt sich besonders bei der Kindinger Quelle. Die geringen Konzentrationen an Atrazin und Desethylatrazin in jungen Grundwasserkomponenten kennzeichnen für das Drainagesystem bereits eine mehr oder weniger abgeschlossene Durchgangskurve, die in Zusammenhang mit dem seit Anfang der 90er Jahre bestehende Applikationsverbot von Atrazin zu sehen ist. Auf Verdünnungseffekte durch Niederschlagswasser kann diese Beobachtung nicht zurückgeführt werden, da die spezifische Leitfähigkeit in Zeiten verstärkten Zwischenabflusses nahezu konstant bleibt (siehe Wassergruppe KIN4 in Tab. 40b).

Wassergruppe mit „Oberflächen"abfluss (D_1)

Beim Auftreten einer „oberflächlichen" Abflusskomponente steigen die Konzentrationen von partikelgebundenen Stoffen (Eisen, Mangan, Phosphat, teilweise Ammonium) im Quellwasser empfindlich an. Eine organische Belastung lässt sich über den Anstieg im $KMnO_4$-Verbrauch ablesen. Besonders auffällig ist hier die Quelle Böhming, aber auch in Kaising und Kinding lassen sich bei Durchflussereignissen erhöhte Werte feststellen. Messungen der Wassertrübe an der Quelle Kinding belegen eine Zunahme der Schwebstofffrachten bei aktivem Drainagesystem, besonders wenn „Oberflächen"abflüsse auftreten (KIN2 und KIN3).

Die spezifische Leitfähigkeit sinkt aufgrund des Verdünnungseffekts durch elektrolytarmes Regenwasser (vgl. v. Loevenstein 1998). Die beobachteten LF-Absenkungen liegen im Bereich von maximal 10-20% (KIN3).

Tritt - besonders im Sommer - eine „oberflächliche" Abflusskomponente ohne aktiven Zwischenabfluss auf, dann bleiben die Ca^{2+}/Mg^{2+}- und NO_3^-/Cl^--Ionenverhältnisse des Mischwassers (KIN2 und BÖH2) konstant und orientieren sich am Basisabfluss. Auch die Konzentrationen an Atrazin und Desethylatrazin bleiben relativ stabil.

6.9 Parallelen aus hydrographischer und hydrochemischer Separation

Quelle Kaising

Die Auswertung der best fit-Kurven (Kap. 6.3) ließ bei der Kaisinger Quelle zwei steilere Kurvenverläufe erkennen. Das Drainagesystem kann in D_1-Komponente und Zwischenabfluss (D_2) unterteilt werden (schwacher Knick im oberen Kurvenverlauf). Die niedrige Speicherkapazität innerhalb der ungesättigten Zone und der geringmächtige Grundwasserraum führen zu einem schnellen Abfallen der best fit-Kurve (Kap. 6.3). Der Anteil des Direktabflusses am Mischwasserabfluss kann nach den Befunden der hydrographischen Separation bis zu 80% betragen (Abb. 43).

Nach den Ergebnissen der Clusteranalyse erlauben die hydrochemischen Wassergruppen für die Kaisinger Quelle keine klare Auftrennung des Direktabflusses in zwei Komponenten. Cluster KAI1 und KAI3 zeigen stoffliche Veränderungen, die sowohl auf Oberflächenabfluss als auch auf Zwischenabfluss schließen lassen. Neben partikelgebundenen Stoffen treten in beiden Clustern auch Verschiebungen beim Ca^{2+}/Mg^{2+}-Ionenverhältnis auf. Hydrochemisch lassen sich in Kaising nur Drainage (D)- und Speichersystem (S) unterscheiden.

Quelle Kinding

Mit Hilfe der hydrographischen Separation können bei der Kindinger Quelle drei Abflusskomponenten (S, D_1, D_2) herausgestellt werden. Die flächenhaften Vorkommen der massigen Schwammrasenfazies (Malm δ) in der ungesättigten Zone führen zu einem flacheren Abfallen der best fit-Kurve als bei der Kaisinger Quelle (Kap. 6.3). Der Anteil des Direktabflusses am Mischwasserabfluss kann nach den hydrographischen Befunden bis auf >85% ansteigen.

Die Wassergruppe KIN1 repräsentiert einen Mischwassertyp, welcher der Hydrochemie des Basisabflusses sehr nahe kommt. Das enge Ca^{2+}/Mg^{2+}-Verhältnis sowie die niedrigen Konzentrationen an partikelgebundenen Stoffen gelten als Indiz. Wassergruppe KIN2 lässt eine auffällige Zunahme der partikelgebundenen Wasserinhaltsstoffe erkennen (Tab. 40b). Da sich an der grundlegenden hydrochemischen Zusammensetzung der gelösten Wasserinhaltsstoffe beim Cluster

KIN2 - im Vergleich zur base flow-nahen Wassergruppe KIN1 - jedoch nur wenig geändert hat, spricht vieles dafür, dass KIN2 als ein Mischwasser aus Basis- und Direktabfluss zu verstehen ist, wobei der Direktabfluss in erster Linie als D_1-Komponente und nicht als Zwischenabfluss (D_2) anzusprechen ist. Bei der Wassergruppe KIN3 treten deutliche Verschiebungen in den Ca^{2+}/Mg^{2+}- und NO_3^-/Cl^--Ionenverhältnissen auf, was für eine beachtliche Menge an Zwischenabfluss (D_2) spricht. Außerdem lässt der geringe Leitfähigkeitswert von 620 µS/cm auf eine weitere „oberflächliche" Abflusskomponente (D_1) schließen. Die vierte Wassergruppe KIN4 ist der vorherigen sehr ähnlich. Lediglich Stoffe, die eine D_1-Komponente anzeigen, treten zurück. Die Wassergruppe KIN4 kann durch eine Dominanz des Zwischenabflusses (D_2) beschrieben werden. Die Ca^{2+}/Mg^{2+}- und NO_3^-/Cl^--Verhältnisse sind gegenüber der base flow-nahen Wassergruppe KIN1 erhöht. Im Vergleich zum sehr kurzfristig auftretenden Cluster KIN3 (wenige Stunden) bleibt der hydrochemische Charakter von KIN4 im Quellabfluss über mehrere Tage bis Wochen erhalten. Der Übergang zum Chemismus des Basisabflusses verläuft nur sehr langsam.

Die hydrographischen und hydrochemischen Untersuchungen lassen für die Kindinger Quelle jeweils drei Abflusskomponenten erkennen (S, D_1 und D_2). Der langsame Übergang bei der Quellschüttung vom Drainage- zum Speichersystem wird nicht nur aus dem flachen best fit-Kurvenverlauf sondern auch aus dem lang anhaltenden hydrochemischen „Fingerabdruck" des Zwischenabflusses im Quellwasser deutlich.

Quelle Grösdorf

Über die hydrographische Separation konnte lediglich ein Zwischenabfluss (D_2) beschrieben werden, der sich gegenüber dem Basisabfluss (S) nur schwach absetzt. Auch bei der Hauptkomponenten- und anschließenden Clusteranalyse bildeten sich keine klaren Cluster mit dominanten hydrochemischen Abflusskomponenten heraus. Die vier Wassergruppen sind in ihrer Ausprägung ähnlich, so dass eine Interpretation schwer fällt. Auffällig sind die durchgehend niedrigen Gehalte an Phosphat, Eisen, Mangan und Ammonium. Der hydrochemische „Fingerabdruck" einer D_1-Komponente ist nicht vorhanden. Lediglich die Wassergruppe GRÖ3 lässt auf einen geringen Anteil an Zwischenabfluss (D_2) im Quellwasser schließen. Das Ca^{2+}/Mg^{2+}-Verhältnis ist hier gegenüber den anderen Clustern leicht erhöht.

Quelle Böhming

Die best fit-Kurve der Böhminger Quelle (Abb. 43) zeigt drei Abflusskomponenten (S, D_1 und D_2), wobei sich die D_1-Komponente deutlich vom Zwischen- und Basisabfluss abtrennen lässt. Der Übergang von Zwischen- (D_2) zu Basisabfluss (S) ist dagegen sehr schwach ausgeprägt.

Die hydrochemische Wassergruppe BÖH1 ist durch niedrige Ca^{2+}/Mg^{2+}-Verhältnisse und geringe Gehalte an Phosphat, Eisen, Mangan und Ammonium gekennzeichnet. Die dominante Abflusskomponente ist der Basisabfluss. Ähnlich der Kindinger Quelle kann auch in Böhming ein Mischwasserabfluss (BÖH2) beschrieben werden, dessen Direktabfluss sich kaum aus Zwischenabfluss zusammensetzt. Die Wassergruppe BÖH2 weist einen Verdünnungseffekt durch ionenarmes Niederschlagswasser auf. Die Ionenverhältnisse der meisten Wasserinhaltsstoffe orientieren sich jedoch nach wie vor am Basisabfluss. Nur die partikelgebundenen Stoffe fallen durch eine Konzentrationszunahme auf.

Beim Cluster BÖH3 treten Stoffe (Eisen, Mangan, Phosphat), die Hinweise auf „oberflächliche“ Abflusskomponenten liefern, stark zurück. Dagegen zeigt sich beim Kalzium und Magnesium sowie beim Nitrat und Chlorid eine auffällige Verschiebung der Ionenverhältnisse. In Anlehnung an die Situation in Kinding (siehe Cluster KIN3 und KIN4) nehmen auch in Böhming die Nitratkonzentrationen gegenüber dem Chlorid zu. Beim Cluster BÖH3 lässt sich ein Zwischenabfluss (D_2) im Quellwasser ableiten. In der vierten Wassergruppe (BÖH4) tritt neben der D_2- Komponente zusätzlich eine „oberflächliche“ Abflusskomponente (D_1) auf, da partikelgebundenes Eisen und Phosphate im Quellwasser nachweisbar sind. Die Ca^{2+}/Mg^{2+}- und NO_3^-/Cl^--Verhältnisse orientieren sich am Cluster BÖH3.

6.10 Zweites Zwischenresümee – Schlussfolgerungen für die Grundwasserüberdeckung

Aus den Ergebnissen der Clusteranalyse lässt sich schließen, dass die Ca^{2+}/Mg^{2+}-Verhältnisse sich besonders in den base flow-Zeiten an der chemischen Zusammensetzung der Gesteinsmatrix in der ungesättigten Zone orientieren. Vermutlich nährt sich der Basisabfluss überwiegend aus diffusen Sickerwasserbewegungen mit

„längeren“ Verweilzeiten in der ungesättigten Zone (*vadose seepage* nach Abb. 3). Zumindest zeigen enge Ca^{2+}/Mg^{2+}-Verhältnisse während des Basisabflusses auf Prozesse der Lösungsverwitterung, welche sich nicht über den magnesiumarmen Grundwasserraum erklären.

Hohe Gehalte an Atrazin und Desethylatrazin finden sich nach wie vor im Basisabfluss der Kindinger Quelle, obwohl die Applikation seit etwa 10 Jahren im Untersuchungsgebiet verboten ist. Obwohl die Einzugsgebiete der Kaisinger und Kindinger Quelle einer vergleichbaren Landnutzung unterliegen, sind die Atrazin- und Desethylatrazingehalte im Basisabfluss der Kaisinger Quelle unauffällig. Da von unterschiedlichen Matrix- und Kluftporositäten in den Grundwasserräumen (Schichtkalke des unteren Malm) der Quellen Kaising und Kinding nicht ausgegangen werden kann, verweisen die hohen Gehalte an Pflanzenschutzmitteln in der Kindinger Quelle auf eine Speicherwirkung der Massenfazies in der Grundwasserüberdeckung.

Die hydrochemische Zusammensetzung des Zwischenabflusses lehnt sich an die geogenen Verhältnisse der gesättigten Zone. Dabei weist der Zwischenabfluss Werte in der spezifischen Leitfähigkeit auf, die teils über denen des Basisabflusses liegen (Abb. 45b, unten links). Womöglich spielen hier Prozesse der Mischungskorrosion an der Grundwasseroberfläche eine Rolle. Die Verweilzeiten des Zwischenabflusses in der ungesättigten Zone reichen offenbar nicht aus, um mit der Gesteinsmatrix in der Grundwasserüberdeckung ins hydrochemische Gleichgewicht zu treten. Hier ist die grundsätzlich verminderte Lösungsfreudigkeit des Dolomits gegenüber dem Kalkstein zu beachten (Priesnitz 1967; Busenberg und Plummer 1982; Jennings 1985; Chou et al. 1989).

Zwischenabflüsse konnten während des Untersuchungszeitraums nur im hydrologischen Winterhalbjahr beobachtet werden. Offenbar setzen sie eine weitgehende Sättigung des Wasserrückhaltevermögens in der Grundwasserüberdeckung voraus. Der Zwischenabfluss ist Teil des Drainagesystems, eine weitere Zuordnung in korrespondierende Wasserumsatzräume *(subcutaneous flow, vadose flow)* ist aus den hydrochemischen Daten nicht abzuleiten.

Stehen auf der Freien Albhochfläche Karbonatgesteine der Massenfazies an, lassen sich retardierte Sickerwasserflüsse während der Durchflussereignisse beobachten

(Kap. 6.3). Der Einfluss der postjurassischen Auflagen auf dieses Phänomen ist hier nicht über zu bewerten. Das größte Retentionsvermögen weisen die Quellen Grösdorf und Böhming auf (Abb. 43). Die Mächtigkeit der postjurassischen Auflagen in deren Einzugsgebieten ist allerdings sehr gering.

Bisher wurde die D_1-Abflusskomponente als „Oberflächenabfluss" bezeichnet. In Anlehnung an DIN 4049 findet sich der Begriff auch im karsthydrologischen Grundmodell (Abb. 3) wieder. Reine Oberflächenabflüsse im Sinne von *surface runoff* sind auf der Freien Albhochfläche allerdings selten zu beobachten. Die D_1-Abflusskomponente deutet vor allem an der Böhminger Quelle auf eine starke Auswaschung von organischen Säuren hin, zu erkennen am $KMnO_4$-Verbrauch der filtrierten Proben (Tab. 40d) sowie an der Grünfärbung des Quellwassers. Abgeschwächt ist dies auch an der Kindinger Quelle zu beobachten. Es handelt sich bei der D_1-Komponente vermutlich nicht nur um reines Oberflächenwasser, sondern auch um stark untersättigtes Bodenwasser (vgl. Gunn 1981), das über laterale Bodenpassagen *(through flow)* dem *shaft flow* zugeführt wird. In Kinding konnte der through flow im Bodenprofil der Baggergrube ‚Pascal' nachgewiesen werden (Kap. 2.4.1.5). Unabhängig davon erreichte bei einer Dolinenimpfung von Turberg et al. (2000) im Einzugsgebiet der Kindinger Quelle der Tracer bereits nach ca. 4 Stunden den Quellaustritt. Die eigentliche shaft flow-Passage war damit mehr oder weniger abgeschlossen. Niederschlagsereignisse führten jedoch nie unter 20-30 Stunden Verspätung zu einem Verdünnungseffekt im Quellwasser (u.a. Abb. 42). Demnach könnte die Differenz in der lateralen Bodenpassage des Sickerwassers begründet sein. Der through flow wird unter anderem beschrieben bei Gunn (1981: 316), Jennings (1985: 36) und Bonacci (1987). Krothe (1990) betont in diesem Zusammenhang den Einfluss von Bypassflüssen in der Bodenzone. Möglicherweise lassen sich so auch die partikelgebundenen Phosphate der D_1-Komponente bei Böhming interpretieren (Tab. 40d).

Bilden in der Grundwasserüberdeckung Schichtkalke das Anstehende, dann lässt sich mit Hilfe der hydrochemischen Separation der Direktabfluss nicht in weitere Komponenten (D_1 vs. D_2) aufteilen. Das zeigen die ereignisorientierten Messungen an der Kaisinger Quelle. In Anlehnung an die morphologischen Befunde im Arbeitsgebiet Haunstetten scheint die laterale Fließkomponente im Epikarst der Schichtfazies nur unbedeutend entwickelt zu sein (Kap. 2.4.1.5). Dass in der ungesättigten Schichtfazies bevorzugt laterale Fließbewegungen stattfinden, da die mergeligen Zwischenlagen eine teilweise wasserstauende Wirkung besitzen (vgl. Mäuser 1998: 36), kann nicht bestätigt werden.

Selbst auf der Freien Albhochfläche bilden die geringmächtigen postjurassischen Auflagen einen ausreichenden Schutz gegen Anreicherungen von *aktuell* applizierten Pflanzenschutzmitteln im Speichersystem des Karstaquifers (Tab. 36). Dagegen sind Atrazin und dessen Metabolit Desethylatrazin im Speichersystem nachweisbar (Kap. 6.9). Das Verhältnis von Atrazin zu dessen Metabolit ist nicht abhängig von der Dominanz einer bestimmten Abflusskomponente im Mischwasser (Tab. 40b). Von daher deutet sich auch kein nachträglicher mikrobieller Abbau des Atrazins im Karstaquifer, bzw. in der Grundwasserüberdeckung an. Hinsichtlich des Atrazins bietet die Speicherwirkung der Massenfazies in der Grundwasserüberdeckung kein zusätzliches Abbaupotential, sondern führt zu einer längerfristigen Stoffbelastung im Grundwasser (Altlast).

Die NO_3^-/Cl^--Verhältnisse während verstärkten Basisabflusses (Speichersystem) liegen bei Böhminger und Kindinger Quelle deutlich niedriger als in Zeiten erhöhten Zwischenabflusses. Dieses Phänomen ist bei der Kaisinger Quelle nicht zu beobachten (Tab. 40a). Im Gegensatz zur Kaisinger Quelle werden in den Einzugsgebieten der beiden anderen Quellen große Bereiche der Grundwasserüberdeckung von massigen Karbonatgesteinen des Malm δ (bis ε) eingenommen, deren hydrologische Speicherfunktion die best fit-Kurven in Kap. 6.3 belegen. Die niedrigen NO_3^-/Cl^--Verhältnisse in base flow-Zeiten verweisen wahrscheinlich auf ein zusätzliches Potential zum Nitratabbau in der ungesättigten Massenfazies.

7 Zusammenfassung – Schlussresümee

Die Mittlere Altmühlalb wird von geschichteten und massigen Karbonatgesteinen des Weißjura (Malm) aufgebaut. Allgemein besteht im Karst eine geringe Filter- und Schutzfunktion gegenüber diffusen und punktuellen Stoffeinträgen. Die bisherigen Arbeiten zum Grundwasserschutz in der Altmühlalb konzentrieren sich im wesentlichen auf die gesättigte Zone (u.a. Apel 1971; Streit 1971; Behrens und Seiler 1981; Pfaff 1987), wenngleich Glaser (1998) auch die verschiedenartige, hydrologische Speicherfunktion und den hydrogeochemischen Einfluss der Karbonatgesteine in der ungesättigten Zone andeutet. Die karstspezifische Bedeutung der Deckschichten und darin eingeschalteter Böden für den Grundwasserschutz ist bisher noch nicht beschrieben. Die vorliegende Arbeit zum Stofftransport, zur Stoffbelastung und zur hydrologischen Funktion der postjurassischen Auflagen im Karst der Mittleren Altmühlalb versucht diese Lücke zu schließen. Hierbei können die postjurassischen Auflagen keinesfalls losgelöst vom anstehenden Festgestein betrachtet werden, vielmehr bilden sie zumeist mit dem Ausgangsgestein einen polygenetischen Komplex (Faust 1998; Gießner et al. 1998).

Grundwasserüberdeckung in der Mittleren Altmühlalb

Die geomorphologisch-bodenkundlichen Geländearbeiten im Arbeitsgebiet Haunstetten ergeben ein differenziertes Verteilungsmuster der postjurassischen Auflagen abhängig von der oberflächlich anstehenden Malmfazies (Kap. 2). Auf massigen Karbonaten dominiert ein welliges Hügelrelief (*Freie Hügel- und Kuppenalb*), wohingegen die Schichtfazies des unteren Malm zu einem flächenhaften Formenschatz neigt (*Freie Flächenalb*). Auf der *Freien Hügel- und Kuppenalb* obliegen die Auflagen einer kleinräumig-mosaikartigen Verbreitung. Die Mächtigkeit der Albüberdeckung variiert hier zwischen wenigen Zentimetern und mehreren Metern. Die größten Mächtigkeiten sind meist in den zahlreichen Depressionen vorzufinden. Die postjurassischen Auflagen der *Freien Flächenalb* sind in ihrer Verteilung sehr viel weiträumiger und homogener. Die Mächtigkeit liegt in der Regel zwischen 30 und 100 cm.

Das Wirkungsgefüge zwischen Relief und postjurassischer Auflage führt zu verstärkten lateralen Fließkomponenten im Epikarst massiger Karbonatgesteine. Unmittelbar an der Karbonatverwitterungsfront befindet sich der *subcutaneous flow*, innerhalb mächtigerer Auflagen kann zusätzlich noch *through flow* auftreten. Für die Schichtfazies geben die pedologischen Befunde keine Hinweise auf laterale Fließbewegungen im Epikarst. Die Böden zeigen nur sehr selten Staunässemerkmale. Die unterschiedliche karsthydrologische Dynamik führt in der Schichtfazies zur morphologischen Leitform der Wannendoline und in massigen Karbonaten zur Trichter- oder Kalkranddoline. Infolge der konzentrierten Versickerung von Lateralflüssen im Bereich der Massenfazies, sind die an Trichter- und Kalkranddolinen angeschlossenen Grobkluftsysteme *(shaft flow)* ausgeprägter als in der Schichtfazies. Die Ergebnisse aus dem Haunstettener Arbeitsgebiet lassen sich über strukturmorphologische Rückschlüsse auf die Freie Albhochfläche der gesamten Mittleren Altmühlalb übertragen (Tab. 4).

Der Süden der Mittleren Altmühlalb wird von mächtigen oberkretazischen und miozänen Lockersedimenten überdeckt. Flächenhafte Verbreitung finden vor allem die Sedimente der Oberen Süßwassermolasse (*Tertiärüberdeckung*). Sandlinsen und kleinräumige Vorkommen von Süßwasserkalken sind innerhalb der *Tertiärüberdeckung* mit hängenden Grundwasserlinsen verbunden. Aus dem Wassertal bei Denkendorf und von Gut Wittenfeld sind exemplarische Vertreter dieser sekundären Aquifere beschrieben. Die Obere Süßwassermolasse besitzt vor allem in Beckenpositionen mächtige Lößlehmauflagen. Die oberkretazischen Sedimente zeigen eine inselartige Verbreitung. Das in der Regel sandige Material konnte sich vor allem in größeren Karstdepressionen einer vollständigen Abtragung widersetzen.

Abgeleitete Schutzfunktion der Grundwasserüberdeckung und Potential des Stoffeintrags

Mit Hilfe des hydrogeologisch-bodenkundlichen Ansatzes von Hölting et al. (1995) lässt sich die Schutzfunktion der Grundwasserüberdeckung für die verschiedenen naturräumlichen Einheiten der Mittleren Altmühlalb abschätzen (Kap. 3). In Verbindung mit der Landnutzung ergeben sich *Arbeitshypothesen* zum stoffunabhängigen Eintragspotential ins Grundwasser (Kap. 3.3 und Tab. 9). Obwohl die *Tertiärüberdeckung* in weiten Bereichen einer ackerbaulichen Nutzung unterliegt, bleibt das Schadstoffeintragspotential infolge der hohen Grundwasserschutzfunktion von Sediment und Boden (S-Wert: 1100-4000) gering. Das sandige Substrat der *Kreideüberdeckung* besitzt insgesamt nur eine sehr geringe Schutzfunktion gegenüber diffusen Schadstoffeinträgen (S-Wert <500). Da forstwirtschaftliche Nutzung auf den Kreidesedimenten dominiert, ist das Stoffeintragspotential jedoch gering.

Auf der Freien Albhochfläche ist die Grundwasserschutzfunktion gering bis sehr gering. Die S-Werte schwanken zwischen <500 im Gebiet der *Freien Flächenalb* und 300-600 auf der *Freien Hügel- und Kuppenalb*. Allerdings ist auf der *Freien Flächenalb* die ackerbauliche Nutzung weit verbreitet, so dass das Potential zum diffusen Schadstoffeintrag hier insgesamt höher ist. Auf der *Freien Hügel- und Kuppenalb* dienen viele Dolinen zur Einleitung von Klärwässern. Die punktuellen Einleitungen stellen ein zusätzliches Potential von Schadstoffeinträgen dar.

Flächenhafte hydrochemische Analysen an Quellwässern

Die obigen Arbeitshypothesen zur Schutzfunktion der Grundwasserüberdeckung werden in den Kap. 4 und 5 durch flächenhafte hydrochemische Analysen an den Quellwässern überprüft. Für zahlreiche Quellen im Gebiet der Mittleren Altmühlalb sind die Karsteinzugsgebiete bekannt, dank umfangreicher Markierungsarbeiten von Behrens und Seiler (1981), Pfaff (1987) und Seiler et al. (1987). Neben den Wasseranalysen liegen für die einzelnen Quellen Stammdaten zur geologischen Formation und Landnutzung im Einzugsgebiet vor. Bei den geologischen Daten wird erstmals zwischen gesättigter Zone und Grundwasserüberdeckung unterschieden.

Die Nitratgehalte der Quellen der Freien Albhochfläche korrelieren mit dem Anteil an ackerbaulicher Nutzfläche im Einzugsgebiet. Höhere Werte im Bereich der *Freien Flächenalb* (Seichter Karst) können durch die weitere Verbreitung von Ackerflächen erklärt werden. Die Massenfaziesvorkommen in der ungesättigten Zone der *Freien Hügel- und Kuppenalb* zeigen über Vergleiche im NO_3^-/Cl^--Verhältnis einen leichten Trend zum zusätzlichen Nitratabbaupotential. Für eine signifikante Aussage sind die Differenzen jedoch noch zu gering (Kap. 5.2.3). Ferner führen unterschiedliche Verbreitungsmuster der postjurassischen Auflagen auf der Freien Albhochfläche nicht zu nachweisbaren Korrelationen mit dem Nitratgehalt.

Die hängenden Grundwasserlinsen der *Tertiärüberdeckung* zeigen eindeutig niedrigere NO_3^-/Cl^--Verhältnisse als die Karstquellen der unbedeckten Zone. Die tiefgründigen Böden im Gebiet der *Tertiärüberdeckung* müssen folglich ein hohes Potential zum Nitratabbau besitzen. Nach N-Bilanzen betragen die Denitrifikationsverluste hier ca. 75% des Stickstoffüberschusses. Diese Werte sind auch für tiefgründige Böden nach dem derzeitigen Forschungsstand viel zu hoch. Im Bereich der *Tertiärüberdeckung* beruht die nitratbezogene Grundwasserschutzfunktion nicht nur auf den günstigen Bodeneigenschaften, sondern vermutlich auf der Gesamtmächtigkeit der postjurassischen Sedimente. Ansonsten können die niedrigen Nitratkonzentrationen von 20-40 mg/l in den sekundären Aquiferen nicht erklärt werden.

Die Quellwässer der Mittleren Altmühlalb wurden mittels HPLC auf 40 Herbizid-Wirkstoffe und Metabolite untersucht. Ganzjährig nachweisbar waren ausschließlich Atrazin und Desethylatrazin (Metabolit). Atrazin wird im Arbeitsgebiet seit Anfang der 90er Jahre nicht mehr appliziert, die Anwendung ist verboten. In den jüngeren Karstgrundwässern (Seichter Karst) und in den hängenden Grundwasserlinsen der *Tertiärüberdeckung* sind die Konzentrationen an Atrazin und Desethylatrazin (insgesamt <0,4µg/l) auffällig niedriger als im Offenen Tiefenkarst. Die Durchgangskurve scheint im Offenen Tiefenkarst infolge der höheren Verweilzeiten noch nicht abgeschlossen zu sein. Eine ausreichende Schutzfunktion der Grundwasserüberdeckung gegenüber diffusen Stoffeintragen sonstiger Pflanzenschutzmittel scheint für die gesamte Mittlere Altmühlalb gegeben. Das gilt auch für die geringmächtigen Auflagen der *Freien Flächenalb*. Lediglich im Bereich der *Freien Hügel- und Kuppenalb* kommt es zu temporären Nachweisen im Quellwasser.

Den hydrochemischen Ergebnissen zum diffusen Stoffeintrag sind in Tab. 36 die Arbeitshypothesen aus Kap. 3.3 gegenübergestellt. Für das Nitrat ist weitgehend eine Übereinstimmung gegeben. Bei den Pflanzenschutzmitteln weichen die Ergebnisse teilweise ab.

Einzugsgebiete mit Kläranlagen (in der Regel Massenfazies in der ungesättigten Zone) weisen auffällig hohe Atrazinwerte auf. Das Atrazin/Desethylatrazin-Verhältnis ist dabei stark zugunsten des Atrazins verschoben, ein Anzeichen für die vorgeschaltete Umgehung des diffusen Eintragspfads.

Ereignisorientierte Messungen im Bereich des Kindinger Talknotens

Ereignisbezogene Messkampagnen (Kap. 6) wurden im Bereich des Kindinger Talknotens an vier ausgewählten Quellen durchgeführt. Die Quellen unterscheiden sich hinsichtlich geologischer Formation und Landnutzung im Einzugsgebiet. Über die hydrographische Separation mittels best fit-Kurven sind bei allen Quellen mindestens zwei Abflusskomponenten nachweisbar (Speicher- und Drainagesystem). Bei den Quellen Kaising, Kinding und Böhming konnte das Drainagesystem nochmals in zwei verschiedene Komponenten (D_1 und D_2) unterteilt werden (Abb. 43). Die D_2-Komponente beschreibt mittelfristige Zwischenabflüsse, die D_1-Komponente ist auf kurzfristige Abflussspitzen zurückzuführen.

Neben der hydrographischen Separation lassen sich diverse Abflusskomponenten über hydrochemische Unterschiede im Mischwasserabfluss nachweisen. Chemische Variationen am Quellaustritt verlaufen nicht zeitgleich mit Veränderungen des Schüttungsgangs. Der Wasserchemismus reagiert gegenüber dem hydraulischen System verlangsamt. Mit Hilfe von Hauptkomponenten- und Clusteranalyse können verschiedene Wassergruppen bei den jeweiligen Quellen nachgewiesen werden, die sich durch die Dominanz einer oder mehrerer hydrochemischer Abflusskomponenten auszeichnen. Ähnlich den Ergebnissen der hydrographischen Separation zeigen sich auch hier neben dem Basisabfluss (S) zwei Komponenten (D_1 und D_2) aus dem Drainagesystem (Tab. 40).

Der Basisabfluss zeichnet sich durch enge Ca^{2+}/Mg^{2+}-Verhältnisse aus, ein Indiz dafür, dass der Basisabfluss vorherrschend durch *vadose seepage* (Abb. 3) aus der teils dolomitischen Massenfazies in der ungesättigten Zone genährt wird.

Die Gehalte an Atrazin und Desethylatrazin sind im Basisabfluss am höchsten, d.h. Atrazin und Desethylatrazin sind in erster Linie im Speichersystem angereichert. Die Massenfazies in der ungesättigten Zone besitzt hierbei kein nachweisbares Potential zum Atrazinabbau (keine Verschiebung des Atrazin/Desethylatrazin-Verhältnisses zugunsten des Desethylatrazins), vielmehr deutet die verlangsamte Sickerwasserabgabe auf eine längerfristige Belastung des Grundwassers (Altlast). Hinsichtlich des Nitrats sprechen die Analysen für ein zusätzliches Abbaupotential in der Massenfazies der ungesättigten Zone. Die Befunde (Kap. 6.8) geben hierzu ein klareres Bild als die Ergebnisse aus den flächenhaften Quelluntersuchungen (Kap. 5.2.3).

Tab. 41: Sieben Thesen zur hydrologischen Funktion der Grundwasserüberdeckung

1. Die Grundwasserüberdeckung der Mittleren Altmühlalb lässt sich nach strukturmorphologisch-pedologischen Kriterien in vier naturräumliche Einheiten gliedern: Freie Flächenalb, Freie Hügel- und Kuppenalb, Tertiärüberdeckung und Kreideüberdeckung.

2. Der diffuse und punktuelle Stoffeintrag ins Grundwasser wird neben der Filterfunktion der Grundwasserüberdeckung auch von deren Nutzungspotential gesteuert. Punktuelle Einleitungen von Klärwässern befinden sich im Gebiet der Massenfazies (Freie Hügel- und Kuppenalb), hohe Ackerbaudichten liegen im Bereich der Freien Flächenalb und der Tertiärüberdeckung vor.

3. Entsprechend der geringen Schutzfunktion der postjurassischen Auflagen und der hohen Ackerbaudichte im Bereich der Freien Flächenalb, liegen hier die höchsten Nitratgehalte (∅ 38,5 mg/l). Obwohl die Ackerbaudichte im Gebiet der Tertiärüberdeckung vergleichbar hoch ist, führt die Schutzfunktion der tiefgründigen Böden und mächtigen tertiären Sedimente hier zu deutlich niedrigeren Nitratgehalten (∅ 24,3 mg/l).

4. Quelleinzugsgebiete mit punktuellen Einleitungen von Klärwässern (in der Regel Massenfazies in der ungesättigten Zone) weisen auffällig hohe Atrazinwerte auf. Das Atrazin/Desethylatrazin-Verhältnis ist dabei stark zugunsten des Atrazins verschoben, ein Anzeichen für den punktuellen Eintragspfad.

5. Die geogenen Ionenkonzentrationen des Basisabflusses (Speichersystem) orientieren sich an der chemischen Zusammensetzung der ungesättigten Zone, wohingegen die geogene Grundfracht im Drainagesystem die petrographischen Verhältnisse in der gesättigten Zone beschreibt.

6. Die Atrazin- und Desethylatrazingehalte sind im Basisabfluss am höchsten, d.h. Atrazin und Desethylatrazin sind in erster Linie im Speichersystem angereichert. Die Massenfazies in der ungesättigten Zone besitzt hierbei kein nachweisbares Potential zum Atrazinabbau. Mit einem kurz- bis mittelfristigen Rückgang der Atrazingehalte ist auch nach über zehn Jahren Anwendungsverbot (1990) nicht zu rechnen.

7. Die Ergebnisse aus den ereignisorientieren Messungen deuten für das Nitrat ein zusätzliches Abbaupotential innerhalb der Massenfazies in der ungesättigten Zone an.

Literatur

Andres, G. 1951: Die Landschaftsentwicklung der südlichen Frankenalb im Gebiet Hofstetten-Gaimersheim-Wettstetten nördlich von Ingolstadt. *Geologica Bavarica* 7, 57 S.

Andres, G. und Claus, G. 1964: Das Karstwasser der Südlichen und Mittleren Frankenalb. *Geologica Bavarica* 53, 194-208.

Apel, R. 1971: Hydrogeologische Untersuchungen im Malmkarst der Südlichen und Mittleren Frankenalb. *Geologica Bavarica* 64, 268-355.

Arbeitsgemeinschaft Bodenkunde (Hrsg.) 1994: Bodenkundliche Kartieranleitung, 4. Auflage. Hannover: Schweizerbart'sche Verlagsbuchhandlung, 392 S.

Atkinson, T.C., Smith, D.I., Lavis, J.J. und Whitaker, R.J. 1973: Experiments in tracing underground waters in limestones. *Journal of Hydrology* 19, 323-349.

Bach, M. 1987a: Die potentielle Nitrat-Belastung des Sickerwassers durch die Landwirtschaft in der Bundesrepublik Deutschland. *Göttinger Bodenkundliche Berichte* 93, 186 S.

Bach, M. 1987b: Regional differenzierte Abschätzung des möglichen Beitrags der Landwirtschaft zur Nitrat-Belastung des Grundwassers durch die Landwirtschaft. *Mitteilungen der Deutschen Bodenkundlichen Gesellschaft* 55, 561-566.

Bach, M. und Frede, H.-G. 1996: Pflanzenschutzmittel in Fließgewässern. Teil 2: PSM-Fracht in zwei kontrastierenden Einzugsgebieten während der Ausbringungsperiode. *Deutsche Gewässerkundliche Mitteilungen* 40, 163-168.

Bader, K. 1969: Temperaturmessungen in der Tiefbohrung Riedenburg. *Geologische Blätter NO-Bayern* 19, 124-127.

Bahrenberg, G., Giese, E. und Nipper, J. 1992: Statistische Methoden in der Geographie, Band 2: Multivariate Statistik, 2. Auflage. Stuttgart: Teubner, 415 S.

Bärlund, I. 1998: Simulation des Transports und der Transformationen von Herbiziden in der ungesättigten Zone des Bodens. *Institut für Hydrologie und Wasserwirtschaft* 63, 195 S.

Baskaran, S., Bolan, N.S., Rahman, A. und Tillman, R.W. 1996: Non-Equilibrium Sorption during the Movement of Pesticides in Soils. *Pesticide Science* 46, 333-343.

Bayerisches Geologisches Landesamt (Hrsg.) 1990: Geologische Karte von Bayern 1:25.000, Blatt 7032 Bieswang. München.

Bayerisches Geologisches Landesamt (Hrsg.) 1996: Erläuterungen zur Geologischen Karte von Bayern 1:500.000, 4. Auflage. München, 271 S.

Bayerisches Geologisches Landesamt (Hrsg.) 1997: Geologische Karte von Bayern 1:25.000, Blatt 7132 Dollnstein. München.

Bayerisches Landesamt für Wasserwirtschaft (Hrsg.) 1998: Mittlerer Jahresabfluß, Karten zur Wasserwirtschaft 1:500.000. München.

Bayerisches Landesamt für Wasserwirtschaft (Hrsg.) 1998: Mittlerer Jahresniederschlag, Karten zur Wasserwirtschaft 1:500.000. München.

Bayerisches Landesamt für Wasserwirtschaft (Hrsg.) 1998: Mittlere Jahresverdunstung, Karten zur Wasserwirtschaft 1:500.000. München.

Beck, R. K. und Borger H. 1999: Soils and relief of the Aggtelek karst (NE-Hungary): A record of the ecological impact of palaeoweathering effects and human activity. *Acta Geographica Szegediensis* 36, 13-30.

Becker, K.-W. 1990: Rates of denitrification as indicated by ^{15}N labelled soil nitrogen balance experiments in Germany, a critical review. *Mitteilungen der Deutschen Bodenkundlichen Gesellschaft* 60, 31-36.

Becker, K.-W., Höper, H. und Meyer, B. 1990a: Rates of denitrification under field conditions as indicated by the Acetylene Inhibation Technique (AIT), a critical review. *Mitteilungen der Deutschen Bodenkundlichen Gesellschaft* 60: 25-30.

Becker, K.-W., Janssen, E. und Meyer, B. 1990b: The ^{15}N-Balance Method for calculating Denitrification losses in arable fields and ist verification by direct measurement of gaseous ^{15}N-losses. *Mitteilungen der Deutschen Bodenkundlichen Gesellschaft* 60: 59-64.

Behrens, H. 1973: Markierung einer Abwassereinleitung im Einzugsgebiet eines Karstbrunnens. *GSF-Bericht* R 72, 190-192.

Behrens, H. und Seiler, K.-P. 1981: Karstwassermarkierungen auf der südlichen Frankenalb zwischen Anlauter, Altmühl und Donau. *Geologische Blätter NO-Bayern* 31, 42-54.

Behrens, H., Hörauf, H., Seiler, K.-P. und Wendel, P. 1981: Abwasserbeseitigung und Trinkwassergewinnung im Weißjurakalk in der südlichen Frankenalb. *DVGW-Schriftenreihe Wasser* 34, 277-292.

Benckiser, G. 1996: In situ Bestimmung von Denitrifikationsverlusten auf unterschiedlichen landwirtschaftlichen Nutzflächen mit der Acethylen-Inhibierungstechnik. *VDLUFA-Schriftenreihe* 41, 121 S.

Benckiser, G., Haider, K. und Sauerbeck, D. 1986: Field measurements of gaseous nitrogen loss an Alfisol planted with sugar-beets. *Zeitschrift für Pflanzenernährung und Bodenkunde* 149, 249-261.

Bleich, K.E. 1994: Paläoböden der Schäbischen Alb als Zeugen der Relief- und Klimaentwicklung? *Zeitschrift für Geomorphologie N.F.* 38, 13-32.

Boie, H.-J. 1961: Wissenswertes vom Wasser und seiner Gefährdung im Karst. *Geologische Blätter NO-Bayern* 11, 40-52.

Bögli, A. 1976: CO_2-Gehalte von Luft und Kalkgehalte von Wässern im unterirdischen Karst. *Zeitschrift für Geomorphologie N.F.* Suppl. 26, 153-163.

Bögli, A. 1980: Karst Hydrology and Physical Speleology. Berlin, Heidelberg, New York: Springer, 284 S.

Bolsenkötter, H. und Hilden, H.D. 1980: Karte der Verschmutzungsgefährdung der Grundwasservorkommen in Nordrhein-Westfalen 1: 500.000, 2. Auflage. Krefeld: Geologisches Landesamt NRW.

Bonacci, O. 1987: Karst Hydrology. *Springer Series in Physical Environment* 2, 184 S.

Bottrell, S.H., Webber, N., Gunn, J. und Worthington, S.R.H. 2000: The geochemistry of sulphur in a mixed allogenic-autogenic karst catchment, Castleton, Derbyshire, UK. *Earth Surface Processes and Landforms* 25, 155-165.

Brennecke, J., Frankenberg, P. und Günther, R. 1986: Zum Klima des Raumes Eichstätt/ Ingolstadt. *Eichstätter Geographische Arbeiten* 3, 146 S.

Brown, C., Hollis, J. M., Bettinson, R. J. und Walker, A. 2000: Leaching of pesticides and bromid tracer through lysimeters from five contrasting soils. *Pest Management Science* 56, 83-93.

Brümmer, G.W., Helfrich, H.-P. und Kuhl, T. 2000: Messung und Modellierung des Transportes von Stoffen unterschiedlicher Matrixaffinität in Böden aus Löß. In Sonderforschungsbereich 350 (Hrsg.), Wechselwirkungen kontinentaler Stoffsysteme und ihre Modellierung, Arbeits- und Ergebnisbericht 1998-2000. Bonn: Universität Bonn, 129-156.

Bufe, J. 1984: Entwicklung einer Bilanzmethodik zur Quantifizierung der potentiellen Stickstoffbelastung der Gewässer durch die landwirtschaftliche Produktion für größere territoriale Einheiten in Abhängigkeit von Düngung und Ertragsniveau sowie experimentelle Untersuchungen zum Stickstoff-Eintrag durch Niederschläge. *Univ. Diss. Leipzig.*

Bundesministerium für Ernährung, Landwirtschaft und Forsten (Hrsg.) 1990: Statistisches Jahrbuch über Ernährung, Landwirtschaft und Forsten der Bundesrepublik Deutschland. Bonn, 512 S.

Bundesministerium für Ernährung, Landwirtschaft und Forsten (Hrsg.) 1997: Dauerbeobachtungsflächen zur Umweltkontrolle im Wald, Level II (Erste Ergebnisse). Bonn.

Businelli, M., Marini, M., Businelli, D. und Gigliotti, G. 2000: Transport to ground-water of six commonly used herbicides: a prediction for two italian scenarios. *Pest Management Science* 56, 181-188.

Caine, N. und Thurman, E.M. 1990: Temporal and spatial variations in the solute content of an Alpine stream, Colorado Front Range. *Geomorphology* 4, 55-72.

Capelle, A. und Baeumer, K. 1985: Zum Verbleib von Düngerstickstoff (^{15}N) im System Boden-Pflanze-Atmosphäre auf bearbeiteter und unbearbeiteter Acker-Parabraunerde aus Löß. *Landwirtschaftliche Forschung* 38, 35-47.

Chapelle, F.H. 2000: The significance of microbial processes in hydrogeology and geochemistry. *Hydrogeological Journal* 8, 41-46.

Chorley, R. J. 1978: Introduction to geographical hydrology: Spatial aspects of the interactions between water occurence and human activity. New York: Methuen and Co, 206 S.

Clemens, T., Hückinghaus, D., Liedl, R. und Sauter, M. 1999: Simulation of the development of karst aquifers: role of the epikarst. *International Journal of Earth Sciences* 88, 157-162.

Comber, S.D.W. 1999: Abiotic persistence of atrazine and simazine in water. *Pesticide Science* 55, 696-702.

Coxon, C. 1999: Agriculturally induced impacts. *International Contributions to Hydrogeology* 20, 37-62.

Danchev, D., Velikov, B. und Damyanov, A. 1982: Effect of farming on underground water pollution in northeast Bulgaria. *IAH Memoires* 26/2, 71-83.

Day, M. 1979: The hydrology of polygonal karst depressions in northern Jamaika. *Zeitschrift für Geomorphologie N.F.* Suppl. 32, 25-34.

Deutscher Wetterdienst 2001: Bereitstellung und hydrometeorologische Bewertung von Niederschlags- und Verdunstungshöhen für den Raum Pfahldorf (Südliche Frankenalb). Amliches Gutachten, Berlin.

Diederich, G., Finkenwirth, A., Hölting, B., Kaufmann, E., Rambow, D., Scharpff, H.-J., Stengel-Rutkowski, W. und Wiegand, K. 1985: Erläuterungen zu den Übersichtskarten 1:300.000 der Grundwasserergiebigkeit, der Grundwasserbeschaffenheit und der Verschmutzungsempfindlichkeit des Grundwassers von Hessen. *Geologische Abhandlungen Hessen* 87, 51 S.

Diepolder, G.W. 1995: Schutzfunktion der Grundwasserüberdeckung, Grundlagen, Bewertung und Darstellung in Karten. *GLA-Fachberichte* 13, 5-79.

DIN 1992: 4049, Teil 1, Hydrologie, Begriffe quantitativ. Berlin, Köln, 54 S.

Dongus, H. J. 1973:Die Oberflächenformen der westlichen Mittleren Alb. *Abhandlungen zur Karst- und Höhlenkunde* 8A, 54 S.

Dongus, H. J. 1974:Die Oberflächenformen der Schwäbischen Ostalb. *Abhandlungen zur Karst- und Höhlenkunde* 11A, 114 S.

Dongus, H. 2000:Die Oberflächenformen Südwestdeutschlands. Berlin, Stuttgart: Borntraeger, 189 S.

Doppler, G. und Schwerd, K. 1996: Faltenmolasse, Aufgerichtete Molasse und westliche Vorlandmolasse. In Bayerisches Geologisches Landesamt (Hrsg.), Erläuterungen zur Geologischen Karte von Bayern 1:500.000, 4. Auflage. München, 150-167.

Drew, D. und Hötzl, H. 1999a: The management of karst environments. *International Contributions to Hydrogeology* 20, 259-273.

Drew, D. und Hötzl, H. 1999b: Conservation of karst terrains and karst waters: The future. *International Contributions to Hydrogeology* 20, 275-279.

Dreybrodt, W. 1988: Processes in Karst Systems. *Springer Series in Physical Environment* 4, 288 S.

Drogue, C. 1980: Essai d'identification d'un type de structure de magasins carbonates, fissurés. *Memoires de la Societé Geologique de France* Hors serie 11, 101-108.

DVWK (Hrsg.) 1988: Bedeutung biologischer Vorgänge für die Beschaffenheit des Grundwassers. *DVWK-Schriften* 80, 323 S.

DVWK (Hrsg.) 1996: Ermittlung der Verdunstung von Land- und Wasserflächen. *Merkblätter zur Wasserwirtschaft* 238, 135 S.

Edlinger, G. v. 1964: Faziesverhältnisse und Tektonik der Malmtafel nördlich Eichstätt/Mfr. mit feinstratigraphischer und paläogeographischer Bearbeitung der Eichstätter Schiefervorkommen. *Erlanger Geologische Abhandlungen* 56: 72 S.

Fairchield, I. J., Borsato, A., Tooth, A. F., Frisia, S., Hawkesworth, Ch. J., Hoyle, B. L. und Arthur, E. L. 2000: Biotransformation of pesticides in saturated-zone materials. *Hydrogeological Journal* 8, 89-103.

Farbe, G. 1989: Les Karst du Languedoc méditerranéen. *Zeitschrift für Geomorphologie N.F.* Suppl. 75, 49-82.

Faust, D. 1988: Bodenabfolge im Wellnheimer Oberholz und Auswirkungen auf das Ökosystem Wald. *Archaeopteryx* 6, 85-89.

Faust, D. 1998: Die Böden im Eichstätter Raum und ihre Standortkundliche Bedeutung. *Eichstätter Geographische Arbeiten* 9, 130-148.

Felding, G. 1997: Pesticide Adsorpion as a Function of Depth below Surface. *Pesticide Science* 50, 64-66.

Fischer, F. 1998: Die Schichtstufenlandschaft als strukturbedingter und klimabeeinflusster Formenkomplex. Blieskastel: Selbstverlag, 120 S.

Fischer, P., Bach, M., Burhenne, J., Spiteller, M. und Frede, H.-G. 1996: Pflanzenschutzmittel in Fließgewässern. Teil 3: Anteil diffuser und punktueller Einträge in einem kleinen Vorfluter. *Deutsche Gewässerkundliche Mitteilungen* 40/4, 168-173.

Fischer, P., Bach, M. und Frede, H.-G. 1998: Beratung von landwirtschaftlichen Betrieben zur Verringerung der punktuellen Pflanzenschutzmitteleinträge in Fließgewässer. Wettenberg, 56 S.

Flügel, S. und Wedepohl, S. 1967: Die Verteilung des Strontiums in oberjurassischen Karbonatgesteinen der Nördlichen Kalkalpen. *Contr. Mineral. Petrol.* 14, 229-249.

Forstamt Kipfenberg 1986: Standortkarte des Forstamts Kipfenberg. Kipfenberg.

Freyberg, B. v. 1962: Karst und Grundwasser auf der Albhochfläche südlich Eichstätt. *Geologische Blätter NO-Bayern* 12, 165-171.

Freyberg, B. v. 1964: Geologie des Weißen Jura zwischen Eichstätt und Neuburg/Donau. *Erlanger Geologische Abhandlungen* 54, 97 S.

Freyberg, B. v. 1968: Übersicht über den Malm der Altmühlalb. *Erlanger Geologische Abhandlungen* 70, 40 S.

Fuckner, H. 1950:Die Wasserversorgung der Südlichen Frankenalb. Erlangen, 119 S.

Gall, H., Müller, D. und Yamani, A. 1973: Zur Stratigraphie und Paläogeographie der Cenoman-Ablagerungen auf der südwestlichen Frankenalb (Bayern). *N. Jb. Geol. Paläont. Abh.* 143, 1-22.

Gérôme-Kupper, M. 1984: L'éosion des calcaires à l'air libre: mesure de processus actuels. *Zeitschrift für Geomorphologie N.F.* Suppl. 49, 59-74.

Gerstenhauer, A. und Pfeffer, K.-H. 1966: Beiträge zur Lösungsfreudigkeit von Kalksteinen. *Abhandlungen zur Karst- und Höhlenkunde* 2A, 46 S.

Gießner, K., Eck, W. und Trappe, M. 1998: Geoökologische Untersuchungen im Schuttertal. *Eichstätter Geographische Arbeiten* 9, 186-205.

Gisi, U. 1990: Bodenökologie. Stuttgart, New York: Thieme, 304 S.

Glaser, S. 1998: Der Grundwasserhaushalt in verschiedenen Faziesbereichen des Malms der Südlichen und Mittleren Frankenalb. *GSF-Bericht* 2/98, 135 S.

Glatthaar, D. und Liedtke, H. 1988: Untersuchungen im Wellheimer Trockental. Die Anlage des Schutterengtals (südliche Fränkische Alb). *Berichte zur deutschen Landeskunde* 62, 67-82.

Goudie, A.S., Bull, P.A. und Magee, A.W. 1989: Lithological control of Rillenkarren development in the Napier Range, Western Austrailia. *Zeitschrift für Geomorphologie N.F.* Suppl. 75, 95-114.

Goulding, K.W.T., Webster C.P., Powlson, D.S. und Poulton, P.R. 1993: Denitrification losses of nitrogen fertilizer applied to winter wheat following ley and arable rotations as estimated by acethlene inhibition and 15N balance. *Journal of Soil Science* 44, 63-72.

Grigg, B.C., Nasser, A.A. und Turco R.F. 1997: Removal of Atrazine Contamination in Soil and Liquid Systems Using Bioaugmentation. *Pesticide Science* 50, 211-220.

Gunn, J. 1981: Hydrological processes in karst depressions. *Zeitschrift für Geomorphologie N.F.* 25, 313-331.

Haag, I. 1997: Hydrochemische Dynamik und Versauerungsmechanismen im Quellgebiet der Großen Ode. *Wasserhaushalt und Stoffbilanzen im naturnahen Einzugsgebiet Große Ode* 6, Neuschönau, 144 S.

Hack, J. 1999: N_2O-Emissionen und denitrifikationsbedingte Stickstoffverluste landwirtschaftlich benutzter Böden im Elsaß unter Berücksichtigung von Boden- und Witterungsfaktoren sowie der nitratreduzierenden und nitrifizierenden Mikroflora. *Hohenheimer Bodenkundliche Hefte* 50; 271 S.

Hacker, P. 1988: Combined tracer experiments, an important tool for the determination of the sorption capability of a karst aquifer. In Yuan, D. (Hrsg.), Karst Hydrogeology and Karst Environment Protection. Proceedings 21st IAH Congress in Guilin, China. Peking, 962-967.

Hakamata, T., Hirata, T. und Muraoka, K. 1992: Evolution of land use and river water quality of the Tsukuba Mountains ecosystem, Japan. *Catena* 19, 427-439.

Hardwick, P. und Gunn, J. 1999: Agricultural impacts on cave waters. *International Contributions to Hydrogeology* 20, 37-62.

Häring, H. 1971: Karsthydrologie auf der Basis der geologisch-morphologischen Situation im Altmühl-Anlauter und Sulz-Laaber-Gebiet (Südliche Frankenalb). *Erlanger Geologische Abhandlungen* 83, 42 S.

Hartmann, J.-W. 1994: Untersuchungen zur Durchlässigkeitsverteilung des Malmaquifers der Südlichen Frankenalb unter Anwendung hydrogeologischer, gefügekundlicher und fernerkundlicher Daten. *GSF-Bericht* 23/94, 117 S.

Heissig, K. 1983: Karstspaltenfüllungen, ein ungewöhnlicher Typ von Fossilfundstellen. *Archaeopteryx* 1, 24-32.

Hilgart, M., Knipping, M., Reisch, L., Rieder, K. H. und Trappe, M. 1999: Der Talraum der Altmühl bei Kinding während der älteren Eisenzeit (Hallstattzeit), Untersuchungen zur Archäologie und Paläoökologie einer vorgeschichtlich dicht besiedelten Kleinlandschaft. *Mitteilungen der Fränkischen Geographischen Gesellschaft* 46, 127-170.

Höcker, B. und Negele, R.-D. 1998: Ökotoxikologische Untersuchungen an einem kleinen Agrarfließgewässer (unveröffentlicht).

Hölting, B. 1992: Hydrogeologie, 4. Auflage. Stuttgart: Enke, 415 S.

Hölting, B., Haertlé, T., Hohberger, K.-H., Nachtigall, K. H., Villinger, E., Weinzierl, W. und Wrobel, J.-P. 1995: Konzept zur Ermittlung der Schutzfunktion der Grundwasserüberdeckung. *Geologisches Jahrbuch* C/63, 5-24.

Houzim, V., Vávra, J., Fuksa, J., Pekny, V., Vrba, J. und Stibral, J. 1986: Impact of Fertilizers and Pesticides on Ground Water Quality. *International Contributions to Hydrogeology* 5, 89-132.

Huang, Y., McDermott, F. und Spiro, B. 2000: Controls on trace element (Sr-Mg) compositions of carbonate cave waters: implications for speleothem climatic records. *Chemical Geology* 166, 255-269.

Hütsch, B. 1991: Einfluß differenzierter Bodenbearbeitung auf die Stickstoffdynamik im Boden in Abhängigkeit von Beprobungstermin und Standort, unter besonderer Berücksichtigung von N-Freisetzung, Nitratverlagerung und Denitrifikation. Gießen: 179 S.

Hüttl, C. 1999: Steuerungsfaktoren und Quantifizierung der chemischen Verwitterung auf dem Zugspitzplatt (Wettersteingebirge, Deutschland). *Münchener Geographische Abhandlungen* 30B, 171 S.

Issa, S. und Wood, M. 1999: Degradation of atrazine and isoprturon in the unsaturated zone: a study from Southern England. *Pesticide Science* 55, 539-545.

Issa, S., Wood, M., Pussemier, L., Vanderheyden, V., Douka, C., Vizantinopoulos, S., Zoltan, G., Borbely, M. und Katai, J. 1997: Potential Dissipation of Atrazine in the Soil Unsaturated Zone: a Comparative Study in Four European Countries. *Pesticide Science* 50, 99-103.

Jennings, J. N. 1985: Karst geomorphology. Oxford: Blackwell, 293 S.

Jerz, H., Grottenthaler, W. und Kemp, R.A. 1994: Bodenmikromorphologische Untersuchungen an der Artefaktenfundstelle Attenfeld bei Neuburg a. d. Donau. *Mitteilungen der Deutschen Bodenkundlichen Gesellschaft* 74, 375-378.

Jerz, H. und Grottenthaler, W. 1995: Quartärprofile mit Paläoböden in Südbayern. *Geologica Bavarica* 99, 179-186.

Johnes, P.J. und Heathwaite, A.L. 1997: Modelling the Impact of Land Use Change on Water Quality in Agricultural Catchments. *Hydrological Processes* 11, 269-286.

Josopait, V. und Schwerdtfeger, B. 1979: Geowissenschaftliche Karte des Naturraumpotentials von Niedersachsen und Bremen, CC 3110 Bremerhaven (Grundwasser). Hannover.

Julien, M. und Nicod, J. 1989: Les Karsts des Alpes du Sud et de Provence. *Zeitschrift für Geomorphologie N.F.* Suppl. 75, 1-48.

Kastrinos, J.R. und White, W.B. 1986: Seasonal, hydrogeologic and land-use controls on nitrate contamination of carbonate ground waters. Proceedings of Environmental Problems in Karst Terranes and their Solutions Conference. Bowling Green, Kentucky, 88-114.

Katzer, F. 1909: Karst und Karsthydrographie. *Zur Kartenkunde der Balkanhalbinsel* 8, 94 S.

Kayser, K. 1973: Bemerkungen über den Pluralismus der Poljenentwicklung und die Stellung des Poljes im Rahmen des Karstformenschatzes. *Geographische Zeitschrift* Beiheft 32

Keller, R., Haar, de U., Liebscher, H.-J., Richter, W. und Schirmer, H. (Hrsg.) 1979: Hydrologischer Atlas der Bundesrepublik Deutschland. Boppard: Boldt

Kenkel, A. 1999: Wasser- und Stoffhaushalt im landwirtschaftlich genutzten Trinkwassereinzugsgebiet Gelliehausen (Gemeinde Gleichen). Göttingen, 222 S.

Klotz, D. und Seiler, K.-P. 1999:Bestimmung der Sickerwassergeschwindigkeit in Lysimetern. *GSF-Bericht* 01/99, 128 S.

Koch, R. 1997: Daten zur Fazies und Diagenese von Massenkalken und ihre Extrapolation nach Süden bis unter die Nördlichen Kalkalpen. *Geologische Blätter NO-Bayern* 47, 117-150.

Koch, R. 2000: Die neue Interpretation der Massenkalke des Süddeutschen Malm und ihr Einfluss auf die Qualität von Kalksteinen. *Archaeopteryz* 18, 43-65.

Koch, R. und Bausch, W.M. 1989: Überblick über die stratigraphisch-palynologischen, sedimentologisch-mikrofaziellen und mineralogisch-geochemischen Untersuchungen am Kernmaterial der Bohrung Saulgau GB 3. *Abhandlungen des Geologischen Landesamts Baden-Württemberg* 13, 181-198.

Koch, R., Senowbari-Daryan, B. und Strauss, H. 1994: The Late Jurassic 'Massenkalk Fazies' of Southern Germany: Calcareous Sand Piles rather than Organic Reefs. *Facies* 31, 179-208.

Köhne, C. und Wendland, F. 1992: Modellgestützte Berechnung des mikrobiellen Nitratabbaus im Boden (unveröffentlicht).

Köster, W., Severin, K., Möhring, D. und Ziebell, H.-D. 1988: Stickstoff-, Phosphor- und Kalium-düngerbilanzen landwirtschaftlich genutzter Böden der Bundesrepublik Deutschland von 1950-1986. Hameln: 162 S.

Krothe, N.C. 1990: Delta SUP ^{15}N studies of groundwater nitrate transport through macropores in mantled karst aquifer. *Transactions American Geophysical Union* 71/28, 876-877.

Krumholz, L.R. 2000: Microbial communities in the deep subsurface. *Hydrogeological Journal* 8, 4-10.

Larsson, M.H. und Jarvis, N.J. 2000: Quantifying interactions between compound properties and macropore flow effects on pesticide leaching. *Pest Management Science* 56, 133-141.

LAWA (Hrsg.) 1997: Bericht zur Grundwasserbeschaffenheit: Pflanzenschutzmittel. Berlin, 92 S.

Leidig, E. 1997: Quantifizierung und modellhafte Beschreibung der Stickstffverluste durch Denitrifikation im Bearbeitungshorizont landwirtschaftlich genutzter Flächen. *Karlsruher Bereichte zur Ingenieurbiologie* 35, 110 S.

Leser, H. 1991: Landschaftsökologie. Stuttgart: Ulmer, 647 S.

Libra, R.D. und Hallberg, G.R. 1999: Impacts of agriculture on water quality in the Big Spring Basin, NE Iowa, USA. *International Contributions to Hydrogeology* 20, 37-62.

Loewenstein, S. v. 1998: Separierung und Bewertung von Abflusskomponenten für den Stoffaustrag aus Einzugsgebieten mit Tertiärsedimenten (Scheyern, Oberbayern). *GSF-Bericht* 7/98, 140 S.

Mangin, A. 1975: Contribution à l'étude hydrodynamique des aquifères. Troisième partie: Constitution et fonctionnement des aquifères karstiques. *Annales de Spéléologie* 30, 21-124.

Matthess, G. und Ubell, K. 1983: Allgemeine Hydrogeologie: Grundwasserhaushalt. *Lehrbuch der Hydrogeologie* 1. Berlin, Stuttgart: Borntraeger, 438 S.

Mäuser, M. 1998: Vom Schwamm-Algen-Riff zur Felslandschaft des Fränkischen Jura. *Heimatbeiträge zum Amtlichen Schulanzeiger des Regierungsbezirks Oberfranken* 255, 1-44.

Mazurek, M. 1999: Solute transport as an indicator of morphodynamic zonation in a postglazial environment, West Pomerania, Poland. *Earth Surface Processes and Landforms* 24, 1121-1134.

Meyer, R. 1975: Mikrofazielle Untersuchungen in Schwamm-Biothermen und -Biostromen des Malm Epsilon (Ober-Kimmeridge) und obersten Malm Delta der Frankenalb. *Geologische Blätter NO-Bayern* 25, 149-177.

Meyer, R. 1977: Stratigraphie und Fazies des Frankendolomits und der Massenkalke (Malm) - 3. Teil: Südliche Frankenalb. *Erlanger Geologische Abhandlungen* 104, 40 S.

Meyer, R. und Schmidt-Kaler, H. 1991: Wanderungen in die Erdgeschichte (II). Durchs Urdonautal nach Eichstätt. München: Pfeil, 112 S.

Milde, K., Milde, G., Ahlsdorf, B., Litz, N., Muller-Wegener, U. und Stock, R. 1988: Protection of high-ly permeable aquifers against contamination by xenobiotics. In Yuan, D. (Hrsg.), Karst Hydrogeology and Karst Environment Protection. Proceedings 21st IAH Congress in Guilin, China. Peking, 194-201.

Miotre, F.-D. 1975: Bedeutung und Grenzen der Klimaabhängigkeit von Verkarstungsprozessen. *Zeitschrift für Geomorphologie N.F.* Suppl. 23, 107-117.

Mörs, T. 1991: Zur Petrographie, Sedimentologie und Stratigraphie der Wellheimer Kreide (Südliche Frankenalb, Bayern). *Archaeopteryx* 9, 73-81.

Mogge, B. 1995: N_2O-Emissionen und Denitrifikationsabgaben von Böden einer Jungmoränenlandschaft in Schleswig-Holstein. *Beiträge zur Ökosystemforschung* Suppl. 9, 94 S.

Natermann, E. 1955: Die Linie des langfristigen Grundwassers (AuL) und die Trockenwetterabflußlinie (TWL). *Wasserwirtschaft* Sonderheft Gewässerkundliche Tagung, Stuttgart, 12-14.

Niller, P. und Heine, K. 1998:Der Weltenburger Frauenberg bei Kelheim. In Breuer, T., Luft- und Satellitenbildatlas Regensburg und das östliche Bayern. Regensburg: Pfeil, 102-129.

Österreichisches Umweltbundesamt 1996: Stickstoffbilanz der österreichischen Landwirtschaft für das Bezugsjahr 1989. wysiwyg://26/http://www.ubavie.gv.at/umweltsituation/landwirt/ lw_nbil.htm.

Pasquarell, G.C. und Boyer, D.G. 1996: Herbicides in karst groundwater in southeast West Virginia. *Journal of Environmental Quality* 24, 659-669.

Paul, O. 1996: Wasserbilanzen und Vergleich von Ergebnissen zur Bestimmung der Grundwasserverweilzeiten nach Trockenwetterabflußanalysen und Tritiumdaten in Karsteinzugsgebieten der Südlichen Frankenalb. Diplomarbeit LMU München, 75 S.

Perkow, W. und Ploss, H. 1996:Wirksubstanzen der Pflanzenschutz- und Schädlingsbekämpfungsmittel, 3. Grundauflage. Berlin, Hamburg: Paul Parey, Loseblattausgabe.

Pfaff, T. 1987:Grundwasserumsatzräume im Karst der Südlichen Frankenalb. *GSF-Bericht* 3/87, 132 S.

Pfeffer, K.-H. 1976: Probleme der Genese von Oberflächenformen auf Kalkgestein. *Zeitschrift für Geomorphologie N.F.* Suppl. 26, 6-34.

Pfeffer, K.-H. 1978: Karstmorphologie. Darmstadt: Wissenschaftliche Buchgesellschaft, 131 S.

Pfeffer, K.-H. 1990: Süddeutsche Karstökosysteme: Beiträge zu Grundlagen und praxisorientierten Fragestellungen. *Tübinger geographische Studien* 105, 382 S.

Priesnitz, K. 1967: Zur Frage der Lösungsfreudigkeit von Kalksteinen in Abhängigkeit von der Lösungsfläche und ihrem Gehalt an Magnesiumkarbonat. *Zeitschrift für Geomorphologie N.F.* 11, 491-498.

Reichert, B. 1991: Anwendung natürlicher und künstlicher Tracer zur Abschätzung des Gefährdungspotentials bei der Wassergewinnung durch Uferfiltration. *Schriftenreihe Angewandte Geologie Karlsruhe* 13, 226 S.

Rother, C. 1999: Wasser- und Stofftransport in einem kleinen ländlichen Einzugsgebiet einer Löß-Hügellandschaft in Süd-West-Deutschland. Heidelberg, 120 S.

Roberts, M.S., Smart, P.L. und Baker, A. 1998: Annual trace element variations in a Holocene speleothem. *Earth and Planetary Science Letters* 154, 237-246.

Rolland, W. 1996: Organotrophe und chemolithoautotrophe Denitrifikation in der ungesättigten Zone, Messung und Simulation. Braunschweig, 123 S.

Rutte, E. 1962: Geologische Karte von Bayern 1:25.000, Erläuterungen zum Blatt Nr. 7037 Kelheim. München: Bayerisches Geologisches Landesamt, 243 S.

Ryden, J.C., Lund, L.J., Letey, J. und Focht, D.D. 1979: Direct mesurement of denitrification loss from soils: II. Development and application of field methods. *Soil Science Society of America Journal* 43, 195-196.

Sabatini, D.A. und Austin, T.A. 1991: Characteristics of Rhodamine WT and Flourescein as adsorbing groundwater tracers. *Ground Water* 29, 341-349.

Salger, M. und Schmidt-Kaler H. 1975: Sedimentpetrographische Gliederung der Lehme auf der Fränkischen Alb. *Geologica Bavarica* 74, 151-161.

Sauer, K. 2000: Vergleichende Wasserhaushaltsbilanz und deren hydrogeographische Ableitung im Bereich der südlichen Frankenalb. Diplomarbeit an der Kath. Universität Eichstätt

Scheffer, F., Schachtschabel, P. et al. 1992: Lehrbuch der Bodenkunde, 13. Auflage. Stuttgart: Enke, 491 S.

Scheuch, J. 1971: Anwendung der Flachseismik in der Karstmorphologie, ein Beispiel aus der Schwäbischen Alb. *Zeitschrift für Geomorphologie N.F.* Suppl. 12, 153-164.

Schneider, M. 1933:Die Kieselerde von Neuburg a. d. Donau und ihre Industrie. München, 94 S.

Schmidt-Kaler, H. 1976:Geologische Karte von Bayern 1:25.000, Erläuterungen zum Blatt Nr. 7031 Treuchtlingen. München: Bayerisches Geologisches Landesamt, 145 S.

Schmidt-Kaler, H. 1983:Geologische Karte von Bayern 1:25.000, Erläuterungen zum Blatt Nr. 6934 Beilngries. München: Bayerisches Geologisches Landesamt, 74 S.

Schmidt-Kaler, H. 1990:Geologische Karte von Bayern 1:25.000, Erläuterungen zum Blatt Nr. 7032 Bieswang. München, Bayerisches Geologisches Landesamt, 82 S.

Schmidt-Kaler, H. 1996:Ries. In Erläuterungen zur Geologischen Karte von Bayern 1:500.000, 4. Auflage. München: Bayerisches Geologisches Landesamt, 137-139.

Schneider, G., Moldenhauer, K.-M. und Nagel, G. 1997:Oberflächennaher Wasseraustrag durch Interflow aus einem bewaldeten Kleineinzugsgebiet (Hoher Taunus). *Mitteilungen der Deutschen Bodenkundlichen Gesellschaft* 85: 159-162.

Schnitzer, W.A. 1956: Die Landschaftsentwicklung der südlichen Frankenalb im Gebiet Denkendorf-Kösching nördlich von Ingolstadt. *Geologica Bavarica* 28, 47 S.

Schnitzer, W.A. 1965: Geologie des Weißen Jura auf den Blättern Kipfenberg und Gaimersheim (Südliche Frankenalb). *Erlanger Geologische Abhandlungen* 57, 45 S.

Schulte-Kellinghaus, S. 1988: Denitrifikation in der ungesättigten Zone. *Schriftenreihe des Bundesministers für Ernährung, Landwirtschaft un Forsten* Serie A 358, 190 S.

Seel, P., Knepper, T.P., Gabriel, S., Weber, A. und Haberer, K. 1994: Einträge von Pflanzenschutzmitteln in ein Fließgewässer, Versuch einer Bilanzierung. *Vom Wasser* 83, 357-372.

Seel, P., Knepper, T. P., Gabriel, S., Weber, A. und Haberer, K. 1996: Kläranlagen als Haupteintragspfad für Pflanzenschutzmittel in ein Fließgewässer, Bilanzierung der Einträge. *Vom Wasser* 86, 247-262.

Seiler, K.-P. 1999: Grundwasserschutz im Karst der südlichen Frankenalb.- *GSF-Bericht* 04/99, 123 S.

Seiler, K.-P., Pfaff, T. und Behrens, H. 1987: Ergebnisse von Karstwasseruntersuchungen im Malm der Südlichen Frankenalb. *Zeitschrift der deutschen geologischen Gesellschaft* 138, 377-386.

Seiler, K.-P., Maloszewski, P. und Behrens, H. 1989: Hydrodynamic Dispersion in Karstified Limestones and Dolomites in the Upper Jurassic of the Franconian Alb, Germany. *Journal of Hydrology* 108, 235-247.

Seiler, K.-P., Behrens, H. und Hartmann, H.-W. 1991: Das Grundwasser im Malm der Südlichen Frankenalb und Aspekte seiner Gefährdung durch anthropogene Einflüsse. *Deutsche Gewässerkundliche Mitteilungen* 35, 171-179.

Seiler, K.-P. und Behrens, H. 1992: Groundwater in carbonate rocks of the Upper Jurassic in the Franconian Alb and its susceptibility to contaminants.- In Hötzl, H. und Werner, J. (Hrsg.), Tracer Hydrology. Rotterdam: Balkema, 259-266.

Seiler, K.-P., Müller, E. und Hartmann, A. 1996: Diffusive Tracer Exchanges and Denitrification in the Karst of Southern Germany. In Proceedings of the Fourth International Symposium on the Geochemistry of the Earth's Surface, 22-28 July 1996 in Ilkley, England. 644-651.

Seiler, K.-P. und Hartmann, A. 1997: Microbiologic activities in karst aquifers with matrix porosity and consequences for ground water protection in the Franconian Alb, Germany. *Tracer Hydrology* 97, 339-345.

Selmeier, A. 1998: Kieselhölzer aus jungtertiären Sedimenten der Südlichen Frankenalb und aus Fundgebieten im Bereich der Donau. *Archaeopteryx* 16, 69-75.

Semmel, A. 1964: Junge Schuttdecken in hessischen Mittelgebirgen. *Notizblatt des Hessischen Landesamts für Bodenforschung* 92, 275-285.

Semmel, A. 1968: Studien über den Verlauf jungpleistozäner Forschung in Hessen. *Frankfurter Geographische Hefte* 45, 133 S.

Semmel, A. 1994: Zur umweltgeologischen Bedeutung von Hangsedimenten in deutschen Mittelgebirgen. *Zeitschrift der deutschen geologischen Gesellschaft* 145, 225-232.

Sich, I. 1997: ^{15}N-Traceruntersuchungen zur Nitrifikation/Denitrifikation, insbesondere zur Bildung von Stickstoffoxiden in Böden und wäßrigen Medien. *UFZ-Bericht* 17/97, 110 S.

Simmleit, N. und Hempfling, R. 1986: Stickstoff-Mineralisation und Nitratauswaschung im Karstgebiet der Nördlichen Frankenalb. *Wasser und Boden* 38, 609-613.

Simmleit, N. und Herrmann, R. 1987a: The behaviour of hydrophobic organic micropollutants in different karst water systems, Transport of micropollutants and contaminant balances during the melting of snow. *Air, Water and Soil Pollution* 34, 79-95.

Simmleit, N. und Herrmann, R. 1987b: The behaviour of hydrophobic organic micropollutants in different karst water systems, Filtration capacity of karst systems and pollutant sinks. *Air, Water and Soil Pollution* 34, 97-109.

Sims, G.K. und Cupples A.M. 1999:Factors controlling degradation of pesticides in soil. *Pesticide Science* 55, 598-601.

Smith, D.I., Atkinson, T.C. und Drew, D.P. 1976: The hydrology of limestone terrains. In Ford, T.D. und Cullingfield, C.H.D. (Hrsg.), The science of speleology. London: Academic Press, 179-212.

Smith, P.C. und Schrale, G. 1982: Proposed rehabilitation of an aquifer contaminated with cheese factory waste. *Water* 9, 21-24.

Strebel, O. und Rengler, M. 1982: *International Association of Hydrogeology Memories* 16, 347-357.

Streim, W. 1960: Geologie der Umgebung von Beilngries (Südliche Frankenalb). *Erlanger geologische Abhandlungen* 38, 15 S.

Streit, R. 1971: Karstwasservorräte in der Fränkischen Alb. *Geologica Bavarica* 64, 254-267.

Streit, R. 1978: Geologische Karte von Bayern 1:25.000, Erläuterungen zum Blatt Nr. 7232 Burgheim-Nord. München: Bayerisches Geologisches Landesamt, 222 S.

Sweeting, M.M. 1966: The weathering of limestones. In Dury, G.H. (Hrsg.), Essays in Geomorphology. London: American Elsevier, 177-210.

Sweeting, M.M. 1972: Karst Landforms. London: Macmillan, 362 S.

Tillmanns, M. 1977: Zur Geschichte von Urmain und Urdonau zwischen Bamberg, Neuburg/D. und Regensburg. *Sonderveröffentlichung des Geologischen Instituts der Universität Köln* 30, 198 S.

Tillmanns, M. 1980: Zur plio-pleistozänen Flußgeschichte von Donau und Main in Nordostbayern. *Jahresberichte Mittl. oberrheinischen geol. Ver. N.F.* 62, 199-205.

Trappe, M. 1995: Die Sedimente im Bereich der Archäologischen Grabung „Friedhof Bergheim“: Eine grabungsbegleitende geologische Studie. *Archaeopteryx* 13, 101-109.

Trappe, M. 1998a: Geologie postjurassischer Sedimente im Bereich der Südlichen Frankenalb. *Eichstätter Geographische Arbeiten* 9, 168-185.

Trappe, M. 1998b: Neue konzeptionelle Aspekte zur Sedimentpetrographie postjurassischer Sedimnete der Südlichen Frankenalb. *Geologische Blätter NO-Bayern* 48, 89-102.

Trappe, M. 1999a: Die postjurassischen Sedimente im Bereich des Beckens von Pietenfeld (Südliche Frankenalb). *Archaeopteryx* 17, 55-64.

Trappe, M. 1999b: Deckschichten und Verwitterungsbildungen auf der südlichen Frankenalb. In Seiler, K. P. (Hrsg.), Grundwasserschutz im Karst der südlichen Frankenalb. *GSF-Bericht* 4/99, 39-47.

Trappe, M. 1999c: Differenzierungsmöglichkeiten von Hochflächensedimenten am Beispiel der Südlichen Frankenalb. *Zbl. Geol. Paläont. Teil I* 1998, 281-288.

Trappe, M. 2000: Variable Verwitterungspfade von Karbonatgesteinen und ihre Bedeutung für die Residualsedimentbildung, Beispiele der südlichen Frankenalb. *Mitteilungen der Gesellschaft für Geologie und Bergbaustudenten Österreichs* 43: 139-141.

Tröger, W. E. 1967: Optische Bestimmung der gesteinsbildenden Minerale, 4. Auflage. Stuttgart, Schweizerbart, 822 S.

Turberg, P., Müller, I., Müller, J., Zielhofer, C., Maloszewski, P. und Seiler, K. 2000: Joint application of radio-magnetotellurics and tracing tests to evaluate flow and transport processes in the unsaturated zone of a karst aquifer. European Geophysical Society, 24th to 29th April 2000, Proceedings. Nice.

Turberg, P., Zielhofer, C. und Trappe, M. in Vorbereitung: Combined application of radio-magneto-tellurics, geomorphological, geological and sedimentpetrographic methods to investigate karstic features at local scale.

Ulrich, B., Meyer, R. und Khanna, P.-K. 1979: Deposition von Stoffverunreinigungen und ihre Auswirkungen in Waldökosystemen in Solling. *Schriften der forstlichen Fakultät der Universität Göttingen und der Niedersächsischen Forstlichen Versuchsanstalt.* Frankfurt/M.

Umweltbundesamt (Hrsg.) 1985: Der Stofftransport im Grundwasser und die Wasserschutzgebiets-richtlinie W101. *Berichte des Umweltbundesamts* 7/85, Berlin.

Unger, H.J. 1989: Die Lithozonen der Oberen Süßwassermolasse Südostbayerns und ihre vermutlichen zeitlichen Äquivalente gegen Westen und Osten. *Geologica Bavarica* 94, 195-237.

Vanderheyden, V., Debongnie, P. und Pussemier, L. 1997: Accelerated Degradation and Mineralization of Atrazine in Surface and Subsurface Soil Materials. *Pesticide Science* 49, 237-242.

Vierhuff, H., Wegner, W. und Aust, H. 1997: Grundwasservorkommen in der Bundesrepublik Deutschland. *Geologisches Jahrbuch* C30, 3-110.

Villinger, E. 1972: Seichter Karst und Tiefer Karst in der Schwäbischen Alb. *Geologisches Jahrbuch* C2, 153-188.

Wagner, B. 1995: Untersuchungen zum Wasser- und Stofftransport in der ungesättigten Zone im Hinblick auf ihre Schutzfunktion für das Grundwasser. München: *GLA-Fachberichte* 13, 1-100.

Watson, C.J., Jordan, P.J., Taggart, P.J., Laidlaw, A.S., Garret, M.K. und Stehen, R.W.J. 1992: The leaky N-cycle on grazed grassland. *Aspects of Applied Biology* 30, 215-222.

Well, R. 1993: Denitrifikation im Wurzelraum unterhalb der Ackerkrume. Meßmethodik und Vergleich der ^{15}N-Bilanz- mit der ^{15}N-Gasfreisetzungs-Methode. Göttingen, 113 S.

Weiss, E.G. 1987: Porositäten, Permeabilitäten und Verkarstungserscheinungen im mittleren und oberen Malm der südlichen Frankenalb. *Univ. Diss. Erlangen*, 211 S.

Wendland, F., Albert, H., Bach, M. und Schmidt, R. 1993: Atlas zum Nitratstrom der Bundesrepublik Deutschland. Berlin, Heidelberg, New York: Springer, 96 S.

White, W.B. 1988: Geomorphology and Hydrology of Karst Terrains. New York, Oxford: Academic Press, 464 S.

Williams, P.W. 1966: Morphometric analysis of temperate karst landforms. *Irish Speleol.* 1, 23-31.

Williams, P.W. 1983: The role of the subcutaneous zone in karst hydrology. *Journal of Hydrology* 61, 45-67.

Williams, P.W. 1985: Subcutaneous hydrology and the development of doline and cockpit karst. *Zeitschrift für Geomorphologie N.F.* Suppl. 29, 463-482.

Xueyu, L. und Zisheng, L. 1999:Agricultural impact on karst water resources in China. *International Contributions to Hydrogeology* 20, 37-62.

Zambo, L. und Ford, D.C. 1997: Limestone dissolution processes in Beke Doline Aggtelek National Park, Hungary. *Earth Surface Processes and Landforms* 22, 531-543.

Zehe, E. 1999: Stofftransport in der ungesättigten Bodenzone auf verschiedenen Skalen. Karlsruhe: *Institut für Hydrologie und Wasserwirtschaft* 64, 184 S.

Zötl, J. 1960: Zur Frage der Niveaugebundenheit von Karstquellen und Höhlen. *Zeitschrift für Geomorphologie N.F.* Suppl. 2, 100-103.

Anhang (digital)

A1 Apparaturen zu den ereignisorientierten Messungen

A2 Zur Methode der Hauptkomponentenanalyse

A3 Daten zur geologisch-bodenkundlichen Geländeaufnahme

A4 Daten (Mittelwerte) zu den flächenhaften Quellenbeprobungen

A5 Daten zu den ereignisorientierten Messungen

A6 Landnutzung in Haunstetten

A7 Erhebungsbogen zur Stammdatenaufnahme